한없이 가까운 세계와의 포옹

How to Feel: The Science and Meaning of Touch

by Sushma Subramanian

Copyright © 2021 Sushma Subramanian

수시마 수브라마니안 지음
조은영 옮김

한없이 가까운
세계와의 포옹

동아시아

온몸에 퍼진 모공으로
한껏 볼 수 있는 촉각과 달리
어찌하여 시각은
눈이라는 부드러운 공 안에 갇혀
속절없이 침묵하게 되었는가?

−존 밀턴, 『투사 삼손』 중

차례

일러두기

1. 책의 제목은 시집 『타인의 의미』(김행숙, 민음사, 2010)에 수록된 이광호 평론가의 작품 해설 「한없이 가까운 세계와의 포옹」에서 가져왔다.

2. 독자의 이해를 돕기 위해 옮긴이가 덧붙인 주석은 (—옮긴이)로, 한 단락에 여러 주석이 있는 경우 (—이하 옮긴이)로 표시했다.

촉각은 우리 내면의 언어이다

잡지사에서 전업 프리랜서로 일하며 사람들과 별다른 교류 없이 몇 년을 지낸 적이 있다. 나는 혼자 일하고 혼자 밥 먹고 혼자 잠자리에 들었다. 룸메이트가 있어도 다들 바빠서 출퇴근할 때나 잠깐 얼굴을 보는 게 고작이었다. 가끔 저녁에 만나서 어울리는 사람들도 있었지만 친한 친구나 가족과는 멀리 떨어져 전화 통화만 하고 지냈다. 나는 대체로 일에 빠져 내 머릿속에서 살았다. 그렇다고 외롭거나 우울한 건 아니었다. 나름 그런 삶을 즐겼던 것 같다. 혼자 있는 시간이 좋기도 했고. 그러던 어느 날 문득 내가 여기에 있다는 것, 내가 존재한다는 것이 과연 중요하긴 한지 의문이 들기 시작했다.

왜 이곳에서 이렇게 살고 있느냐고 나 자신에게 물었다. 어디로 가든 지금처럼 살 수 있지 않은가. 세상에 내가 존재한다는 사실을 증명하는 건 매일 하는 운동뿐이었다. 나는 재택근무하는 다른 많은 사람들처럼 추리닝만 입고 살았고 매일 샤워를 했든 안 했든 신경 쓰지 않았다. 눈앞의 모니터에 집중하다 보면 물 마시는 것도, 잠자는 것도 잊기 일쑤였다. 인간으로서 최소한의 기능을 유지하려면 스마트폰에 기상 시간과 운동 시간 알람을 맞춰놔야 했다. 그래야만 하기에 그랬을 뿐 좋아서 그런 건 아니었다. 밖으로 나가 네가 살아 있다는 걸 확인하라고 다그치는 내면의 목소리 같은 건 없었다.

남편 카르틱과 연애를 시작할 무렵의 내 일상이 그러했다. 카르틱과는 요즘 사람들처럼 온라인으로 만났다. 우리는 처음 대화할 때부터 서로에게 끌렸다. 하지만 둘 다 워낙 내성적이라 스킨십 진도는 느렸다. 우리는 소파에 앉아 서로에게 아주 조금씩 다가갔다. 카르틱이 실없는 소리를 할 때면 나는 자연스럽게 그의 어깨에 살짝 손을 올렸다. 그러다가 마침내 그의 아파트에서 처음 손을 잡았을 때가 생각난다. 팔에서 목구멍까지 전류가 흐르는가 싶더니 뭔가가 해소되는 기분이 들었다. 그때까지 내게 그런 신체적 접촉이 얼마나 필요했는지, 내 몸이 얼마나 다른 이의 살갗에 굶주렸는지 알지 못했다. 그날의 일이 내 몸을 일깨웠다. 나는 더 잘 먹고 더 잘 잤다. 이 책을 쓰는 동안 여러 번 그때로 돌아갔다. 그리고 내가 느꼈던 것들이 현대인이 살아가는 환경에서 얼마나 흔한 현상인지 새삼 깨달았다.

우리는 감각을 생물학적 기능으로만 사용하지 않는다. 감각은 문화의 가르침에 따라 형성된다. 서구문화에서는 시각을 선호한다. 전형적으로 촉각이 상징하는 육체적 실재가 퇴색한다는 뜻이다. 온갖 자극적인 광경과 소리로 둘러싸인 곳에서 촉각은 존재감을 잃는다. 우리는 제 손으로 뭔가를 완성했을 때의 뿌듯함이나 계절에 따라 달라지는 공기의 온도, 아플 때 의사가 건네는 위로의 말이 주는 안도감을 잘 느끼지 못하고 산다. 그래서 그것이 그리운 줄도 깨닫지 못하고, 그것을 지키려는 노력이 무엇을 의미하는지 생각할 겨를도 없다. 왜 이렇게 되었을까? 우리들의 이런 상태를 이해하려면 시간을 한참 거슬러 고대 그리스로 돌아가야 한다.

플라톤 시절부터 촉각은 제대로 인정받지 못한 감각이었다. 인간을 나머지 동물과 구별 짓는 형질을 찾고 있던 그에게 감각의 순위를 매기는 일은 중요한 활동이었다. 기본적인 제 몸 인식이 전부인 하등동물로부터 인간을 구분해 내는 특징이 고차원적 사고능력이라면 이를 기준으로 정신에 가까운 것부터 육체에 가까운 것까지 감각의 서열을 나눌 수 있지 않겠는가. 그는 물리적 거리를 두고 세상을 경험하는 시각에서 인간의 냉철한 이성이 비롯한다고 보고 시각을 맨 위에 두었다. 반면 촉각은 육체 가까이 작용하여 비이성적이라고 여겨졌고 동물적인 필요와 생존 그리고 성적 유혹과 관련되었다. 그렇게 촉각은 가장 밑바닥을 차지했다.

촉각을 깎아내리긴 했지만 그러한 견해가 절대적인 것은

아니었던 탓에 영혼이 신과 접촉하는 순간을 묘사할 때는 플라톤도 촉각을 사용했다. 한편 아리스토텔레스는 촉각의 보편성이 곧 촉각의 중요성과 힘을 시사한다고 보았다. 즉, 촉각은 동물이 제 존재를 인지하는 방식이며, 여기에 인간의 우월한 사고가 더해져 자기 성찰의 정신 능력을 형성한다고 말이다. 이후 많은 철학자, 작가, 예술가 들이 촉각을 강력한 감각으로 받들어 왔다. 눈이 우리를 속일 때도 촉각은 진실을 말하기 때문이다. 시각이 지식과 결부되는 감각이라면, 촉각은 감정을 가장 잘 대변하는 감각이다. 우리는 불친절한 사람을 '차갑다'라고 묘사하고, 감동적인 경험이 마음을 '건드린다touching'라고 표현한다. 이런 연상이 가능한 까닭은 감정이 피부의 신체적 변화를 통해서 드러나기 때문이다. 심장이 뛰고 숨이 가쁘고 몸이 뜨거워지게 만드는 분노에서 이런 신체감각을 모두 제거한다면 더 이상 같은 감정이 남아 있다고 할 수 있을까.

우리는 촉각에 대한 이런 뒤섞인 메시지를 대대로 전하며 무의식적으로 유지시켜 왔다. 이후 플라톤의 정신-육체 이원주의는 시각을 아름답고 신성한 것으로, 촉각을 욕망 아래 자리 잡은 더러운 것으로 가르치는 기독교의 도덕관에 편입되었다. 그러나 그 시대에도 신성한 치유의 손길과 관련된 사례는 적지 않았다. 계몽주의 시대에는 읽기나 관찰처럼 시각이 주도하는 학습법을 이상적이라고 여겼으며, '보기'가 곧 지식을 상징했다. 한편 사람들이 서로 살을 맞대는 일이 드물어지면서 문학작품은 연인 간의 은근한 스킨십을 로맨틱하게 묘사했고 상대의 스치는 손길은 영혼을 휘젓는 마법이 되었다. 산업혁명기는 수동 공구가 대형 기계로 교체되는 시기였다. 그에 반발하여 인간이 만든 수공예품의 정교함과 불완전함을 다시금 존중하자는 미술공예운동이 일어났다.

* * *

촉각을 지적이지는 않지만 마음에 접근할 수 있는 유일한 감각으로 여기는 이런 상반된 감정이 오늘날 많은 제품과 관습을 형성하고 있다. 현재 일상에서 사용하는 기기 대부분이 무늬와 그림으로 장식된 납작한 상자이고 우리는 그 푸른 광채에서 좀처럼 눈을 떼지 않는다. 30년 전처럼 손잡이를 밀거나 버튼을 누를 필요도 없다. 사랑하는 이들과 관계를 지속하고 공동체를 이루는 수단으로 팔리는 것도 이 기기들이다. 이 기기들은 한술 더 떠서 아이팟 터치iPod Touch나 HP 터치패드 Touchpad처럼 촉각을 상징하는 단어를 사용해 인간미까지 갖추었다. 우리는 이 기기들로 주고받는 고도로 큐레이션 된 시각적 페르소나 사이에서 자아를 형성한다. 그러나 이미지는 이미지일 뿐, 육신과 비교할 수 없다. 따라서 우리는 컴퓨터와 스마트폰의 상충된 기능 앞에서 갈등한다. 함께하게 하되 친밀함과 공감을 빼앗는 것 말이다.

촉각에 대한 양가감정은 현대인이 인간관계를 맺는 방식에서 쉽게 관찰된다. 핵가족화, 결혼연령의 상승, 기대수명의 증가로 과거에는 흔했던 신체적 친밀감이 사라졌다. 지난 수십 년 동안 미국 문화에서 터치가 성(性)을 상징하게 되면서 개인적, 전문적 영역에서 일어나는 신체접촉까지 악마화되었다. 미투운동metoo movement이 확산하고 소송에 대한 두려움이 커지자 사람들은 상대에게 부적절한 암시를 줄 수 있는 행동을 철저히 기피하게 되었다. 문화, 성별, 성격에 따라 예외는 있지만 애정어린 스킨십이 아주 가까운 관계에서만 이뤄지는 탓에 실제로 많은 사람들이 신체접촉을 경험하지 못하고 살아가는 형편이다. 사람 간의 예의가 정녕 우리를 보호하는지, 아니면 소원하게 하는지는 아직 누구도 결론을 내릴 수 없다.

비대면 문화의 확산으로 타인과 부대끼며 생활하는 능력이 저하되었다는 목소리가 커지고 있다. 서로 만지면서 형성되는 유대관계의 결여를 비롯해 외로움의 유행, 그리고 그로 인한 만성질환이 공공연하게 언급된다. 심지어 현대를 탈육신 시대라고까지 한다. 이는 사람이 제 몸 바깥에서 살고 있다는 말이자, 살과 뼈가 아니라 겉으로 표현된 이미지로 자신을 관찰한다는 뜻이다. 우리의 일상은 육체에서 분리된 눈과 뇌로 살아가는 현대인의 모습을 적나라하게 보여준다. 가상현실은 자신이 살고 있는 환경을 떠나 현실세계와의 어떤 마찰도 없는 세상으로 도피시켜 줄 마지막 초대장이다.

사람들은 점점 시각화되는 세상 앞에서 뼛속까지 불안해

한다. 인류는 수 세기에 걸쳐 이 문제를 고심해 왔지만, 최근에서야 방대한 연구를 통해 스킨십의 중요성을 깨닫고 있다. 부모의 손길은 아기가 보살핌을 받고 있다고 느끼게 하는 수단이고 건강한 성장과 정서 발달에도 매우 중요하다. 아기는 부모와의 스킨십을 통해 비로소 떨어져 있어도 떨어져 있지 않다는 것이 무엇인지 알게 된다. 만지는 행위는 한 인간이 세계를 탐구하는 첫 번째 수단이다. 주변 사물에 몸이 닿고 부딪히면서 제 육신의 범위와 경계를 감지하고 이 정보를 이용해 의지를 확장하는 방식을 습득한다. 또한 접촉에서 비롯한 미세 신호를 해석하여 걷기를 배우고 물체를 잡고 최초의 기본적인 문제들을 해결한다. 시각과 촉각은 현실과 내면의 깊은 욕구 사이에서 타협점을 찾는 견제와 균형 시스템으로 작용한다.

접촉을 통해 느끼는 감각은 보통 의식 밖에서 심원한 지식을 형성한다. 우리가 촉각을 제대로 인지하지 못하는 이유가 여기에 있다. 많은 과학자들은 인류가 자신의 신체, 특히 극도로 민감한 손을 사용하기 시작하면서 기술과 상징적 사고의 틀, 더 나아가 언어의 토대를 마련했다고 믿는다. 그러니까 인류는 도구를 발명하는 재주 위에 머리로 생각을 갖고 노는 능력을 얹은 셈이다. 지난날 물리적 체험을 통한 학습으로 크게 진보한 인류가 이제 와 그 방식을 버리면서 스스로에게 몹쓸 짓을 하고 있다고 생각하는 이들도 있다. 이들에 따르면 특히 아이들이 책을 읽고 암기하는 데에만 지나치게 열중할 경우, 교감 능력이 떨어질 수 있다.

배려 있고 친근한 신체접촉은 사람들의 협조를 끌어내고 공격성을 억제하는 데 일조한다. 서구에서 유행하는 외로움을 연구하면서 심리학자들은 대화 상대의 부재보다 신체접촉의 결핍에 중점을 두기 시작했다. 어떤 사람은 신체접촉이 부족해지면 우울감을 느끼거나 공감 능력이 떨어지고 면역계가 약해진다. 이런 증상은 피부가 굶주렸다는 뜻에서 '스킨헝거skin hunger'라고 불린다. 접촉을 피하는 것이 불편한 사회적 상황을 모면하는 데 도움이 될지 모르지만, 타인과 가까워지는데에서 오는 불편함을 조금도 감내하지 않으려고 한다면 그것이 주는 보상도 포기해야 한다. 우리는 등을 토닥이거나 손을 꼭 잡아주는 행위가 얼마나 중요한지 잊었다. 그러다 누군가의 따스한 손길을 느꼈을 때 그제야 우리가 무엇을 잃고 살았는지 새삼 깨닫는다.

아주 작은 터치도 의미 있는 감정을 끌어내고 가치관에 영향을 줄 수 있다. 최근 소비재 산업이 주목하는 점이 이것이다. 기업은 소비자가 제품을 더 잘 즐길 수 있도록 최근 밝혀진 감각의 원리와 감각에 호소하는 방법을 활용해 새로운 소재와 디자인을 개발한다. 햅틱스haptics(촉각을 연구하는 학문—옮긴이)는 기술에 신체감각을 더하는 특별한 분야로 기기를 조작하는 방식에 촉각을 다양하게 접목해 황금기를 맞이하고 있다. 햅틱 공학자들은 사용자가 기기에 더 몰입하도록 타이핑하거나 다이얼을 돌리는 느낌처럼 과거에 사람들이 기계를 다루며 느꼈던 감각을 어떻게 되살릴지 고심한다. 한편 사용자가 이미지와 직접 교류하는 터치스크린의 인기는 전혀 새로운 감각 라이브러리가 발전할 가능성을 제공한다.

* * *

정확히 언제부터 촉각에 관심이 생겼는지는 잘 모르겠지만 어렴풋이 떠오르는 순간이 있다. 밀린 일을 미루고 게으름을 피우던 날이었다. 마침 책상 상판이 헐거워졌길래 나사를 조이려고 두 손으로 상판 아래를 잡고 들어 올렸다. 그 순간, 손가락이 구부러진 모서리 부분의 나뭇결부터 긴장한 근육과 피부가 눌리는 느낌까지 내 몸이 받아들인 모든 정보가 의식의 세계에 들어왔다. 그리고 그 미세한 신호를 종합하여 문제의 지점을 찾을 수 있었다. 문득 나는 내가 느낀 감각 중에 무엇이 촉각인지 궁금해졌다. 피부의 느낌만 따로 촉각이라고 불러야 할까? 아니면 전부 다 합쳐야 할까?

촉각은 생전 차단되는 일이 없는 기능임에도 지금까지 촉각이 주는 느낌에 얼마나 무심했는지 깨닫자 당황스러웠다. 학교에서 배운 지식은 근본적으로 불완전했다. 유치원 이후로 나는 촉각을 단순히 내가 어떻게 느끼는가의 문제라고만 생각했다. 촉각은 발을 자전거 페달에 제대로 올렸는지 보지 않고도 아는 능력에 불과했다. 벌레에 물렸을 때의 가려움이고 새끼발가락을 찧었을 때의 아픔이었다. 해진 스웨터의 따가운 키스이면서 친구의 어깨에 기댈 때의 안도감이었다. 그러나 촉각을 정의하는 일은 생각보다 훨씬 복잡했다. 사실 과학계에서도 의견이 분분해 촉각이 하나의 감각인지, 여러 감각의 집합인지조차 확실치 않은 형편이다.

그 전에도 촉각의 정의가 명확했던 적은 없지만, 20세기 들어 전자현미경의 발명으로 인체에서 촉각에 배정된 넓은 구조상의 배열을 들여다보게 되면서 논쟁이 본격화했다. 오감 중에서도 촉각은 언제나 가장 파악되지 않은 영역이었는데, 그건 촉각이 분리하기 어려운 아주 많은 요소로 구성되었기 때문이다. 촉각의 특징을 밝히는 일을 과학이 독점한 것은 아니었다. 서양철학은 수 세기에 걸쳐 기본적인 오감의 개념을 고수해 왔다. 한편 촉각에 대한 문화적 인식은 온도, 가려움, 통증, 압박이 모두 촉각의 일부이고 이 감각으로 인해 공간 속에서 몸의 움직임을 지각하게 된다고 본다. 이 책에서는 이런 인식을 바탕으로 촉각을 살펴볼 것이다.

원래 나는 스킨십을 그다지 좋아하지 않는 사람이라 사실 터치는 나에게도 뜻밖의 주제였다. 어려서 우리 아빠는 나를 '터치-미-낫touch-me-not'이라는 애칭으로 부르셨는데, 쓰다듬으면 잎을 접는 식물처럼 다른 사람이 다가오면 몸을 움츠러드는 버릇이 있었기 때문이다. 커서는 그런 극단적인 혐오감에서 벗어나긴 했지만 어려서는 다른 사람들이 자신의 몸에 지니는 여유를 가져본 적이 없다. 나는 상대가 먼저 청할 때만 악수나 포옹을 한다. 물론 남편 카르틱처럼 내가 먼저 다가가는 사람도 있다. 그를 만지면 기분이 좋으니까. 한편으로는 스킨십에 대한 내 평생의 신중함이 나를 이 주제로 이끌었다는 생각도 든다. 촉각에 대한 태도가 강경한 사람은 그 사실을 깨닫는 데에도 시간이 걸릴 것이다. 촉각은 대체로 배경에서 은밀히 작동하기 때문이다.

인도인 이민 가정에서 자라면서 나는 우리 집과 친구들의 집에서 촉각을 사용하는 방식이 사뭇 다르다는 것을 깨달았다. 우리는 포크 대신 손으로 밥을 먹고 친척을 만나면 포옹 대신 목례를 했다. 촉각을 사용하는 방식의 차이가 두 문화의 면면을 알려주었다. 양쪽 문화를 오갈 때마다 나는 위생이나 예의범절, 집단 속에서 개인의 위치가 다르다는 것을 느꼈다. 우리가 제 몸을 사용하는 방식은 결국 내적 존재의 상태가 육체적으로 표현되는 것이니까.

나는 이 프로젝트를 '촉각은 무엇이고 어떻게 작동하는가' 하는 기본적인 물음에서 시작했다. 시간이 지나면서 이 질문은 나 개인에게도 좀 더 절박한 것이 되었다. 그러면서 나를 촉각과의 독특한 관계로 이어준 문화적 프로그래밍의 모든 측면을 고려하기 시작했는데, 그중 다수가 사실은 상당히 보편적이었다. "함부로 만지지 말아라"라는 주의를 받거나 "너무 예민하다"라는 말을 듣고 자라면서 우리는 신체접촉, 그리고 그 결과물인 느낌을 무신경하고 나약한 것으로 받아들이도록 세뇌되었다. 이런 뿌리 깊은 편견을 조사하면서 나는 촉각이란 중요하고 지혜로운 감각이라고 다시 정의 내렸다. 마사지를 받은 후부터 매사에 내 몸을 기준으로 삼게 된 것, 그리고 머릿속으로는 풀 수 없던 문제를 종이에 써서 풀 수 있게 된 것에 감사한다. 어느덧 나는 사람들이 촉각과 얽힌 복잡한 관계를 살피고 이 놀라운 감각을 포용한다면 우리 세계가 어떤 모습으로 달라질지 예측하기 시작했다.

이 책에 필요한 자료를 조사하면서 나는 우리 문화의 전반적인 변천 과정을 살폈다. 이 책에서 내가 미국을 비롯한 서구에서 사람들의 행동을 기술할 때 통칭하여 '나'의 복수형인 '우리'를 사용하는 것에 문제의 소지가 있다는 사실을 잘 안다. 그러나 그것은 누구 하나 빼놓지 않으려는 억지 시도도, 사람들 간의 다양성을 무시하려는 의도도 아니다. 그저 개개인의 행동을 넓은 범위에서 하나로 볼 수 있음을 강조하기 위함이다. 물론 성격, 사회계급, 건강 수준, 성별, 성적 지향, 그리고 전반적인 배경에 따라 개인마다 터치에 대한 태도와 행동에 큰 차이가 있다는 것을 부정할 생각은 없다. 하여 나는 이 책의 여러 챕터에서 소외된 신체를 탐구할 것이다.

촉각을 탐구하는 일은 지나치게 감상적이거나 거북하다는 인상을 줄 수 있다. 하지만 이 책에서 나는 아기에게 꼭 모유를 먹여야 한다거나 동료를 껴안으라고 강요하지 않는다. 신체접촉에 조심스러워지는 것은 당연한 일이다. 서로의 안전지대를 존중하는 것도 중요하다. 나는 이 책에서 당장 스마트폰과 태블릿을 내다 버리고 사람들과 직접 만나서 소통하라고,

아니면 손편지라도 써서 보내라고 부르짖지 않는다. 그러나 적어도 이 책은 살갗에 둘러싸인 육신으로 산다는 것이 어떤 의미인지 알게 해줄 것이다. 이 책을 읽고 독자가 터치와 촉각을 전과는 다르게 생각하게 되었으면 좋겠다. 수동적이고 막연한 것이 아닌, 가치 있고 직관적인 도구라고 말이다. 느끼는 것보다 보는 것을 우선시하고 존재 대신 사고를 중시하는 문화가 불러올 결과를 새겨볼 때가 되었다. 이것이 진정 미래 세대에 물려주고 싶은 가치인지 고민해야 한다.

우리는 촉각을 통해 세상을 이해한다. 촉각은 우리 내면의 언어이다.

1장

우리 문화는 어떻게 촉각을 잃었는가

카를 마르크스는 특별한 촉각의 세계에 살았다. 그는 1818년에 태어나 당시 프로이센에 속했던 트리어라는 도시의 중산층 가정에서 자랐다. 아버지는 자유주의적 신념을 활발히 실천하는 변호사였고, 오랫동안 대를 이어온 랍비 가문에서 처음으로 속세의 교육을 받은 사람이었다. 한편 그는 당시 유행하던 와인 포도밭을 소유한 부유층으로서 가족이 안락한 생활을 누리도록 물심양면으로 지원했고 아들이 자신의 뒤를 잇길 바랐다. 하지만 마음처럼 되지 않았다. 대학에 들어간 아들 마르크스는 제멋대로 진로를 바꾸었다. 그는 법보다 철학과 문학을 좋아했고 수시로 말썽을 일으켰다. 음주 모임의 리더로 활동하면서 결투까지 벌이고 다녔으니 성적이 좋았을 리가 없다. 결국 마르크스는 여러 학교를 전전한 끝에 가까스로 박사학위를 받았다.

졸업 후 마르크스는 학계로 진입하고 싶었지만 지나치게 급진적인 사상을 피력하고 다닌 탓에 마땅한 자리를 얻지 못했다. 그래서 다시 한번 아버지의 뜻과 다른 길을 택해 언론인이 되었다. 그 일은 적성에 잘 맞았지만 벌이가 시원찮았다. 성장기에 누렸던 호사스러운 생활로 돌아가지 못했다는 뜻이다. 결국 여러 도시를 옮겨 다닌 끝에 마르크스는 어린 시절부터 연인이었던 아내 제니와 함께 런던 빈민가에 정착하여 오랫동안 검소하게 살았다. 좋게 말해 검소한 것이지 집에는 제대로 된 가구 하나 없었다. 다리 없는 의자, 해질 대로 해진 소파가 전부였다. 마르크스 가족은 궁핍하게 살았고 끼니를 해결하지 못한 적도 있었다.

일상도 엉망이긴 마찬가지였다. 머리는 부스스했고 옷에 구김이 없는 날이 없었다. 이가 나간 찻잔, 더러운 스푼, 아이들 장난감, 책 더미에 파묻혀 일했고 담배 연기 자욱한 방에서 밤을 새워 글을 썼다. 심리적 동요를 일으키기에 충분한 환경이었다. 그러나 이런 생활은 그가 목적을 추구하기 위해 지불해야 할 대가였다. 마르크스는 어쩔 수 없이 싸구려 시가, 와인, 고열량의 단 음식에서 위안을 찾았다. 모두 건강에 해로운 습관이었다. 그의 감각은 지속적인 자극과 공격을 감내해야 했다.[1] 분명 어린 시절 기대했던 깨끗하고 정돈된 삶에서 벗어난 것이었다. 남편보다 더 유복하게 자란 그의 아내는 괴리감이 더 컸을 것이다.

결국 마르크스는 간과 담낭에 문제가 생기며 몸이 불편해졌다. 가장 눈에 띄는 병증은 사방에서 터져 나온 종기였다. 오늘날 일부 전문가는 마르크스가 화농성 한선염(주로 겨드랑이나 사타구니의 땀샘이 막혀서 발병하는 염증)을 앓았다고 본다.[2] 그가 큰종기라고 부른 환부가 바지에 스치거나 눌릴 때면 한 발짝 떼기가 힘들 정도로 아팠고 어떨 때는 앉아 있을 수도 없었다. 그는 그런 자신을 혐오하게 되었다. 유난히 짜증이 밀려오는 날이면 면도칼을 들고 종기를 깎아내려고까지 했다. 이런 끔찍한 몸 상태가 글의 어조에까지 영향을 미쳤다는 것을 그도 알았던 모양이다. "부르주아들은 죽는 날까지 내 큰종기를 기억할 것이오." 마르크스가 1848년에 함께 『공산당 선언』을 발표한 프리드리히 엥겔스에게 한 말이다.

마르크스는 세심한 사람이었다. 경제적인 이유 등으로 아내와 아이들을 힘들게 했지만 그는 가족을 사랑했고 가족 역시 어려움 속에서도 남편과 아버지에게 충실했다.[3] 그 사실이 한 집안의 가장인 마르크스를 더욱 괴롭혔고, 아마도 그 때문에 최악의 충동을 감추지 못한 채 자신의 글에다 독설을 퍼부었으리라. 간에 생긴 이상은 종종 불편한 심기와 무례하고 잔인한 행동을 유발하므로, 종기와 더불어 그를 끝없이 괴롭힌 병증이 마르크스의 글에 나타난 통렬함에 기여했다고 믿는 역사학자도 있다.[4] 자신의 몸과 불화한 삶이 시대를 해석한 그의 작품에 고스란히 드러났다고 해도 비약은 아닐 것이다.[5]

그의 노트를 사후에 출간한 『1844년 경제학·철학 수고』에서 마르크스는 열악한 환경에서 일하는 프롤레타리아들이 어떻게 감각을 죽여왔는지 썼다. 그는 사람들이 거리의 악취와 소음, 눈앞을 가리는 희부연 먼지에 노출되고 공장 안에 갇혀 기계에 다칠지도 모른다는 두려움을 느끼며 비좁은 공간에서 지낸다고 했다. 마르크스 자신도 "문명의 오물" 속에 처박혀 있었다. 끝없이 해로운 자극에만 노출될 뿐 양질의 쾌락을 접하지 못하면서 감각을 제대로 즐길 수 없게 되었다. 품위를 잃은 노동자는 "자신이 오로지 먹고 마시고 번식하는 최소한의 동물적 기능으로만 움직인다고 느끼는 법이다".[6]

대조적으로 부르주아 계급은 보다 의미 있는 감각을 추구할 만한 여력과 자유가 있었지만 역시 나름의 이유로 묶여 있었다. 부르주아 경영자들은 자본주의 사회에서 가장 우선시되는 것, 즉 부의 축적을 위해 감각의 즐거움을 버렸다. 사실 당시에는 부를 쌓기 위해 요구되는 자기부정과 자기희생에 대한 일종의 자부심이 있었다. "덜 먹고 덜 마시고 책을 덜 읽을수록, 극장과 무도회장과 술집에 덜 갈수록, 노래와 그림과 펜싱에 덜 심취할수록 자본을 더 많이 모으게 될 것이다. 자본은 나방도 먼지도 먹어치우지 못할 보물이다."[7] 마르크스는 어느 계층이든 자신에게 집중하고 아름다움을 보는 안목과 음악을 듣는 감각을 기르고자 한다면, 감각을 마비시키는 경제적 곤궁에서 벗어나야 한다고 썼다.

마르크스는 자신의 삶을 통해 대중의 느낌을 대변했지만,

그가 세상을 떠난 후 역사학자, 사회학자, 인류학자 들은 "오감의 형성은 세계사 전체가 이제까지 이룩한 노작이다"라는 마르크스의 말을 통해 그가 중요한 사실을 직관했음을 알았다.[8] 마르크스의 글은 인문학이 촉각을 포함한 인간의 감각을 개인적, 사회적 비평의 소재로 인식하는 데 영향을 준 작품이었다. 1980년대 이후로 이 분야에서는 지금까지 그림이나 글이 상징하는 시각 문화에 치중되어 경험에 작용하는 다른 감각을 간과하고 또 억누른 경향을 바로잡는 연구가 진행되고 있다.[9] 마르크스처럼 우리는 자기 자신과 자신의 자리에 관한 중요한 결정을 우리 몸이 느끼는 바에 근거해서 내리고 있다. 그것은 곧 시간과 장소 그리고 정체성의 산물이다.

* * *

마르크스 이야기는 인류학자이자 몬트리올 콘코디아 대학교 감각연구센터 소장인 데이비드 하위즈David Howes를 만나 일상에서 경험하는 터치에 관해 대화를 나누다 들은 것이다. 하위즈에 따르면 마르크스는 우리가 미처 의식하지 못하고 살아가는 부분을 명쾌하게 말해주었다. 우리는 각자 저만의 감각 환경sensescape 안에 살면서 제 의지대로 개성과 견해를 형성한 줄 알지만, 실은 우리가 보고 듣고 만지고 맛보고 냄새

맡는 모든 경험에 과거가 짐처럼 실려 있다고 말이다. 우리는 자신이 주변 환경을 얼마나 정확히 (특히 촉각을 통해) 받아들이고 있는지 알지 못하고 살아간다. 그러나 세상을 지각하는 기존 방식에서 한 걸음 벗어나 배후에서 무슨 일이 일어나지는지 직시하게 해주는 기법이 있다.

하위즈는 자신이 사용하는 이 방식을 감각 민족지학sensory ethnography이라고 부른다. '참여 감각' 또는 '다른 이들과 함께 느끼고 이해하기'에 기반을 둔 접근법이다.[10] 감각의 미학에 더 관심을 기울이고 현재 우리가 감각을 사용하는 방식이 어떻게 역사와 문화에 의해 형성되었는지 알게 된다면 그것이 인류의 소통과 관계에 미쳐온 영향력까지 깨닫게 되리라는 것이다. 감각 민족지학을 직접 체험하고자 나는 콘코디아 대학의 다운타운 캠퍼스 근처로 하위즈와 함께 '감각 산보'를 나섰다. 연구실 건물에서 나오면서 그는 사람들이 보통 도시를 걸을 때면 보고 듣는 것에만 주의를 기울이지만, 오늘만큼은 피부가 느끼는 것, 즉 내 몸에 닿는 것과 내 몸 안에서 일어나는 느낌에 집중하여 자신이 어떤 가치를 얻고 있는지 생각해 보라고 당부했다.

"도시에서는 건물의 겉면이 곧 피부입니다." 하위즈가 말했다. 그는 파푸아뉴기니와 아르헨티나 북서부 등에서 수십 년에 걸쳐 환경과 문화의 감각적 특성을 연구하며 다양한 방법을 연마했다. 그가 설명을 이어갔다. "피부의 주름이나 자국, 흉터를 보고 그 사람의 많은 것을 알 수 있듯이, 도시도 제 피부에 역사의 잔재를 기록합니다."

우리는 1980년대에 세워진 커다란 모듈식 타워부터 살펴봤다. 하위즈는 눈에 보이는 질감에 먼저 주목하라고 했다. 지어질 당시의 형태를 그대로 유지한 이 건물의 표면은 거친 콘크리트로 되어 있었다. 하위즈의 말을 듣고 나는 손으로 문질러 보았다. 이 건물 주변으로 이후에 현대식 장식이 더해진 다른 건물이 있었는데 만져보니 질감이 사뭇 달랐다. 세라믹의 촉감이 어찌나 매끄러운지 건물의 나이를 가늠할 수 없었다. 시간이 지나면서 건축가들이 광택을 강조하는 디자인을 선호하게 되었는데 이런 건물들이 보기에는 매력이 있을지 모르나 만지는 재미가 없었다. 이런 미학적 업그레이드는 우리가 감각에 부여하는 가치가 변했다는 신호이다. 건축 환경과 직접 교감하기보다 멀찍이 서서 감탄하는 쪽으로 취향이 바뀌었다는 말이다. 하위즈와 나는 반사 유리 패널로 마감된 최근 지어진 건물에서 이 경향의 극치를 보았다. 괜히 만졌다가 윤이 나는 표면에 얼룩이나 남기지 싫었다.

사람들이 건물을 지나며 손으로 여기저기 만지는 일은 잘 없다. 하지만 건물을 이렇게 코앞에서 살피는 경험은 평소에 우리가 촉각으로 얼마나 많은 정보를 (심지어 전혀 손을 대지 않고도) 얻고 있는지 상기시킨다는 점에서 유용하다. 다음으로 하위즈와 나는 건물을 돌아서 골목길로 들어갔다. 공사 장비 소리가 요란했다. 골목의 벽은 시멘트로 되어 있었는데 우묵우묵 팬 자국 있고 잔돌기가 따갑게 돋은 것이 이전에 본 건물보다 더 거칠었다. 그러나 직접 만지지 않아도 우리는 이미 이런 벽의 고유한 질감을 알고 있으며 그것을 '까끌까끌하다' 라고 표현한다. 떨어져 있으면서도 시각 정보를 촉각 용어로 해석하는 것이다. 감각은 몸에서 멀어지며 끝없이 바깥을 향하고 주변 사물과 뒤섞인다. 감각은 수동적인 수용기가 아니라는 게 하위즈의 주장이다.

광장 벤치에 앉아 노랗게 물들어 가는 가을 단풍을 감상했다. 보도 위로 낙엽이 산더미처럼 쌓여 있었다. 우리는 낙엽더미에 무작정 뛰어들던 어린 시절을 회상했다. 어른이 되고 나서는 어린 시절만큼 주변 환경과 소통하지 않는다. 품위 있어 보이려면 세상과 거리를 두고 살아야 한다고 배우기 때문일 것이다. 의자에서 내려와 땅바닥에 앉아보자고 하위즈가 제안했지만 아무래도 통행에 방해가 될 것 같아 그만두었다. 대신 그는 어떤 느낌일지 상상해 보라면서 보도에 깔린 포장용 돌을 가리켰는데, 그 위에 눕는다면 어떨지 생각만 해도 재밌었다. 하지만 선 채로 내려다보아서는 그 느낌을 제대로 알 수 없을 것이다.

이번에는 하위즈가 가로수 줄기를 둘러싼 철망의 친근한 물방울무늬에 손짓했다. 원래는 나무를 보호할 목적으로 설치되었지만 노숙자가 그늘에 눕지 못하게 하는 역할도 한다고 했다. 광장의 벤치도 치밀하게 설계되어 사람들이 침대처럼 눕지 못하게 양쪽에 팔걸이가 있다. 사람들은 대부분 팔걸이의 진짜 용도를 알아채지 못한다. 누군든 벤치가 있으면 하위즈와 나처럼 일단은 앉고 보니까 말이다. 벤치에 눕고 싶은 사람이 있을 거라는 생각은 미처 하지 못한다. 하위즈는 이런 환경이 취약계층에게 얼마나 적대적일지 생각해 보라고 권하고는 다른 문화권에서라면 어땠을지 이야기했다. 어떤 문화에서는 바닥에 양반다리로 앉는 것을, 또 어떤 문화에서는 벤치 위에 쪼그려 앉는 것을 선호한다.

"앉는 방식은 땅으로부터 소외된 정도를 나타냅니다." 하위즈가 설명을 이어갔다. "감각 민족지학은 피험자들의 세상을 공감하며 이해하고자 그들의 감각을 함께 느껴보는 학문입니다. 대개 자신의 감각 방식이 주변 사람들과 얼마나 다르고 독특한지 인지하지 못하니까요."

하위즈의 연구는 갖가지 유형의 사람들 마음속에 들어가 그들의 몸이 무엇을 느낄지 상상하는 과정이 대부분이다. 우리는 언제나 자기 자신을 주변 환경에 길들이므로 대부분 자신의 감각이 무엇에 좌우되는지 알지 못한다. 완전한 시야를 확보하려면 이 틀에서 벗어나야 한다. 하위즈는 1990년대에 파푸아뉴기니에서 감각의 인류학을 연구하기 시작하면서 처음 그런 경험을 했다.[11] 처음에 그는 문자문화는 쓰기나 활자에 의존하므로 시각 중심인 반면, 구술문화는 주요 소통 수단이 말이며, 말은 청각 중심이라는 단순한 발상에서 시작했다. 그러나 하위즈는 결과적으로 감각에 대한 훨씬 복합적인 이해를 안고 그곳을 떠났다.

뉴기니 동남쪽 끝에서 조금 떨어진 곳에 화산섬과 광활한 바다로 유명한 마심이라는 지역이 있다. 그곳 사람들은 청각을 중요하게 여긴다. 그곳의 상위 신은 귀가 아주 크며, 그곳의 아이들은 경청하지 않으면 미치광이가 된다고 배운다. 하위즈는 마심 사람들이 청각을 우리와 다르게 받아들인다는 것을 알게 되었다. 소리를 수동적으로 들을 때뿐만 아니라 소리를 낼 때도 마찬가지이다. 마심 사람들은 자신이 말하는 것을 듣고, 다른 사람이 자신에 관해 이야기하는 것을 중요시한다. 이곳 사람들에게 입이 있다는 것은 곧 문명화의 상징으로, 입으로 언어를 창조하고, 또 입을 통해 공동체를 통합하는 음식의 가치를 알게 되었다고 생각한다. 심지어 이곳에서는 입이 없던 인류 조상의 이야기가 전해진다. 그들은 입이 생긴 다음에야 비로소 인간이 되었다.

파푸아뉴기니에서 가장 큰 강이 흐르는 지역의 이름을 빌려 미들세픽이라고 부르는 곳에서는 시각이 감각의 서열에서 가장 높은 위치를 차지한다. 한 사람의 평판(부투butu라고도 하는데, 부투에는 '소리'와 '명예'라는 뜻이 둘 다 있다)이 곧 사회적 지위를 나타내는 마심과 달리, 미들세픽에서는 무엇을 보는지가 곧 지위를 뜻한다. 매년 추수 예식마다 장로라고 칭하는 마을의 나이 든 남성들이 성소의 경계 안에 모여 플루트, 불로어러 bullroarer 등의 악기로 소동을 일으키며 영혼의 목소리를 흉내낸다. 여성과 아직 입교하지 않은 자는 울타리 밖에서만 소리를 듣는 탓에 진실을 모른 채 그저 혼령이 왔다고 믿는다. 영혼을 본다는 사실이 장로들을 우월하게 만들지만, 이들이 정말 뛰어난 감각 능력을 갖추었다기보다는 이런 의식을 통해 자신들의 통제력을 공고히 해왔다고 보는 편이 더 옳겠다.

미들세픽인들의 이야기는 사회를 지배하는 감각에 대한 것에서 그치지 않는다. 이곳의 남성은 나무껍질에 영혼의 그림을 그려 성소의 천정을 장식하며, 그들이 볼 수 있는 모든 것의 주인이 된다. 한편 여성은 바구니 제작과 베 짜기가 전문인데, 이는 여성에게 특별한 촉각적 능력이 있다는 증거이다. 이 능력은 구분과 분리를 상징하는 남성의 역할과 반대로, 공동체를 하나로 엮는 여성의 역할을 강조한다. 하위즈는 한 문화의 감각 환경을 한 가지 측면만이 아니라 전체적으로 연구해야 한다고 주장한다. 각각의 문화가 어떻게 감각을 정의하고 그 안에서 감각이 서로 어떻게 영향을 미치는지 보아야 한다는 뜻이다. 세상에는 사람 머릿수만큼이나 수많은 지각 심리가 있고, 그 다양함이 우리가 생각하는 방식을 바꾼다.

심지어 세상 모든 사람이 오감이라는 말에 동의하는 것도 아니다. 나이지리아에서 가장 큰 민족인 하우사족은 시각적 지각과 비시각적 지각의 두 가지 감각만 인정한다. 비시각적 지각에는 사고와 감정이 포함된다. 이런 식의 구분은 감각이 독립적으로 작용하지 않고 서로 지속해서 영향을 준다는 믿음을 드러낸다.[12] 한편 고전 인도철학에는 숨 쉬는 기관, 말하는 기관, 맛을 보는 혀, 눈과 귀, 생각하는 기관, 일을 하는 손과 만지기 위한 손까지 총 여덟 개의 감각이 있다. 생각을 감각에 포함한 것은 정신과 육체의 밀접한 관계를 상징한다.

촉각적인 선호 역시 동일하지 않다. 하위즈는 마심 지역 사람들이 부드러운 촉감을 특별히 귀하게 여기는 것을 발견했다. 반들반들한 가죽이나 광이 나는 조개껍데기는 예식의 교환물로 사용된다. 이들은 배를 타고 먼 섬까지 가서 교환 예식에 참여한다. 이들이 좋아하는 안무에는 물처럼 흐르고 까딱까딱하는 동작이 들어가는데, 카누 안에서 파도를 타는 경험을 흉내 낸 것이다. 정반대로 미들세픽에서는 딱딱함에 가치를 둔다. 미들세픽강 유역의 능선에 터를 잡고 습지에서 생계를 유지하는 쿠오마족은 반흔형성cicatrization으로 일부러 흉터를 만들어 피부를 장식한다. 이들에게 흉터의 단단한 돌기는 만지면 기분 좋을 뿐 아니라 용맹함을 나타낸다. 외부인의 침입을 늘 경계하며 살아가는 쿠오마족에게 단단한 피부는 중요할 수밖에 없다. 원을 그리며 발을 구르는 전통무용 또한 경계를 나타내는 행위이다.

우리의 감각은 주변 환경을 수동적으로만 받아들이지 않는다. 인간이 예술과 예식을 창조하는 방식은 감각에 영향받는다. 날씨가 쌀쌀해져서 하위즈의 연구실로 돌아가는 길에 나는 도시가 주는 느낌을 더 많이 받아들였다. 차지만 상쾌한 바람부터 건물 벽면의 질감, 부츠가 규칙적으로 바닥에 부딪히는 소리까지. 남성이 되어, 다른 인종이 되어, 성적 지향이 다른 사람이 되어 이 거리를 걷는다면 나는 무엇을 느낄까. 이민자에게는 토박이와 전혀 다른 감각의 위계가 있을지도 모른다. 자신의 정체성과 감각에 대한 태도가 곧 자신을 둘러싼 것

을 느끼는 방식을 결정하기 때문이다.[13]

* * *

어린 시절, 평소 익숙했던 환경을 전혀 색다르게 느낀 특별
한 순간이 기억난다. 6학년 때인가 가족과 인도에서 4개월을
보내고 새크라멘토 집으로 돌아온 날이었다. 긴 비행에 지친
나는 곧장 신발을 벗어 던지고 침대로 달려들 생각이었다. 그
런데 발이 카펫에 닿는 순간 멈칫하고 말았다. 발밑이 흔들거
리는 게 금방이라도 땅이 꺼질 것 같았기 때문이다. 그리고 겨
우 2층으로 올라가 침대에 몸을 던진 순간, 그 부드러운 감
촉이라니! 로션을 가득 채운 욕조에서 헤엄치는 기분이 이런
것일까. 인도에서 지내는 내내 나는 딱딱한 바닥에 짚으로 된
매트를 깔고 잤다. 이불과 베개는 폭신한 구름이 아닌 샌드백
같았다. 그곳에 있을 때는 모든 게 얼마나 딱딱하고 거칠었는
지 미처 의식하지 못했으나 막상 집에 돌아오자 그 차이가 온
몸으로 느껴진 것이다.

이어지는 며칠간 나는 머릿속에서 이 차이를 되새겼다. 우
리 집에는 양동이와 컵 대신 샤워기의 부드러운 물줄기가 있었
고, 늘 에어컨이 돌아갔다. 이 소소한 안락이 희미해져 배경이
되기까지 오래 걸리지 않았다. 그러나 전반적인 대인관계 방식

의 차이는 몇 달이 지난 뒤에도 여전히 분류가 끝나지 않았다. 친구네 집에 가보면 친구들은 밤에 자기 방으로 들어가 문을 닫고 혼자 잤다. 나는 부모님 사이에 샌드위치처럼 낀 채 팔다리를 걸치고 잤는데 말이다. 인도의 사촌들에게는 침대만 따로 쓴다면, 부모님과 같은 방에서 자면 안 되는 시기가 따로 정해져 있지 않았다. 그런데도 나는 괜스레 신경이 쓰이기 시작했다. 사촌들은 다 커서까지 주말마다 이모나 고모가 코코넛 기름으로 두피를 마사지해 주시곤 했는데, 진작에 나는 그 의식을 치르기엔 내가 너무 컸다고 생각했다.

인도의 내 친척들은 미국인보다 신체적으로 더 다정한 면도 있었지만 대체로 조심스러운 편이었다. 미국에서 본 어른들은 만나면 서로 포옹했지만, 인도의 친척들은 말로 인사하거나 고개를 숙이는 게 다였다. 부부끼리 스킨십도 별로 없었다. 우리 부모님도 언제나 서로 어느 정도 거리를 두고 지내셨고, 나는 두 분이 키스는커녕 소파에서 서로 몸을 기대거나 손을 잡는 것조차 본 적이 없었다. 두 분만 계실 때는 어떠실지가 내게는 항상 커다란 수수께끼였고, 반대로 친구 부모님이 아이들과 한 공간에 있을 때도 습관적으로 입을 맞추는 행동은 어린 마음에 그렇게 망측할 수가 없었다.

물론 내 표본 크기는 작았다. 하지만 한 공동체 안에 얼마나 다른 문화가 존재하는지 정식으로 연구한 학자가 있다. 샌디에이고 주립대학교 커뮤니케이션학과 명예교수 피터 앤더슨Peter Andersen은 1980년대에 공항 등 공공장소에서 문화 간

비언어적 행동의 차이를 조사했다. 1980년대는 테러 위협으로 인해 공항 보안이 강화되기 전이라 사람들이 터미널까지 나와 서로 작별 인사를 나누던 시절이다. 관찰 결과, 그는 민족 간에 두드러지는 차이점을 발견했다. 문화별로 성적 표현 방식이 크게 달랐던 것이다. 왜 어떤 문화는 성적 표현이 더 자유로운지 설명하기 위해 그는 두 가지 포괄적인 요인을 설정했다.

첫 번째 요인은 기온이다. 아랍 국가, 중앙아메리카, 남아메리카, 지중해, 남유럽과 동유럽에서 온 사람들이 가장 스킨십을 아끼지 않았다. 반면 추운 지방에서 온 사람일수록 신체 접촉을 자제했다. 북쪽 지방 사람들은 역사적으로 척박한 겨울에 살아남기 위해 계획적으로 살아야 했으므로 좀 더 진중해졌다는 것이 앤더슨의 추론이다. 기후 덕분에 능동적이고 생산적이게 되었지만, 날씨처럼 성격이 차가워졌다는 것이다. 반대로 따뜻한 지역에서는 그런 압박이 없으므로 느긋하고 개방적인 문화가 발달했다. 더운 날씨 탓에 살이 드러나는 옷을 입으면서 스킨십을 차단하는 물리적 장벽이 제거된 영향도 있을 것이다. 게다가 햇빛까지 한몫하여 내분비계를 자극했을 텐데, 동물들이 봄에 성적으로 활발해지는 것도 그래서이다.

성적 절제가 심한 나라가 추운 지방에만 국한된 것은 아니고 한국과 일본, 그리고 인도 등의 아시아 국가를 포함해 다양한 기후대에 걸쳐 있다. 앤더슨은 이것을 개인주의 대 집단주의라는 두 번째 요인으로 설명한다. 앤더슨은 저서 『터치에 관하여The Handbook of Touch』에서 "집단을 중시하는 문화에서는 신체접촉을 원하는 개인의 충동이 이를 부적절하고 예의 바르지 못하다고 보는 집단의 의견을 따르게 마련이다. 집단의 화합을 지키려면 개인의 충동을 조절해야 한다는 규범을 공유하기 때문이다"라고 썼다.[14]

앤더슨에 따르면 아시아에 집단주의가 흔한 이유는 문화가 세계에서 가장 오랫동안 단절 없이 이어져 오면서 그만큼 오랜 시간에 걸쳐 예의와 격식에 대한 무언의 규범이 뿌리내렸기 때문이다. 이들이 그렇게 오래 평화를 유지한 비결도 신체접촉에 대한 관습에 있는지 모른다. 공공장소에서 신체접촉을 자제하는 것은 개인 간의 친밀감보다 집단 전체의 평안을 강조하는 한 방법이다. 일부 문화권에서는 종교 교리가 신체접촉을 기피하는 또 다른 이유가 된다. 반면 신흥 국가에 흔한 개인 중심 문화에서는 인간관계에서의 자신감과 표현이 사회적으로 인정받는 자질인 경우가 있다.

이 가설이 우리 가족에게도 적용된다. 고모할머니와 팔촌까지 포함하는 대가족에서는 부모, 자식으로 이루어진 소가족이 더 큰 단위 안에 속한다. 가문에 대한 충성은 개인 간의 신체적 친밀감이 아니라 관습과 의례를 통해 유지된다. 예를 들어 혼사는 남녀 두 사람이 아닌 가문의 결합이라는 점이 강조되어 집안의 어른들이 조율하며, 전통적으로 아내는 혼인 후 신랑의 가족과 함께 살아야 한다. 이런 복잡한 관계 속에서 부부의 애정이 밖으로 드러나지 않는 것도 납득이 간다. 대신 부부가 낳은 아이들에게 가족 전체의 애정이 쏟아진다.

그러나 어떤 문화도 획일적이지 않다는 사실을 인정해야 한다. 심지어 가족 안에서도 다양성은 존재한다. 또한 사람이든 문화든 시간이 지나면 모두 변하게 마련이다. 내가 터치에 관한 책을 쓴다는 소식을 들은 우리 고모는 이메일로 내게 우리 식구가 얼마나 애정 표현에 인색한 사람들인지 설명하셨다. 우리 가족이 광범위한 문화적 카테고리 안에서도 다소 특이한 편에 속하지 않았더라면 고모도 쉽게 알아차리지 못했을 것이다. 고모는 인도 남자와 중매로 결혼했는데, 고모부 집안사람들, 그중에서도 여자들끼리 일상적으로 애정 표현을 주고받는 분위기를 몹시 부러워했다.

"나는 늘 우리 가족이 스킨십으로 자기 기분을 전하는 일이 잘 없다고 생각했어. 우리 부모님은 자식들을 칭찬하거나 축하할 때도, 슬픔을 위로할 때도 안아주신 적이 없었단다. 그게 옳은 건지 그른 건지는 나도 잘 모르겠어. 그냥 처음부터 그렇게 살았으니까. 그런데 우리 시어머니와 시누이는 서로 손을 맞잡고 이야기를 나누더구나. 그게 자신이 말하고 싶은 것을 더 잘 전달하는 것 같았어."

나도 우리가 스킨십이 부족한 가족이라는 것을 어떻게 받아들여야 할지 모르겠다. 한편으로는 우리가 스킨십을 많이 했다면 오히려 이상했을 것 같다. 우리 식구 중에 성격이 아주 사교적인 사람은 없다. 그래서 아마 다정한 행동이 오히려 자연스럽지 않았을 것이다. 사람들이 서로를 만지는 방식은 보통 그 사람 안에 내재된 내향성 또는 외향성의 표현이다. 그러나 고모가 다른 방식을 열망했다는, 적어도 인정을 했다는 사실이 내게는 참 흥미롭다. 어쩌면 우리 가족 모두가 스킨십 앞에서 갈등을 경험하고 있는지도 모른다. 우리 문화는 자기의 살과 몸이 가장 갈망하는 것들을 하지 말라고 가르치니까.

그렇다면 미국은 어디쯤 있을까? 이 질문에는 다양한 답변이 있다. 많은 사람이 미국에 '저접촉low-touch' 문화라는 딱지를 붙인다. 그건 어쩌면 미국 건국의 아버지들이 표현에 인색한 영국 이민자이기 때문일지도 모른다. 그러나 앤더슨은 미국 문화가 꼭 그렇다고 생각하지는 않는다. 그가 보았을 때 미국의 촉각 문화는 건국 초기부터 전 세계에서 유입된 것이라 미국인의 스킨십에도 다양성이 존재한다. 저접촉이라고도 고접촉high-touch이라고도 규정할 수 없는 문화라는 이야기이다. 사람들은 모두 저마다 다르다. 생각이 다른 타인과의 만남이 어색한 이유이자 사람들의 다양한 비언어적 신호를 주의해서 해석해야 하는 이유이다.

인간이 감각을 어떻게 사용하는지 조사할 때 들여다볼 렌즈가 문화에 한정되지는 않는다. 시대에 따라 감각에 대한 이해가 어떻게 변화해 왔는지 살펴보는 것도 좋은 방법이다. 서양에서는 과거에 사람들이 무엇을 어떻게 느끼며 살았을까. 중세시대 사람들의 삶은 한마디로 말해서 거칠었다. 농부는 수탉이 우는 소리를 듣고 일어나 따가운 양털 옷을 입고 매정한 비바람 속에서 하루를 시작했다. 이런 신체감각에는 가치 판단에 영향을 주는 결정적인 메시지가 들어 있어서, 사람들이 저마다의 촉각 세계를 형성하는 데 일조했다. 콘코디아 대학교에서 하위즈와 공동연구를 진행하는 문화역사학자 콘스탄스 클라센Constance Classen은 저서 『가장 깊은 감각The Deepest Sense』에서 중세시대부터 계몽시대, 그리고 산업혁명으로 이어지는 과정에 일어난 감각적 전환을 깊이 파고들었다. 클라센은 다음과 같이 썼다.

> 로마제국 몰락 직후의 수 세기, 혹은 중세시대 전체를 포괄하는 '암흑시대'라는 용어에는 사람들이 그저 무턱대고 더듬으며 살아가던 시대라는 평가가 담겨 있다. 실제로 이렇게 역사의 시기를 감각에 따라 분류한 바에 따르면, 이성의 시대였던 18세기 계몽시대에 이르러서야 마침내 배움의 빛이 과거에 드리운 무지의 그림자를 물리치고 세상에 대해 명확하게 생각할 수 있게 되었다.[15]

중세시대에 사람의 가치는 제 몸을 통제하고 혹독한 환경에 용감히 맞서는 자세에 있었다. 농노는 보통 온종일 심고 거두고 도축하고 기술을 익히며 살았다. 이들은 자기가 보살피는 대지, 동물과의 공감을 키웠고, 그렇게 자연의 신호를 읽음으로써 시간과 자원을 효율적으로 사용하고 최대한의 보상을 얻을 수 있었다. 계급의 사다리를 밟고 조금만 위로 올라가면 대장장이, 요리사, 하인이 있는데 마찬가지로 모두 몸을 쓰는 기술을 연마했다. 심지어 의사도 험한 날씨를 무릅쓰고 왕진을 가거나 촉진과 맥진처럼 손을 사용하는 기술로 환자를 진단했다. 사다리의 꼭대기를 차지한 것은 기사였는데, 그들은 어떤 면에서 가장 고된 일을 하며 살았다.

특정 계급 여성들은 일상의 고생을 상당 부분 피할 수 있었으나 그 대가로 가족에게 안락함을 제공해야 했다. 『파리의 가장The Goodman of Paris』이라는 제목의 15세기 살림 매뉴얼에서는 길고 힘들었던 하루를 보내고 온 남편에게 아내가 줄 수 있는 즐거움을 소개한다. 거기에는 새하얀 이불보, 모피, 그 밖의 대접이 포함된다. 여성은 대접받는 입장은 아니었지만, 더 힘든 육체노동을 일부 피할 수 있었으므로 마냥 밑지는 거래는 아니었다. 그러나 이들의 일은 상징적으로 가장 낮은 감각과 연결되며, 여성의 종속적인 지위를 정당화하는 주장의 근거로 사용되었다. 여성에게 요구되는 부드러움과 감수성은 그들 배우자의 거친 노동만큼 인정받지 못했다.

일의 물성(物性)은 사람들의 사회생활에 반영되었다. 사람들은 그릇을 함께 쓰며 손으로 먹고, 가족 침대에서 다 같이 잠자고, 큰 욕조에서 함께 목욕하고, 저녁이면 훈훈한 난로 주위에 옹기종기 모여서 시간을 보냈다. 벗이나 가족과 함께하는 따뜻함은 단순한 은유가 아니라, 의식(儀式)을 통해 의도적으로 고안된 것이었다. 모든 이의 몸은 집단에 속했고, 몸의 목적은 집단의 건강과 결속을 뒷받침하는 것이었기에 사람들이 서로를 경계할 여지가 없었다. 껴안고 뽀뽀하는 행위는 가까운 관계에 국한되지 않고 동성끼리도 플라토닉한 키스를 나누었다. 신체접촉은 일과 관련된 거래에서도 상징적인 역할을 담당했다. 늦어도 기원전 5세기에 시작된 인사법인 악수는 그 자체로 구속력 있는 계약상의 의무를 나타냈다.

이 시대에는 종교까지도 지금보다 감각적이었다. 사람들은 성인의 손에 마법이 깃들었다고 믿었다. 교회가 세례, 견진성사, 치유 예배, 축복 예식에서 손을 얹는 동작을 넣은 것도 같은 맥락에서이다. 세상을 떠난 성인의 유골은 오래도록 이 마을, 저 마을로 옮겨 다녔고, 사람들은 거기에 손을 대면서(때로는 입에 넣기까지 하면서) 충족감을 느꼈다. 그러나 새로운 감각 가치로의 전환은 교회에서도 어김없이 일어났다. 많은 종교 지도자들은 인간의 영혼이 감각을 통해 육신으로 들어오는 악의 끊임없는 공격에 시달린다고 생각했다. 이윽고 현세의 쾌락, 그 중에서도 성적 쾌락이 죄악시되었다. 신체접촉을 포함한 육욕은 억제되어야 하며 사람들이 순수한 마음으로 신을 생각하도록 독려함으로써 더 차원 높은 영성에 도달하게 할 수 있다는 시각이었다.

눈은 오래전부터 지적 능력과 결부된 것으로 여겨졌고, 계몽시대 여명기에 식자율이 높아지자 지배적인 감각이 되었다. 직업적 전문성을 드러내는 방법으로써 '보기'가 '하기'를 잠식하기 시작했다. 이제 사람들은 전문가 밑에서 몇 년씩 수습생으로 생활하면서 육체적 직관을 훈련받을 필요가 없어졌다. 그 대신 명망 있는 배움의 터전에서 책을 읽고 시험을 쳐서 졸업장을 받았다. 이런 경향이 유난히 눈에 띈 분야가 의학이다. 환자에 대한 친밀한 태도를 발전시킨 전통 치료사와 조산사는 공인된 지식을 지닌 전문가가 선호되면서 설 자리를 잃었다.

새롭게 교육받은 이들이 사회적 유대관계가 약한 도시로 점차 진출하면서 대인관계에서 건전한 사적 공간을 유지하는 예의를 강조하기 시작했다. 새로운 규칙에 따라 사람들은 불필요한 불편을 피하고자 상대가 보이지 않는 거품에 둘러싸인 것처럼 상상해야 했다. 거리를 두고 하는 인사는 상대의 자율성을 존중한다는 암묵적인 신호였다. 언젠가부터 식사를 할 때도 각자의 식기로 각자의 의자에 앉아서 각자가 먹을 음식을 공용 그릇에서 덜어 먹게 되었다. 낯선 이들로 가득 찬 환경에서 사람들은 더는 악수로 이루어지는 거래를 신뢰할 수 없었고 결국 강제성을 띠는 계약서를 작성하기 시작했다. 이러한 관행은 1600년대부터 꾸준히 늘어났다.

도시 거주자들이 새로운 방식을 먼저 받아들였고, 그 방식이 지방 사람들과의 명확한 문화적 차이를 형성하면서 사회적 계급의 기표가 되었다. 도시 엘리트 사이에서는 가족 간에도 스킨십이 흔치 않게 되었다. 프랑스에서는 평소에 억눌렀던 진심을 표현하기 위해 아들에게 편지를 쓰는 남성들을 중심으로 한 문학 장르가 있을 정도였다. 일부러 연습하지 않으면 가장 가까운 이들에게조차 어떻게 애정을 표현해야 할지 모르는 지경이 된 것이다. 일체의 사회적 접촉이 차단되면서 다른 이의 살갗이 살짝 스치는 정도에도 지나치게 큰 의미가 부여되었다. 문학작품에 등장하는 귀족 출신 주인공들은 유난히 예민하여 작은 몸짓과 손놀림이 바이올린 현 위의 활처럼 그들의 신경을 자극했다.

종교의식은 더욱 손과 멀어졌다. 신도들은 유물에 절을 하거나 만지는 대신 신의 이미지 앞에서 개인적으로 묵상했다. 지옥의 개념조차 달라졌다. 과거의 지옥은 화염과 쇠스랑이 상징하는 고통스러운 장소였으나, 어느새 죄인들이 이승의 삶에서 겪었던 실패의 순간을 영원히 곱씹는 정신적인 고통의 현장으로 탈바꿈했다. 박물관은 관람객이 예술작품에 손대지 못하게 하는 규칙을 정하기 시작했는데, 작품을 보존하기 위한 이유도 있었지만 숭배의 공간으로 자리매김하기 위한 목적도 컸을 것이다.[16] 고상함이란 만지는 것이 아니라 보는 것이라는 훈령은 멀리 떨어져서 감탄하는 것이야말로 아름다움을 품위 있게 감상하는 방식이라는 믿음을 낳았다. 이윽고 도예나 직조처럼 손으로 하는 예술은 한낱 공예로 폄하되었다.

감각의 위계는 다른 인종을 인식하는 방식에도 영향을 미쳤으나 실제로는 기존의 인종차별적 사회질서를 정당화하는 수단에 지나지 않았다. 자연사학자 로렌츠 오켄Lorenz Oken은 감각에 등급을 매기고 '보기'를 통해 세상을 배우는 유럽인을 눈의 인종이라고 불렀다. 바닥에 있는 감각을 억누름으로써 존경받아 마땅한 세련된 태도를 지녔다는 이유에서이다. 아시아인은 귀의 인종이 되었다. 청각 또한 물리적 간격을 두고 작용하는 감각이므로 아시아인은 두 번째로 높은 등급을 차지한 것이다. 이어서 아메리카 원주민은 코의 인종, 오스트레일리아인은 혀의 인종이 되었다. 촉각이 주요 감각 양식인 아프리카인은 피부의 인종으로 분류되었으며 문화적으로 가장 덜 발달했다고 간주되었다.

산업혁명으로 역직기와 증기기관 같은 기계가 발명되면서 사람이 손으로 제작하는 것보다 더 빠르고 정확하게 상품을 생산할 수 있게 되었다. 하지만 그로 인해 육체노동의 가치가 한 번 더 강등되었다. 능숙한 손재주에 자부심을 느꼈던 이들이 공장의 조립 라인에 배치되어 익명의 톱니바퀴가 되었다. 이들의 몸은 단순 동작을 반복하며 기계처럼 작동하도록 요구받았다. 반면 상류층의 일은 정신적 측면이 더욱 강해졌다. 자동차가 발명되면서 사람들은 짧은 시간에 전에 없이 많은 풍경을 볼 수 있게 되었고, 그 몽타주는 현대 생활의 속도감을 고스란히 담아낸 상징으로 자리 잡았다.

옥타브 미르보Octave Mirbea는 1907년에 발표한 소설 『라La 628-E8』에서 "그의 뇌는 뒤엉킨 생각과 감각이 언제나 시속 96킬로미터의 전속력으로 질주하는 자동차 경주장이다. 속도가 그의 삶을 지배한다. 그는 바람처럼 운전하고 바람처럼 생각하고 바람처럼 사랑을 나누면서 폭풍 같은 삶을 살았다. 인생은 돌격하는 기병처럼 그를 향해 돌진하고 사방에서 난타하다가 마침내 영화처럼 깜빡거리더니 녹아버렸다"라고 썼다. '라 628-E8'이라는 제목은 이야기 속 자동차 여행에서 사용된 차량의 번호판으로 그 차가 선사한 연속적인 빠른 장면은 인간 정신을 상징한다.[17]

평균 생활수준이 개선되면서 과거에는 엘리트에게만 허락

되었던 안락함을 모든 계급이 누리게 되었다. 사람들은 추위와 벌레를 막아줄 유리창을 설치하고 매끄러운 직물과 부드러운 침대, 푹신한 소파로 집을 채웠다. 고통은 더 이상 힘의 상징이 아니었고, 감각적 쾌락을 추구하는 행위가 죄악시되거나 나약함으로 취급되지도 않았다. 삶이 편안하고 균일해지자 사람들은 육아와 체벌을 포함해 다양한 영역에서 기존의 신념을 다시 생각하게 되었다. 한때 육아의 표준이었던 엉덩이 때리기는 바람직하지 못한 행동이 되었다. 문제가 있기로는 부모의 과도한 애정도 마찬가지였다. 감옥에서는 신체적 형벌 대신 감시 카메라나 격리를 통해 질서가 유지되었다. 이런 변화는 인간적인 것처럼 여겨졌으나 결국은 새로운 방식의 처벌이었다.

감각 체험은 우리가 사는 시대의 모습을 꾸준히 빚어왔다. 망치나 공구 대신 중장비를 사용하고, 시스 드레스 대신 허리를 꽉 조인 코르셋 위에 풍성하고 치렁거리는 가운을 걸치고, 포옹 대신 절을 하는 관습은 영향력 있는 가치를 무의식적으로 전달했다. 이런 감각들이 모여 노동의 성격, 육체와의 관계, 사회집단 안에서 관계를 형성하는 방식, 계급 간 차이에 대한 믿음에 영향을 주었다. 감각에 대한 이런 암묵적인 메시지는 때때로 우리가 촉각을 해석하는 방식(지혜롭다/지나치게 감상적이다 또는 친근하다/무례하다)을 알려준다. 오늘날 우리가 실내의 안락함에 둘러싸여 촉각을 거의 느끼지 못한다는 사실 역시 여전히 감각을 정의하는 개념을 형성한다.

＊＊＊

인간의 감각은 산업혁명 이후에도 진화를 멈추지 않았다. 디지털 시대는 우리가 감각을 사용하는 방식을 다시 한번 뒤집는 새로운 발전을 이룩했다. 서로 얼굴을 마주하는 소통 방식이 대부분 사라졌으며, 말하는 시간은 줄고 타이핑하는 시간이 늘어났다. 사람들은 화면과 스피커에 둘러싸여 지내고, 시각과 청각이 아닌 감각은 뒷전이 되었다. 소위 열등한 감각을 체험하는 방식조차 눈으로 결정된다. 우리는 음식 사진을 보고 식당을 고른다. 소셜미디어에 게시하지 않은 친구와의 만남은 큰 의미가 없다. 기술은 모든 곳에서 감각을 균일화하는 결과를 가져왔다.

전 세계적으로 감각의 위계가 전혀 다른 장소에서조차 동일한 변화가 일어나고 있다. 인도에 있는 내 친척들도 마찬가지이다. 기술 부문의 사무직은 덜 걷고 덜 움직이는 일이 되었다. 최신 가전제품은 청소와 요리의 수고를 덜어주었다. 부유해진 우리 가족은 개인 침실을 꾸미고 부드러운 침대와 소파, 에어컨을 장만했다. 젊은 세대가 사랑을 좇아 결혼하면서 가족이라는 더 큰 틀 안에서 관계 맺는 방식이 완전히 달라지고 있다. 가까운 이들에게는 감정을 조금 더 표현하게 되었을지 모르지만, 대부분의 의사소통은 왓츠앱WhatsApp에서 문자 메시지를 통해 원격으로 이루어진다.

우리는 물성이 부족한 첨단기술에 양가감정을 느낀다. 기기의 편리함을 즐기고 날렵한 외형에 감탄하지만, 기술과 상호작용하거나 타인과 소통할 때 자기 자신이 느껴지지 않으면 왠지 모를 상실감에 젖는다. 그러나 이런 걱정도 꾸준히 출시되는 시각 기반의 새로운 소통 수단에 적응하다 보면 어느새 묻혀버린다. 물론 이런 첨단기술이 도움이 되지 못한다고 판단하여 과거의 단순했던 방식으로 돌아갈 수도 있다. 또는 현재의 기술에 좀 더 감각을 통합하여 실생활의 느낌을 재창조하는 방법을 모색할 수도 있다.

하위즈와 만났던 그날 저녁에 그의 박사과정 학생인 에린 린치Erin Lynch와 내 새로운 분석력을 시험해 보았다. 린치는 노트르담섬에서 멀지 않은 몬트리올 카지노에서 감각을 연구한다. 그곳은 기술이 우리의 감각 생활을 어떻게 변화시켰는지 단적으로 보여주는 장소였다. 카지노 앞에 도착하자 뾰족하게 솟아 있는 건물 외관에 〈오즈의 마법사〉에 나오는 에메랄드 시티와 비슷하지만 좀 더 옅은 불빛이 켜졌다. 핼러윈을 기념하는 밤이었다. 마이클 잭슨의 〈스릴러〉 뮤직비디오에 나오는 늑대인간들이 정문에서 우리를 맞아주었고 홀에는 괴물들이 퍼레이드를 벌이고 있었다. 하지만 그 외에는 국영 도박장에서 흔히 예상되는 풍경이었다. 사람들이 불 켜진 슬롯머신 앞에 앉아 눈을 게슴츠레 뜨고서 버튼을 눌러댔다.

린치가 나에게 몸 밖에서 어떤 정보가 들어오고 있는지 분석해 보라고 했다. 나는 기계식 바퀴와 핸드 크랭크가 있는 구식 기계를 발견했다. 실제로 타일이 돌아가는 이 옛날 기계는 게임의 재미를 더할 뿐만 아니라 왠지 디지털 디스플레이가 장착된 시스템에 비해 카지노에서 손님을 속이기 더 어려울 것처럼 보였다(사실이 아니라고는 하지만). 신식 기계는 거대한 곡선 스크린이 사용자를 감싸는 구조였다. 이 기계는 조작 부위가 최소화되었고, 버튼은 힘을 들이지 않아도 부드럽게 눌린다. 구식 기계보다 친숙함도 매력도 떨어졌으나, 앞서 살펴보았던 건물들처럼 사회가 시각적으로 변해가고 있음을 보여주는 사례임은 분명했다.

린치는 이런 디자인에는 의도가 다분하다고 의심했다. 신체적이든 정서적이든 사용자가 느끼는 저항을 최대한 줄이려는 속셈이라는 말이다. 이런 설계의 목적은 사람들로 하여금 제 몸과의 접촉을 끊고 자신을 잃어버린 채 게임에 몰두하게 하는 것이다. 사용자가 힘을 들여 조작해야 하는 기계에서는 시간이 지나면 피로가 느껴지기 마련인데, 이는 곧 게임을 그만하라는 신호이다. 접촉이 사라진 기계에서는 도박이라는 행위 자체는 물론이고 돈의 개념까지 비물질화된다. 출력해서 현금으로 교환할 수 있는 토큰의 수를 표시할 뿐, 슬롯머신이 진짜 토큰을 뱉어내지 않는 이유가 그것이다. 돈을 따면 인체공학적으로 설계된 의자가 덜컹거리는 촉각 효과를 동원해 사용자를 더 오래 앉아 있게 만든다.[18]

핼러윈 파티가 한창이라 밴드가 〈셀러브레이션Celebration〉을 시끄럽게 연주하고 있었다. 좀 더 조용했다면 누군가 한 판

크게 땄을 때 기계에서 큰 효과음이 들렸을 것이라고 린치가 말했다. 그 소리는 혼자 하는 게임에 공동의 경쟁 요소를 더하는 역할을 한다. 한편, 카지노 반대편 테이블에서 진행되던 게임판은 분위기가 전혀 딴판이었다. 모두가 숨죽이고 있었다. 딜러는 검은 옷을 입었고 조명은 어두웠다. 우리는 룰렛 테이블 옆에 서 있었는데, 순전히 운으로 진행되는 게임인데도 사람들의 표정을 보면 꽤나 대단한 기술들을 사용하는 양 보였다. 이들이 카드를 내고 칩을 거두어 가는 손놀림은 우아하고 숙련되었다. 그곳에서만큼은 미묘한 동작이 중요했으며 촉각이 부각되었다.

그곳에서 본 장면들은 기술이 진화하면서 전반적으로 촉각이 배제되는 분위기에서도 여전히 촉각을 선호하는 영역이 남아 있음을 보여주었다. 카지노에서의 경험은 과거와 마찬가지로 우리가 촉각을 소외시키는 동시에 떠받드는 방식을 드러낸다. 나는 감각 민족지학을 통해 나의 주변 환경이 문화가 감각을 이해하는 방식에 기반하여 구성되었다는 사실과, 앞으로 어떻게 주변 환경과 소통해야 하는지를 알게 되었다. 내가 누구인지에 따라 이 환경은 나를 반겨주기도 하고 거부하기도 한다. 심지어 나는 내가 사는 세상에 대한 믿음, 그리고 예의 바름과 현대성을 판단하는 믿음이 언제 내 안에 심어졌는지 알지 못한다.

촉각과 촉각이 나아갈 미래의 이야기에는 우리가 지금 아는 것보다 훨씬 많은 반전과 전환이 추가될 것이다. 그러나 예상 가능한 앞날을 생각하기 전에 먼저 촉각이 어디에서 비롯되는지 알아볼 필요가 있다. 촉각은 여느 감각과 달라서 이해하기가 쉽지 않다. 촉각은 시각의 눈과 청각의 귀처럼 단일 기관에서 감지하는 감각이 아니다. 촉각 기관은 몸의 표면 전체에 퍼져 있고 심지어 몸 안에도 있다. 또한 촉각의 고유한 목적을 명확히 정의할 방법도 없다. 촉각은 나머지 감각이 알려주지 못하는 것들을 알려준다. 이어서 살펴보겠지만 촉각은 인체의 많은 기능이 함께 작용하는 복잡하기 이를 데 없는 감각이다.

2장
촉각이 없는 삶

이안 워터먼Ian Waterman은 열아홉 살에 영국 남부의 부모님 집에서 독립해 영국해협의 저지섬으로 건너가 큰 정육점에 취직했다. 고등학교를 중퇴하고 몇 개월을 방황한 끝에, 워터먼은 이곳에서 새롭게 경력을 쌓기로 마음먹었다. 프랑스에서 배우고 왔다는 자부심이 넘치던 사장은 워터먼에게 갈빗살을 발라내거나 양고기 다리와 돼지갈비를 손질하는 방법을 가르쳤다. 워터먼은 열심히 배우고 부지런히 연습했으며 주문이 밀리는 날에는 근무시간 외에도 일하며 최선을 다했다. 재미 삼아 동료들끼리 정육 솜씨를 겨루는 내기에서도 곧잘 이기곤 했다. 그는 함께 일하는 모든 이에게 인정받으며, 이윽고 매니저로 승진했다.

그러나 계약서에 서명을 앞둔 어느 날 아침에 일어나 보니 몸이 심상치 않았다. 독감인 듯 고열에 속이 좋지 않고 온몸이 쑤셨다. 아픈 몸을 이끌고 출근했지만 금세 찻잔 하나 들 힘조차 없이 지쳐버렸다. 하지만 이 워커홀릭은 작업을 멈추지 않았고 결국 동료들이 나서서 말리자 그제야 마지못해 집으로 갔다. 며칠이나 누워 있었지만 증세는 오히려 악화되었다.

마침 워터먼이 머물던 하숙집 주인은 그가 아직 어리고 자취 생활이 처음인 줄 알았던지라 안쓰러운 마음에 방을 청소해 주려고 했다. 하지만 침대에서 나온 워터먼은 삶아놓은 국수 가닥처럼 바닥에 쓰러져 버렸다. 주인이 워터먼에게 술을 마셨냐고 물었다. "아니요, 제가 술에 취하면 어떤지 아시잖아요." 워터먼이 대답했다. 듣고 보니 그의 말이 맞았다. 쉬는 날이면 그가 새로운 식도락가 친구들과 와인을 몇 병씩 마셔가며 긴 저녁 만찬을 즐기는 것을 주인도 잘 알던 터였다. 어린 시절을 외롭게 보낸 워터먼은 모임을 즐겼다. "취한 게 뭔지는 저도 알아요. 하지만 지금은 아니에요." 보통 일이 아니라고 판단한 주인이 구급차를 불렀다.

병원에서 하룻밤을 보낸 워터먼은 누군가의 손에 목이 졸린 채 잠에서 깼다. 죽을지도 모른다는 생각에 숨을 헐떡거리기 시작했다. 그러나 범인의 얼굴을 보려고 고개를 든 워터먼의 눈에 보인 것은 바로 자신의 손이었다. 그는 그것이 제 손인 줄 몰랐던 것이다. 충격에서 벗어나 마음을 가라앉히고 보니 놀랍게도 목 아래로 몸 전체가 사라진 느낌이지 않은가. 침대에 등을 대고 있는 느낌조차 없어 몸이 공중에 떠 있는 기분이 들었다. 제 몸이 아직 있다고 알 수 있는 건 단지 눈앞에 보이기 때문이었다. 워터먼의 증상을 들은 의사는 당혹스러워했다. 핀으로 찌르고 반사 망치로 두드려도 그는 아무것도 느끼지 못했다. 의료진도 이유를 알 수 없었다. 일단 저절로 증세가 나아지길 바라며 기다려 보기로 했다.

몇 주 동안 다양한 테스트를 시도했지만 차도가 없었다. 의료진은 가설을 내놓았다. 워터먼이 아팠을 때 면역계가 과잉 반응하여 바이러스는 물론이고 그의 몸감각신경까지 죽였다는 것이다. 몸감각신경은 신체 안팎에서 일어나는 전체적인 변화에 반응하는 복잡한 시스템이다. 피부에 가해지는 압력, 땅김, 진동 등의 정보를 전달하는 신경뿐만 아니라 소위 제6의 감각이라고 불리는 고유감각proprioception(신체의 위치, 자세, 평형 및 움직임을 느끼는 감각—옮긴이)까지 타격을 입었다. 오로지 통증과 온도를 느끼는 수용기만 정상적으로 기능했다. 마땅한 병명도 없는 이 병을 앓는 사람은 전 세계에 10명 정도에 불과했다.

촉각을 말할 때 우리는 보통 몸의 표면을 통해 얻는 정보만 생각한다. 그러나 실제로 촉각은 인체의 여러 구조가 협업하는 감각이다. 촉각을 경험하려면 먼저 피부 안쪽으로 자극이 전달될 수 있어야 하고, 몸에는 그 동작에 대한 지식이 있어야 한다. 다시 말해 피부에서 전달하는 감각, 몸을 움직이는 능력, 공간상에서 몸의 위치 정보를 나타내는 고유감각, 이렇게 세 가지가 필수 요소이다. 이 세 요소가 결합한 능력을 '능동적 촉각', 흔히 '햅틱 인식'이라고 부른다. 워터먼은 저 세 가지 중에서 두 가지가 결여되었는데, 실제로는 전체가 제대로 기능하지 못하는 셈이었다. 몸을 움직일 수는 있지만 제 몸의 움직임을 인식할 수 없었기 때문이다. 1972년에 처음 발병하여 60대인 지금까지 아직 그의 신경은 회복되지 않았다.

사람들에게 어떤 감각을 잃는 것이 가장 두려운지 물으면 십중팔구 시각이라고 답한다. '설마 촉각이 사라질 수 있으랴' 하는 생각에 다들 촉각은 순위에서 제외시킨다. 눈을 감으면 시력을 잃는 경험을 대신할 수 있다. 감기에 걸리면 후각이 둔해지고, 소음 제거 헤드폰을 끼면 청각 상실에 가까운 체험을 할 수 있다. 촉각을 잃는 것에 그나마 가장 가까운 경험은 마비이다. 그러나 실제로 촉각을 잃으면 움직임도 함께 잃는다. 촉각 상실에 어떤 증상이 동반하는지 알기는 쉽지 않다. 그래서 워터먼의 사례가 특별한 것이다. 모두가 당연히 여기는 신체 정보가 없이 살아가는 삶을 통해 진정한 촉각 경험이 무엇인지 보여주었기 때문이다.

영국으로 워터먼을 만나러 가는 길에 머릿속에서 수십 가지 질문이 맴돌았다. 눈을 감고 있을 때는 자신이 앉아 있는지 서 있는지 어떻게 알까? 산책하다가 벌레에 물린 걸 알 수 있을까? 손가락으로 누르는 감각이 없다면 마트에서 과일이 익었는지 어떻게 확인할까? 발에 쥐가 난 느낌으로 그의 상태를 일부나마 경험할 수 있을까? 아니면 두꺼운 장갑을 끼고 작업하는 기분이 그와 같을까? 포옹은 그에게 어떤 의미가 있을까? 섹스는?

* * *

워터먼은 키가 큰 사람이었다. 이마가 경사지고 코는 전구 모양에 덥수룩한 콧수염이 거의 입을 덮고 있었다. 그는 사교적이고 재밌고 외향적인 사람처럼 보였으나 실제로는 한적한 방갈로에서 혼자 지내는 것을 더 좋아했다. 워터먼은 영국의 쥐라기 코스트 가까이에 살고 있다. 쥐라기 코스트는 그 지역 새하얀 절벽에서 발굴된 어룡의 유해에서 유래한 이름이다. 지역 주민들이 가족 단위로 여름휴가를 오는 그곳에서는 펑퍼짐한 치마를 입은 할머니들이 암모나이트를 찾는 손주 뒤를 쫓는 풍경이 자연스럽다. 워터먼이 사는 동네는 내륙에 있지만 훨씬 조용하다. 산책로 크기의 도로 양쪽으로 높고 험악한 울타리가 수년간 잘려나간 농지의 경계를 이루었다.

아늑한 거실에 앉아 워터먼은 지금까지 자신이 어떻게 몸이 보내는 피드백이 없이도 몸을 가누게 되었는지 설명했다. 이 불가능해 보였던 위업에 그는 과거 정육 일에 몰입했을 때만큼 매진했다. 워터먼은 퇴원하기 전부터 자기 자신을 훈련했다. 처음에는 혼자 먹는 것부터 시도했다. 그러나 숟갈을 입까지 들어 올렸을 때 갑자기 팔이 제멋대로 움직이더니 머리를 감쌌다. 그는 다시 천천히 한 단계씩 집중하면서 시도했다. 먼저 숟갈을 꽉 쥐었다. 그게 연습된 다음에는 팔을 구부렸다. 그리고 손을 얼굴 쪽으로 움직였다. 마지막으로 손목을 들어 입에 갖다 댔다. 그러나 음식이 입에 막 들어가려는 찰나, 다른 쪽 팔이 올라갔다. 결국 그 팔을 엉덩이에 깔고 앉아 있어야 했다.

다음 목표는 침대에서 몸을 일으켜 앉는 것이었다. 감각이 없으므로 한 번에 하나씩 자신이 사용할 신체 부위를 생각해야 했다. 먼저 배에 힘을 주어봤으나 소용없었다. 그래서 머리부터 시작하니 훨씬 효과적이었다. 하지만 여전히 반듯이 누운 상태로 어깨만 침대에서 들릴 뿐이었다. 몸 전체를 일으켜 세우려면 팔을 휘둘러 몸을 들어 올려야 했다. 그렇게 몇 번을 시도한 끝에 제대로 앉는 데 성공했다. 하지만 너무 신이 난 나머지 복근에 계속 힘을 주고 있어야 한다는 사실을 깜박하자 그대로 다시 침대에 쓰러져 버렸다. 잠시 쉰 후 그는 처음부터 다시 시작했다.

조금 나아졌다고는 하나 병원에서 치료할 수 없는 상태였으므로 의사는 퇴원을 권유하며 물리치료사를 추천해 주었다. 어릴 적 살았던 사우샘프턴으로 돌아간 워터먼은 심각할 정도로 우울해졌다. 제 한 몸 건사하지 못한다는 사실에 좌절한 나머지 형제들을 포함해 누구도 만나지 않았다. 그는 혼자 방에 틀어박혀 퍼즐을 맞추며 지냈다. 퍼즐 조각을 집으려고 연신 손가락에 침을 묻히면서. 밥 한 끼를 먹는 데 몇 시간씩 걸리고 셔츠에 온통 차를 흘려도 그는 스스로 먹으려고 했다. 그렇게 암흑 같은 시간을 몇 개월 보낸 끝에 워터먼과 그의 어머니는 워터먼이 근처 오드스톡 재활병원에 입원하는 것이 최선이라는 결론을 내렸다.

그곳에서도 전문의들이 워터먼의 비정상적인 상태를 이해하기까지 상당한 시간이 걸렸다. 그 누구도 들어본 적 없는 낯선 증상이었기 때문이다. 하지만 의료진은 워터먼이 반복하여 연습할 수 있는 운동을 고안해 냈다. 거기에는 눈이 이끄는 대로 팔과 다리를 조금씩 움직이는 동작이 포함되었다. 그는 근육에 힘을 주었다가 푸는 연습을 하면서 반응을 살폈다. 마치 기계 조작법을 배우는 것 같았다. 다만 그가 조종해야 할 기계가 자신의 몸이었을 뿐. 워터먼은 인체의 물리학을 더 잘 이해하기 시작했고, 한 동작에 필요한 역학 원리를 익히면 다른 동작에도 똑같이 적용할 수 있다는 자신감을 얻었다. 그러나 몸의 모든 부위를 일일이 따로따로 조작하자면 매 순간 엄청난 에너지로 집중해야 했다.

우리가 평소 3차원 공간에서 몸의 위치를 직관적으로 이해하는 것과는 근본적으로 다른 방식이었다. 하지만 그렇게 해서라도 몸을 움직일 수 있다면 그걸로 감사했다. 그러나 워터먼은 자신의 부자연스러운 몸동작과 사람들이 자신을 장애인으로 보는 데서 오는 수치심을 극복해야 했다. 물리치료와 심리치료를 병행하면서 마음가짐과 신체 조정력이 눈에 띄게 좋아졌다. 마침내 의료진은 걷기라는 큰 도약을 제안했다.

먼저 워터먼은 몸을 살짝 앞으로 기울여 제 몸이 시야에서 벗어나지 않게 했다. 사라진 촉각을 시각으로 보완해야 했기 때문이다. 무게중심을 유지해 넘어지지 않도록 팔을 뒤쪽으로 젖히고 등과 다리에 힘을 주었다. 일단 자세를 갖추고 나서 그는 다리를 움직여 보았다. 우아한 동작은 아니었으나 연습을 거듭한 끝에 한 번 성공하면 두 번, 세 번도 성공할 수 있다는 자신을 얻었다. 1년 만에 그는 지지대를 붙잡고 걸을 수 있게 되었고, 무릎으로 설 수도, 공을 잡을 수도, 남이 알아볼 만큼 글씨를 쓸 수도 있게 되었다. 그로부터 2개월이 지난 어느 날 잠시 집에 들른 그는 침실에서 처음으로 혼자 걸었다.

"어떻게 한 거니?" 방 한가운데에 서 있는 아들을 발견한 어머니가 소스라치게 놀라며 물었다. 워터먼은 막상 침대에서 나와 걷기는 했으나 어떻게 몸을 돌려 돌아갈지 몰라 난감하던 참이었다. 집에는 병원과 달리 벽을 따라 설치된 안전 손잡이가 없었기 때문이다. 그는 쓰러질까 봐 겁이 났다. 워터먼은 어머니에게 자신이 혼자 걸었다고 말했다. 물론 어머니도 눈으로 봐서 알았겠지만.

"이런, 바보 같구나. 넘어지면 어쩌려고." 어머니가 말했다.

어머니는 휠체어를 가져와 아들을 안전하게 앉히고는 위험한 행동을 했다며 한 번 더 나무랐다. 하지만 아들이 다시 걷는 모습을 보고 어머니가 속으로 얼마나 기뻐하는지 워터먼은 알 수 있었다. 워터먼은 병원에 총 17개월을 머물렀다. 퇴원할 무렵 그는 도움을 받지 않고 스트레칭을 하러 나갈 수 있었고, 특수 핸들이 장착된 차량을 운전하기까지 했다. 글씨는 나날이 나아졌고 이윽고 작은 목재 타일로 쪽매붙임 공예를 시작했다. 의사는 그가 다시 자립할 만큼 능숙해졌다고 믿었다. 정육에 필요한 손재주까지 되찾지는 못했지만 공무원 생활을 하며 독립할 수는 있었다. 워터먼과 비슷한 환자 중에 이 정도로 회복한 사람은 없었다. 그러나 하루하루가 얼마나 힘겨웠는지는 말로 다 할 수 없다.

워터먼의 분투기를 듣고 있으면서도 처음에는 그의 어려움이 잘 와닿지 않았다. 그가 아주 쉽게 움직이는 것처럼 보였기 때문이다. 워터먼의 몸동작은 조금 부자연스럽다고 느껴질 정도이다. 사정을 몰랐다면 나이가 들어 몸이 조금 불편한가 보다 하고 넘어갔을 것이다. 워터먼에게 늘 반복되는 문제였다. 쇠약해진 몸을 너무 잘 감춘 탓에 사람들이 자신의 상태를 제대로 알지 못하는 것이 워터먼을 외롭게 만들었다. 동일한 증상을 겪는 극소수와 주치의인 신경학자 조너선 콜Jonathan Cole 같은 몇몇 전문의만이 워터먼이 얼마나 매 순간 고군분투하는지 진정으로 이해한다. 콜은 워터먼이 세상을 살아가는 능력을 "언제든 떨어질 수 있는 높은 외줄 위에서 매일 마라톤을 하는" 것으로 묘사했다.[1]

이해를 돕기 위해 워터먼은 나에게 평소에 어떤 운동을 하는지 물었다.

"일주일에 몇 번 뛰어요." 내가 대답했다. "최근에는 암벽등반을 하고요."

"아주 좋아요. 바로 암벽 등반 같은 거예요. 암벽을 타려면 밑에서부터 어떻게 벽을 타고 위로 올라갈지 경로를 계획해야 하죠? 저도 그렇게 합니다. 제가 하는 모든 동작이 미리 계획된 거예요. 매 순간 집중해야 하는 운동이죠. 끔찍하게 들리겠지만요."

그 말에 비로소 실감이 났다. 암벽을 타다 보면 발을 디딜 다음 지점으로 가는 길을 찾느라 고전할 때가 있다. 평지에서는 생각할 필요가 없는 전략을 사용해야 하는 것이다. 워터먼은 늘 그런 식으로 머릿속에서 자신의 다음 행동을 계획한다고 했다. 지갑에서 돈을 꺼낼 때도, 점심을 먹을 때도, 아이패드에 글씨를 입력할 때도. 팔다리가 마취되었다고 상상해 보자. 그 상태에서 움직이려면 무선 컨트롤러로 조작하듯 한쪽씩 의도적으로 활성화시켜야 한다. 그러려면 집중에 집중을 거듭해야 한다. 워터먼은 클립을 연결하는 것처럼 정교한 동작을 수행할 때 어떻게 하는지 시범을 보였다. 그는 작업에 필요한 손가락만 빼고 나머지 물건은 모두 치운 후, 손목을 탁자위에 딱 붙여서 올려놓는다. 그런 다음 굳은 의지로 손의 작은 근육들을 움직인다.

"다른 스포츠의 예를 들자면 자전거 타기가 있습니다. 어려서 처음 자전거를 배울 때는 엄청나게 집중해야 하죠. 그러다 익숙해지면 굳이 신경 쓰지 않아도 자동으로 몸이 움직여요. 하지만 저한테는 그럴 일이 없습니다. 계속해서 의식하고 있어야 해요."

워터먼의 아내 브렌다가 차를 내왔다. 희끗희끗한 머리를 단정하게 빗은 상냥한 분이었다. 브렌다가 먼저 나에게 찻잔을 건넸다. 워터먼이 자기 찻잔은 테이블에 올려놔 달라는 몸짓을 하길래 나중에 마시려는 줄 알았다. 그러나 그는 이내 찻잔을 집어 들었다. 다른 사람의 손에서 건네받는 것보다 테이블에서 집어 드는 편이 몸을 덜 움직이기 때문이었다. 워터먼은 내가 소파 가장자리에 걸터앉은 것을 보더니 자신은 절대로 그렇게 앉지 못한다고 했다. 등받이까지 바싹 붙어 앉아야만 균형을 잡으려고 집중하지 않아도 되기 때문이다. 집중을 덜 해도 되는 동작일수록 좋은 것이다. 그에게 생각 없이 하는 동작이란 없다. 항상 집중력을 100퍼센트 발휘해야 한다.

워터먼의 이야기를 통해 나를 둘러싼 것들 속에서 내가 어디에 있는지 알게 해주는 감각을 처음으로 의식하게 되었다. 먼저 피부에서 받아들이는 느낌이 있다. 의자가 등을 누르고 팔꿈치가 무릎을 스친다. 좀 더 집중하면 허리 아래쪽과 무릎의 피부가 땅기는 느낌을 인식할 수 있다. 상체를 받치는 근육에는 거의 긴장이 느껴지지 않는다. 일어설 때면 근육의 이완과 수축, 그리고 자세를 바꾸면서 노출된 다리 부분에 공기가 닿는 것이 느껴진다. 이런 느낌들이 하나도 없다면 움직임을 제어하기 위해 도대체 얼마나 애를 써야 하는 걸까.

* * *

워터먼의 삶에 상상을 초월하는 변화를 가져온 장애는 촉각의 일부를 담당하는 아주 미세한 신경의 손상에서 비롯되었다. 워터먼 그리고 우리 자신을 이해하려면 이런 미세한 부분을 살펴봐야 한다. 촉각이 단지 피부에만 관련된 감각은 아니지만 촉각을 이해하기에 피부만큼 좋은 출발점도 없다. 평균 넓이 약 2제곱미터에 이르는 피부는 흔히 인체에서 가장 큰 기관으로 불리지만, 그건 사실이 아니다. 허파에서 산소를 피로 들여보내고 이산화탄소를 공기 중으로 배출하는 허파꽈리(폐포)의 표면적이 훨씬 더 넓다. 4킬로그램이나 되는 피부의 무게도 인체에서 가장 무거운 것은 아니다. 내분비 기관으로도 취급되는 뼈는 무게가 피부의 두 배를 넘는다. 뼈에 붙은 근육은 계산하지도 않은 값이다.[2]

피부는 지각 능력이 뛰어난 하나의 커다란 껍질로 기능한다. 피부는 수많은 기계수용기로 덮여 있다. 기계수용기는 몸이 환경과 접촉할 때 일어나는 여러 종류의 변형을 감지한다. 이 촉각수용기들은 눈에서 밝기나 색깔 등의 시각적 특성을 수용하는 간상세포나 원추세포와 마찬가지로 분화되어, 특정 촉각 입력만 전문적으로 받아들인다.

예를 들어 손, 발바닥, 입술처럼 체모가 없는 피부로 덮인 신체 부위에는 고유의 기계수용기가 분포한다. 둥글납작한 무처럼 생겨서 표피(피부의 바깥층) 가까이에 있는 마이스너소체 Meissner's corpuscle는 피부에 떨어진 머리카락이나 피부 위를 기어가는 개미처럼 가벼운 접촉과 저주파 진동을 감지하는 데 최적화되었다. 그 바로 아래에 모여 있는 디스크 모양의 메르켈세포 Merkel cell는 점자와 같은 미세한 돌기를 감지한다. 메르켈세포 집합체는 나란히 이어진 카넬리니콩처럼 생겼다. 피부에 더 깊이 들어가면, 진피층에는 스냅완두콩처럼 생겨서 가지가 갈라진 루피니소체Ruffini ending가 피부가 늘어나는 것을 감지한다. 피부의 가장 아래쪽 피하조직에는 커다란 양파처럼 생긴 파치니소체Pacinian corpuscle가 고주파 진동이나 떨림을 감지하는 안테나 역할을 한다.

반면에 체모가 있는 피부에는 털주머니종말을 포함해 더 다양한 유형의 기계수용기가 있다. 털주머니종말은 얼굴과 목의 아주 미세한 솜털부터 팔에 난 긴 털까지 모든 체모를 둘러싸고 있으며, 형태는 털주머니(모낭)의 종류에 따라 다르다. 털주머니종말은 공기 움직임에 따른 털의 떨림을 분석함으로써 옆에 기차가 지나가는지, 우리가 자전거를 타고 달리는 중인지 감지한다. 지금까지 피부에서 약 30종의 기계수용기와 그 아형이 식별되었다.

몸에서 일어나는 기계적인 변화를 감지하는 수용기 외에도 통증을 감지하는 통각수용기, 열기와 냉기를 감지하는 온도수용기, 가려움을 감지하는 히스타민 수용체 등 여러 종류의 자극을 감지하는 수용기가 있다. 이 자극이 서로 영향을 주어 감각을 흐리게 만들기도 한다. 예를 들어 열 자극은 세포조직을 손상시키는 온도에 가까워지면 통각 경험으로 변한다. 수용기의 밀도와 형태는 신체 부위에 따라 다르다. 각 수용기는 오케스트라의 개별 연주자처럼 대단히 특화되어 있는데, 그 말은 수용기가 모두 한꺼번에 연주할 때만 작품을 인지할 수 있다

는 뜻이다. 우리가 무엇을 느끼는지 알려주는 것은 멜로디, 리듬, 하모니 전체를 종합한 패턴이다.[3]

선풍기 바람을 감지할 때 실제로 피부가 받아들이는 것은 온도, 진동, 머리카락의 움직임은 물론이고 다른 것들의 정지 상태까지 감지하는 수용체가 동시에 활성화된 결과이다. 손이 딱딱한 표면 위에 올려져 있다고 느낀다면, 그건 피부가 땅겨지는 느낌과 약간의 열기에 반응한 결과이다. 축축함은 너무 뚜렷한 느낌이라 젖은 것만 감지하도록 특화된 수용기가 있을 것 같지만 사실은 그렇지 않다. 이 느낌은 가벼운 촉각과 온도가 동시에 활성화되면서 형성된다. 물 분자는 몸에서 열기를 빼앗아 가는 동시에 가볍게 움직이는데, 물방울의 움직임을 보고 연상하는 감각이 그것이다.

어떤 수용기라도 자극을 받으면 뇌에 알리기 위해 전기신호를 생성한다. 아직까지 작동 원리가 밝혀지지 않은 기계수용기가 많은데, 그만큼 촉각에 대한 연구가 다른 감각에 비해 뒤처졌다는 뜻이다. 다른 감각수용기에 대한 이해는 대체로 오래 전부터 이루어져 왔다. 촉각의 배후에 있는 적어도 몇 종류의 기계수용기에서는 다음과 같은 과정이 일어난다. 피부가 눌리면 세포막의 기공이 열리면서 이온이 세포 안팎으로 빠르게 이동하는데, 이때 세포의 전하가 바뀌면서 전기신호가 생성된다. 여러 이온채널이 동시에 열려 전압이 휴지전위 상태에서 크게 높아지면, 세포는 활동전위를 생산한다. 활동전위는 켜지든 꺼지든 둘 중의 한 가지 상태로만 존재하는 빠른 전압의 변화이다.

같은 지점에서 동시에 점화된 세포의 집단적인 활동전위가 뇌의 전기적 언어를 형성한다.

전기는 신경섬유를 타고 뇌까지 흐르는데, 어떤 것은 속도가 빠르고 어떤 것은 느리다. 예를 들어 A베타섬유는 빛과 진동을 시속 400킬로미터의 속도로 전달한다. 지방질의 절연체인 미엘린myelin으로 두껍게 코팅되어 있는 것이 이와 같은 초고속 전송의 비결이다. 그러나 폭발에 가까운 최초의 반응 이후 이 섬유는 갑자기 차단된다. 테리 천으로 된 목욕 가운을 걸치면 처음 피부에 닿는 순간은 포근하지만 몇 초가 지나면 그 느낌이 사라지고 그저 옷을 걸치고 있다는 희미한 인식만 남게 되는 현상을 이것으로 설명할 수 있다. 이는 우리로 하여금 새로운 것에 주의를 돌릴 수 있게 하는 유용한 적응형질이다.

서랍을 닫다가 손가락을 찧었을 때 통증을 일으켜 지금 네 손을 다쳤으니 빨리 손가락을 빼내라고 알리는 것은 A델타섬유이다. 이 신경섬유는 속도가 조금 느려서 시속 64킬로미터로 정보를 전달한다. 이 정보를 C섬유라는 또 다른 신경섬유가 이어받는데, 이 섬유는 미엘린 코팅이 부실해 시속 3킬로미터라는 굼벵이 같은 속도로 전송이 이루어진다. 일부러 그렇게 느리게 걷기도 힘들 것 같다. 신경섬유가 일으키는 2차 통증의 물결이 도착하려면 셋까지 세어야 한다. 두 번째 통증은 좀 더 넓게 확산하고 고동치면서 다친 손가락이 나을 수 있도록 보호하라는 신호를 보낸다.

속도가 빠르든 느리든 모든 섬유의 끝은 척수 위로 올라가면서 하나로 뭉친다. 각 신호는 예컨대 한쪽은 통증과 온도, 다른 쪽은 가벼운 촉각, 이렇게 서로 별개의 층으로 분리된 채 유지되어 대부분 자기 자리에 머문다. 하지만 이동 중에 가끔 신경이 뒤섞이는 경우가 있다. 예를 들어 척수에 있는 광범위작동역신경wide dynamic range neuron은 통증과 분별촉각fine-touch 정보를 통합한다. 다치면 본능적으로 상처 부위를 누르게 되는 것이 이 신경 때문이다. 가벼운 터치로 발생하는 신호가 먼저 처리 중인 통증 신호의 일부를 차단한 결과이다.

다른 감각들처럼 촉각도 궁극적으로 뇌에서 처리된다. 뇌는 전기신호가 끝나는 곳이다. 신호가 처음 도착하는 뇌의 시상은 스위치보드를 작동해 몸감각겉질로 신호를 보낸다. 몸감각겉질은 촉각이 처리되는 영역을 말하는데, 이곳에는 라틴어로 '축소 인간'이라는 뜻에서 호문쿨루스Homunculus라고 불리는 몸 전체의 지도가 있다. 호문쿨루스에는 오른쪽 새끼발가락, 왼쪽 뺨 등 몸의 각 부위와 상응하는 지점이 있다. 하지만 실제 신체 부위와는 모양이나 크기의 비율이 전혀 다르다. 예를 들어 호문쿨루스상에서 입술, 발, 생식기는 크게 확대되어 있는데 그만큼 민감한 부분이라는 의미이다. 뇌까지 올라온 신호가 접촉 부위에 상응하는 호문쿨루스 지점에 연결되면 그제야 비로소 우리는 해당 감각을 느끼게 되는 것이다.

이 무렵이면 몸의 개별 지점에서 유입된 촉각 신호가 집합하지만 아직은 통합된 의미를 지니지 않는다. 그 과정은 엄지 사이즈의 섬엽에서 일어나는데, 이곳에서 촉각을 포함한 신체 경험에 감정이 추가된다. 섬엽에서는 현재 진행형인 촉각 경험을 과거의 다른 경험에 비추어 우리가 어떻게 대응해야 할지 알게 한다. 허리가 조이는 청바지의 불편함은 아무것도 아니라고 말해주거나, 핸드크림을 너무 많이 발라 미끄러우니 닦아내라고 알려주는 것이다. 섬엽은 현재를 인식하는 밑바탕이 되어 우리가 결정을 내리도록 돕는다.

촉각의 모든 처리 과정이 섬엽에서 일어나는 것은 아니다. 일부 정보는 이 단계를 건너뛰고 후측 두정엽으로 보내지는데, 이곳에서 촉각은 동작 및 고유감각과 통합한다. 고유감각은 힘줄, 근육, 관절에 추가로 분포하는 수용기에서 기인하며 이 수용기들은 피부의 수용기와 유사하다. 뇌의 이 구역은 물체가 몸에 닿았다는 것을 인지하기도 전에 운동 기억에 기초하여 행동으로 옮기는 대응 태세를 담당한다. 넘어지기 직전에 걸음걸이를 바꾸거나 펜을 막 놓치려고 할 때 본능적으로 꽉 쥐게 되는 것이 바로 후측 두정엽 때문이다. 후측 두정엽에서 촉각에 대한 의식은 희미해지는데, 이곳에서 일어나는 일은 의식적 사고의 영역이 아니기 때문이다.

6월 오후에 친구들과 농구를 하고 있다고 가정하자. 햇볕이 있는 쪽으로 발을 옮길 때마다 온도수용기가 점화된다. 옆사람이 패스한 공을 잡으면 손가락 끝의 메르켈세포를 통해 농구공의 도돌도돌한 표면을 느낀다. 손으로 공을 감싸 쥘때 손가락 사이가 벌어지는 느낌은 루피니소체에 의한 것이다. 바닥에 튕긴 공이 손바닥으로 돌아올 때마다 파치니소체가 활성화되는 덕분에 공 표면의 진동이 전해진다. 이 수용기들이 모두 농구 골대로 달려가는 동작의 정확도를 가늠하게 한다. 우리는 현재의 동작을 인식하는 동시에 앞으로 몸이 어디에 부딪힐지까지 예측한다. 동시에 너무 많은 일이 일어나고 있지만 뇌는 최선을 다해 이 모든 것을 순서대로 잘 처리한다.

모든 신호를 태어날 때부터 해석할 줄 아는 것은 아니다.[4] 갓난쟁이로 시작한 인생의 첫 경험에서부터 하나씩 배워나가야 한다. 촉각은 태어날 때 이미 가장 완전히 발달한 감각이지만, 시각이나 청각은 자궁에 있는 동안 사용할 기회가 거의 없다. 그 때문에 촉각은 갓 태어난 아기가 환경을 탐색하는 일차적인 수단이 된다. 아기는 감각뉴런에서 들어오는 다수의 신호를 어떻게 읽을지 탐구하기 시작한다. 태어난 지 약 10주가 지나면 대부분의 아기는 물체를 향해 손을 뻗거나 입에 넣을 수 있게 된다. 참고로 입은 민감도가 높은 부위이다. 아직까지 신생아는 운동성이 부족하기 때문에 촉각의 사용이 제한된다.

아기가 5개월쯤 되어 똑바로 앉고 고개를 가눌 수 있을 만큼 근육이 튼튼해지면 상황이 조금 나아진다. 이제 안정적으로 자리 잡은 눈이 예전보다 정확하게 움직임을 안내한다. 시각과 촉각 시스템이 알아서 조율하며 아기가 자기의 팔다리를 보지 않고도 무슨 일이 일어나는지 알 수 있게 한다. 이런 식으로 3차원 공간에서 행동을 해석하는 조정 시스템이 발달하면, 아기는 모양과 크기가 다른 작은 물체를 집을 수 있게 된다. 감각과 타이밍의 조율을 포함해 여러 복잡한 과정이 함께 작용하는 핵심 단계이다.

이런 일련의 과정을 거쳐 마침내 아기는 일어서도 될 만큼의 기초적인 시각-공간 지식을 얻는다. 막상 두 발로 서게 되면 비틀거리는 몸을 제어하고 예측할 수 없는 주변 환경을 다뤄야 하는 또 다른 어려움이 시작된다. 생후 12개월이 되면 대부분의 아기는 걸음마에 필요한 신체 부위를 충분히 제어할 수 있게 된다. 이는 발달 과정에서 일어나는 엄청난 사건이다. 이 무렵이면 아기가 여러 기능을 동시에 수행하고 다음 동작을 예측한다는 연구 결과가 있다. 날아오는 공을 받고 색칠하고 춤추고 악기를 연주하고 자동차를 운전하는 훨씬 어려운 과제를 완수하기까지는 시간이 더 걸린다. 그러나 이런 기술들은 일단 습득하면 저절로 통제되는데, 일찌감치 시간을 들여 기본적인 신체 신호를 습득해 둔 덕분이다.

촉각, 고유감각, 움직임은 끊임없이 자동으로 순환하며 효율적이고 통제된 대응을 통해 우리 자신을 안전한 상태로 유지시킨다. 움직임은 몸의 내부와 외부 양쪽에서 모두 느낌을 생성하고 다음 움직임을 안내한다. 이런 '햅틱 감각haptic sense'은 여러 기능의 그물망으로 구성되어 있어 이해하기가 어렵다. 각각을 의미하는 단어는 있지만, 단일 단위처럼 느껴지는 탓에 이런 용어들로 워터먼의 감각 상실이 어떤 상태인지 이해하기란 불가능해 보인다. 어느 한 부분이라도 기능을 멈추면 시스템 전체가 붕괴되기 때문이다.

환자가 햅틱 능력을 상실한 사례는 워터먼 말고도 있다.

사실 피부감각만 잃는 상태가 조금 더 흔하다. 그러나 인체의 햅틱 시스템은 모두 얽혀 있기 때문에 결과적으로 환자들은 비슷한 증세를 경험한다. 펜실베이니아에 사는 줄리 말로이Julie Malloy라는 여성은 워터먼과 달리 고유감각은 유지하고 있었지만 제2형 유전성 감각신경증이라는 극도로 희귀한 유전질환 때문에 피부가 촉각을 잃었다. 하지만 말로이는 워터먼과 비슷한 어려움을 겪고 있었다. 피부에서 일어나는 일들은 몸의 위치나 자세를 이해하는 데 절대적인 역할을 하기 때문이다. 말로이는 남들이 하지 않아도 되는 노력으로 잃어버린 감각을 보완하며 일상생활과 일, 중요한 인간관계를 헤쳐나간다.

야채를 자를 때도 말로이는 칼의 각도와 누르는 강도를 세심하게 고려해야 한다. 말로이도 워터먼처럼 시각을 이용한다. 눈은 자신이 앉아 있는지, 서 있는지, 또는 자신의 팔과 다리가 어디에 있는지 알려준다. 샤워 중에도 한쪽 눈은 뜨고 있어야 미끄러지거나 넘어지지 않는다. 운전 중에 페달을 누르는 세기는 본능적으로 알고 있지만 가끔 필요하면 발을 내려다본다. 말로이는 다른 사람들이 촉각을 통해 아는 미묘한 차이에 둔감하기 때문에 차를 몰다가 가끔씩 급정거를 하게 된다. 우리는 말로이의 사례를 통해 그리 중요해 보이지 않는 피부감각이 고유감각의 영역이라고만 생각했던 신체 자각에도 기여한다는 사실을 알 수 있다.

* * *

촉각은 몸을 움직이는 능력에 필수적인 감각이지만, 일반적으로 촉각을 잃은 삶을 상상할 때 대부분은 그 점을 떠올리지 않는다. 나만 봐도 촉각이 없다면 인생을 즐겁게 하는 감각을 하나도 느끼지 못하는 안타까움이 가장 클 것 같다. 사랑하는 이의 손길, 깨끗한 침대 시트로 기어 올라가는 느낌, 발밑의 부드러운 모래, 자전거를 타고 자갈길을 달리는 들썩거림까지. 이것들이야말로 살아 있음을 느끼게 하는 우주의 간질임과 자극이니까. 촉각은 감정에도 매우 큰 영향을 주는 감각이므로 나는 워터먼이 정서적인 측면에서 어떤 감정을 느끼지 못하는지 자못 궁금했다.

그의 장애가 지닌 극단적인 속성 때문에 워터먼은 촉각에 대체로 실용적인 태도를 보인다. 그는 자신의 몸이 어디에서 끝나며, 자신을 둘러싼 세상이 어디에서 시작하는지 같은 철학적인 질문에 답할 수 없다. 피부에서 올라오는 느낌이 없는데 감정을 경험하는 방식을 이야기할 수는 없다. 그는 영화에서 사랑하는 사람들이 마침내 서로를 어루만지는 장면을 보고도 큰 감흥이 없다. 워터먼은 촉각을 느낀 지 너무 오래되어서 이런 미묘한 감각을 기억할 수도 없고, 그것들이 사라졌다고 속상해하지도 않는다. 장애 탓에 무엇을 하지 못하게 되었는지 가장 잘 알고 있는 사람이 그 자신이다.

"당신이 미묘한 접촉으로 경험하는 그 멋진 감각을 저는 잃었습니다. 나무의 꺼끌거림도, 피부의 부드러움도 느낄 수 없지요." 워터먼이 말을 이었다. "사라진 것들을 애도합니다. 모두 가버렸어요…. 그렇다고 밖에 나가 떨어진 나뭇잎을 주워서 손으로 만지작거리는 일이 쓸데없다는 것은 아닙니다. 가끔 저는 아직 촉각이 남아 있는 입술을 고양이의 털에 문지르며 그 촉감이 어땠는지 떠올립니다. 털가죽의 뻣뻣한 느낌은 정말 멋져요. 고양이를 고양이답게 만드는 것이 바로 털이거든요. 하지만 저한테 분별촉각까지는 사치입니다. 그것 없이도 잘 살 수 있고요."

촉각의 감성적인 측면을 다룬 해부학은 1960년대에 처음 연구되었다. 오케 발보$^{Åke Vallbo}$와 칼에리크 하그바르트$^{Karl-Erik Hagbarth}$라는 스웨덴 출신 두 연구자가 촉각을 일으키는 신경이 여타 감각과는 다른 독특한 방식으로 뇌의 감정 중추를 활성화시킨다는 것을 알아냈다. 이들은 실험실에서 미세신경검사법^{microneurography}이라는 기술을 다양하게 시도하던 참이었다. 말초신경이 활성화될 때 나오는 전기자극을 시각화하는 기술이었다. 한 사람이 전기신호를 기록하는 증폭기에 연결된 바늘을 자신의 신경에 꽂고 피부를 천천히 쓰다듬었다. 그러자 두 개의 신호가 방출되는 게 아닌가.[5] 통증이 별개의 두 감각을 일으킨다는 것은 이미 잘 알려진 사실이었다. 앞서 서랍에 손을 찧을 때의 예에서 보았듯이 빠른 신경섬유와 느린 신경섬유가 결합하여 활성화됨으로써 찌르듯 날카로운 첫 통증과 물결처

럼 확산하는 보호성 통증이 연이어 나타난다. 그런데 왜 통증
이 아닌 부드러운 접촉에서도 같은 현상이 일어나는 걸까.

몇 년 뒤 발보는 스웨덴 예테보리 대학교의 호칸 올라우손
Håkan Olausson을 비롯한 다른 연구자들과 연구를 계속했다. 이
들은 신경활성의 2차 파동에 관한 기이한 사실을 발견했다. 아
주 약한 압력이 1초에 약 5센티미터의 느린 속도로 피부를 스
칠 때 신경이 가장 강한 활성을 나타낸 것이다. 이 터치는 긴장
을 풀어주는 다독임 그 자체였다. 또한 이 반응은 체모가 있
는 피부가 자극받았을 때만 일어났다. 연구진은 이 반응이 사
회적 유대감에 대한 보상일지도 모른다고 추측했다. 인간은
타인과 공존하기 위해 진화했고 서로의 보살핌에 의지한다. 그
러므로 신체적 친밀감을 향한 본능은 진화의 관점에서 유용
한 형질이다. 사랑하는 사람을 어루만지는 행위가 결과적으로
서로를 진정시키고 안전을 확보하는 인류의 주된 방법인 것이
다. 과학자들은 이런 효과를 내는 섬유를 C-촉각 구심성섬유
C-tactile afferent라고 불렀다. 우리 뇌는 모든 감각에 정서적 반응
을 덧붙이는데, 이 발견은 촉각의 경우 감정이 처음부터 인코딩
되었다는 점에서 여타 감각과 다름을 보여주었다.

이런 활성을 우리 몸이 구체적으로 어떻게 느끼는지는 아
직 제대로 밝혀지지 않았다. 반응이 빠른 신경섬유가 활성화
되면 접촉하는 모든 것에 대한 기초적인 사실을 알 수 있지만,
문제는 구심성신경의 점화 여부가 가려져 인지할 수 없다는 것
이다. 사랑하는 사람이 팔을 쓰다듬으면 기분이 좋다. 그러나

이때 내 살갗이 만져지고 있다는 물리적 느낌과 감정이 잘 구별되지 않는다. 여태껏 구심성신경이 생산하는 인상을 연구하기는 불가능했다. 앞서 말한 것처럼 구심성신경은 독립적으로 활성화되지 않기 때문이었다. 그러나 워터먼과 같은 사례가 알려지며 상황이 바뀌었다.

2002년에 워터먼은 스웨덴으로 가서 올라우손 연구팀을 만났다.[6] 워터먼에게 분별촉각은 없지만 온전하게 남아 있는 C섬유를 통해 통증을 느낄 수 있었으므로 연구자들은 C섬유의 기능을 테스트할 완벽한 사례라고 기대했다. 워터먼이 보고 있지 않을 때 실험자가 작은 붓으로 그의 팔뚝을 쓸어내리고는 그것을 느꼈는지 물었다. 워터먼은 매번 느끼지 못했다고 대답했으나 접촉 여부를 예/아니요로 물으면 거의 다 맞혔다. 워터먼의 뇌를 촬영한 연구팀은 접촉에서 오는 쾌락 정보를 수용하는 영역에서 실제로 활성이 증가했음을 확인했다. 연구팀은 설사 워터먼이 터치를 느끼지 못한다 하더라도 지각 아래 어딘가에서 C섬유가 그를 행복한 상태로 만든다고 추정했다.

연구자들은 부드러운 터치에서 발생하는 신체감각의 2차 물결은 본능적 감각이 아니라 정서적 친밀감에 가까운 감각을 일으킨다고 믿기 시작했다. 그러나 워터먼은 이에 대해 회의적이었다. 그는 자신은 아무것도 느끼지 못했는데 그 감각이 실생활에 동기를 부여할 리 없다고 주장했다. 동기부여가 있었으나 그가 인지하지 못했거나, 평소 촉각을 대체할 다른 방법을 찾느라 이성에 힘을 기울인 나머지 정서적 흐름을 느낄 여유가 미처 없었는지도 모른다.

"제가 오직 아주 섬세한 감각에만 주의를 기울인다면 가능할지도 모릅니다." 워터먼이 회의적인 말투로 말했다. "그러나 일상생활에서는 그 섬세함을 느낄 수 없습니다. 느끼지 못하는데 어떻게 동기부여를 받겠어요?"

스웨덴에는 워터먼과 상황이 반대인 가족들이 있다.[7] 이들은 분별촉각은 느낄 수 있지만, 극도로 희귀한 유전성 돌연변이 때문에 통증과 쾌락의 2차 물결을 책임지는 C섬유가 기능하지 않는다. 이들에게 가장 치명적인 것은 통각 상실이다. 이들은 뼈가 부러지거나 오븐에 데어도 아픔을 느끼지 않기 때문에 신체적 손상도 알아차리지 못한다. 이는 굉장히 심각한 위험을 초래할 수 있다. 연구에 따르면 이 가족들은 팔을 어루만졌을 때도 대조군 집단보다 쾌감을 덜 느꼈다. 결과적으로 이들이 사랑하는 사람에게 다정하게 다가갈 확률도 다른 사람보다 더 낮을지 모른다.

스웨덴 린셰핑 대학교의 두뇌 체화 연구소에서 이 가족들을 연구 중인 책임 연구원 인디아 모리슨India Morrison은 이들의 행동과 신체적 특성의 상관관계를 섣불리 단정 짓지 못하고 있다. 한 명의 사례만 보고 모든 여성이 운전을 잘 못한다고 가정하는 것과 다를 바 없기 때문이다. 모리슨이 조사해 보니 이들은 사회적 인간관계를 정상 범위 안에서 잘 유지하고 있었다. 특히 성격이 차갑기로 유명한 스웨덴 북부 사람들이라는 점을 염두에 두면 말이다. 다만 이들이 사회적 제스처를 취하는 이유가 온기나 친밀감을 추구하기 위해서가 아니라 그저 사교적으로 예의를 차리는 것일 수도 있다는 점이 달랐다.[8]

C섬유가 생성하는 느낌을 밝히기는 여전히 힘들다. 이 신경이 우리의 행동에 얼마만큼 중요한지는 알 수 없어도, 이 신경을 인간의 가장 본능적인 반응과 애정 어린 관계에 동기를 부여하는 내장형 시스템으로 보는 관점은 근사하다. 촉각은 본질적으로 정서와 깊이 연관되어 있다. 그래서 우리는 워터먼 같은 사람이 경험하는 실질적 상실과 어려움보다 살갗의 마법이 없이 살아가는 삶에 더 신경을 쓰는 것이다.

* * *

어둑해지던 늦은 오후, 나는 워터먼 부부와 언덕을 올라 그들이 운영하는 작은 칠면조 농장까지 갔다. 두 사람은 칠면조를 직접 키우는 손님들에게 시장에 의해 획일화되지 않은 희귀 품종을 판다. 많이는 아니지만 알과 고기를 취급하기도 한다. 칠면조를 키우며 워터먼은 정육점에서 일하던 그 옛날로 돌아간 듯했다. 브렌다는 닭장을 돌아다니며 먹이를 주고 달걀을 꺼내 뒤에서 카트를 끌고 오는 남편에게 건넸다. 시간이 오래 걸리더라도 워터먼이 할 수 있는 일은 되도록 그에게 맡겼다. 워터먼은 한 손으로는 알을 감싸고, 다른 손으로 번호와 날짜를 기록했다.

"처음 한참 동안은 달걀을 집을 수 없었어요." 워터먼이 말했다. "이제는 1년에 고작 두세 개만 깨뜨리죠. 하지만 주의해야 해요. 생각 없이 할 수 있는 일이 아니거든요. 신경을 온통 집중해야 해요."

워터먼은 직장에서 아내를 만났다. 처음에는 업무 이야기만 주고받다가 어느새 서로 가까워졌다고 했다. 하지만 직장 밖에서 따로 만나기 시작할 무렵에도 브렌다는 그가 몸이 조금 불편한 정도라고 생각했을 뿐 어떤 장애가 있는지 몰랐다. 당시에는 그런 것을 캐물을 만큼 편안한 사이가 아니었고, 워터먼 역시 그걸 밝힐 만큼 진지한 관계는 아니라고 생각했기에 그저 희귀 신경병에 걸렸다고 에둘러 말하고 말았다. 브렌다는 워터먼이 항상 자기더러 차에서 내려 주유를 해달라고 부탁하는 것 말고는 크게 신경 쓰이는 일이 없었다. 더구나 그가 자신의 몸 상태 때문이라며 양해를 구했기 때문에 얼마든지 이해할 수 있었다.

관계가 깊어지자 워터먼은 브렌다에게 자신이 나온 텔레비전 다큐멘터리를 알려주며 거기에 그녀에게 필요한 답이 나와 있다고 말했다. 그러나 당시 브렌다는 워터먼을 만나 한창 행복했으므로 괜한 선입견으로 불필요한 걱정을 하고 싶지 않았다. 그래서 프로그램을 보는 대신 워터먼의 행동을 직접 관찰하기로 했다. 6개월 만에 브렌다는 워터먼이 얼마나 심각한 상태인지 알게 되었다. 한번은 심한 중이염으로 워터먼이 고통 속에서 3일 밤을 꼬박 새운 적이 있었다. 제대로 쉬지 못해, 정상적인 생활이 불가능한 상태였다.

"정신적 에너지가 얼마나 필요한 사람인지 그제야 알게 되었죠." 브렌다가 말했다. "기를 쓰고 감춰왔기 때문에 그의 상태를 제대로 눈치채지 못했던 거예요."

그는 침대 옆 탁자에 놓인 컵을 집으려고 했으나 계속 놓쳤다. 침대에서 나오자 이내 휘청거렸다. 몸이 안 좋아지자 애써 쉬워 보이게 만들었던 일상의 과제가 모두 불가능해졌다. 병이 낫고서야 두 사람은 정상적인 생활로 돌아올 수 있었다. 이 일을 계기로 브렌다는 워터먼의 상황을 더 잘 이해하게 되었다. 예컨대 워터먼이 초콜릿에 중독된 이유를 알게 되었다. 평소 에너지를 너무 많이 사용하는 탓에 계속해서 당을 섭취해야 했던 것이다. 나이가 들면서 집중력이 느슨해지고 동작에 실수가 잦아지자 브렌다는 남편에게 휠체어 생활을 권했다. 처음에 워터먼은 그토록 노력해서 성취한 자율성을 포기한다는 생각에 주저했지만, 이제는 덕분에 삶이 좀 수월해졌다고 인정한다.

마지막으로 나는 영국행을 준비하면서부터 워터먼 부부에게 묻고 싶었던 질문을 던졌다. "두 분의 성생활은 어떻습니까?" 전에도 같은 질문을 여러 번 받았던 모양이지만 여전히 워터먼은 멋쩍어했다. 운동기능 자체는 영향받지 않았기 때문에 생식기는 정상적으로 기능한다. 그러나 다른 신체 활동과 마찬가지로 섹스 역시 철저한 계획과 고도의 집중이 필요하다. 열정에 몸을 맡기지 못하고 모든 단계를 하나하나 생각해야 하는 것이다. 그는 처음 두 사람이 계획을 실행할 때 약간은 어색했다고 말했다.

"브라 끈이 보이지 않아 풀 수 없었어요." 워터먼이 말을 이었다. "그다음부터는 여는 브라를 찾아두거나 브렌다가 직접 벗었죠. 그리고 불을 켜두어야 했어요. 처음에는 브렌다가 조금 어색해했지만 어둠 속에서는 제가 아무것도 할 수 없으니까요. 직접 봐야만 했어요."

그렇다면 그가 느끼는 것은 무엇일까? 성적 터치의 쾌락은 대체로 미스터리하다. 생식기의 피부는 손가락과 달리, 가장자리나 촉감을 감지하는 수용기가 잘 갖춰져 있지 않다. 대신 생식기를 감싸고 있는 자유신경종말free nerve ending이 열기, 냉기, 통증, 염증의 자극을 전달한다. 또한 입술과 유두처럼 민감한 피부에 두드러지는 망울소체end bulb라는 특별한 종류의 신경말단이 있다.[9] 워터먼에게도 자유신경종말은 있지만 망울소체가 기능하지 않는다. 그래서 그에게 섹스는 열과 약한 통증의 조합이다. 성행위가 주는 쾌감에 어떤 종류의 신경활성이 가장 중요한지는 아직 확실하지 않다. 감각이 거의 없는 그에게는 통증만 아니라면 어떤 변화라도 즐겁다. 그러나 워터먼은 성행위에 단지 육체적인 측면만 있는 것은 아니라고 주장한다.

"누군가와 이런 관계를 맺을 수 있을 만큼 신뢰한다는 것이 중요하죠." 워터먼이 말했다. "그 사실이야말로 저에게는 그 무엇과도 바꿀 수 없는 것입니다. 스킨십이 부족하면 친밀해질 수 없다는 생각은 말도 안 되는 고정관념입니다. 중요한 건 그것만이 아니에요."

브렌다도 이에 동의한다.

"저는 여전히 이이의 팔을 어루만져요." 브렌다가 말했다. "처음에는 손을 잡고 걷고 싶었어요. 하지만 그렇게 하면 그가 균형을 잃을 수도 있었죠. 저야 아무래도 손을 잡는 것이 익숙하지만, 그의 손을 잡을 수 없는 이유를 알고 나서는 함께 조율했어요. 남편이 의자에 안전하게 앉아 있을 때만 손을 잡는 거죠. 우리 부부에게 촉각은 다른 사람들의 시각적 반응에 더 가까운 것 같아요. 남편은 제 온기와 감정을 보고, 그건 저도 마찬가지죠."

삶의 다른 영역처럼 사람들과의 관계에서도 워터먼은 시각을 이용해 촉각의 부재에 적응해 왔다. 완전히는 아니지만 아내인 브렌다도 그렇게 적응했다. 그러나 나머지 사람들에게는 터치가 끌어내는 감정이야말로 촉각의 가장 중요한 특성이다. 단지 신경이 우리 몸을 뒤덮고 있기 때문만은 아니다. 터치가 주는 느낌은 마음에서 훨씬 두드러진다.

3장
감각이 감정과 교차할 때

　　알리시아 엘바 윌리엄스Alicia Elba Williams가 자신의 촉각이
남다르다고 깨달은 것은 UC 샌디에이고에 다니던 시절 동료
기숙사 사감들과 얘기를 나누면서였다. 마침 누군가 공감각
synesthesia 이야기를 꺼냈다. 공감각은 서로 다른 감각 사이에
교차가 일어나는 현상으로, 공감각자는 서로 다른 두 감각 양
식, 예컨대 수와 색깔을 짝지어 인식한다. 숫자 8이 초록색으
로만 보이는 식이다. 청각-촉각 공감각의 경우에는, 트럼펫 소
리가 몸에 간지럼을 일으킬 수도 있다. 대화 중에 일부는 공감
각을 일으키는 신경과학에 관심을 보였고, 또 자신이 공감각을
느낀다고 확신하는 이들도 있었다.

　　"그게 그렇게 이상한 거야?"

"그럼, 아주 이상하고 말고…."

"다들 어느 정도는 그런 거 아니야?"

공감각 증상에 대한 여느 대화와 별다를 것 없는 이야기가 오간 끝에 지금까지 윌리엄스가 또렷이 기억하는 일이 일어났다. 조용하고 감수성 예민한 언어학과 학생이었던 윌리엄스는 동료들에게 달력 공감각에 대해 들어본 적 있는지 물었다. 그건 사실 자신의 이야기였다. 윌리엄스의 시간은 물리적 장소로 이루어진 공간 지도 위에 존재했다. 11월인 장소, 12월인 장소가 따로 있다는 이야기이다. 윌리엄스는 자신에게 일어난 중요한 사건들을 머릿속 마을 지도에 표시할 수 있었고, 공감각은 그녀가 중요한 날짜를 기억하는 데 도움이 되었다.

"어, 들어본 적 있어." 누군가 말했다. 자신에게 달력 공감각이 있다고 믿는 사람도 몇 있었다.

사람들의 주목을 받은 김에 윌리엄스는 촉각과 감정 사이의 공감각에 대해서도 물었다. "가령 단추를 만지면 아주 강한 감정을 느끼는 것이지." 윌리엄스는 어떻게 특정 사물의 촉감이 특정한 정서적 반응을 일으키는지 설명했다. 황홀함에서 불안감까지 다양한 감정뿐 아니라, 때로는 기억을 불러온다고 했다. 적어도 몇몇은 공감하리라 예상했지만 갑자기 방에 적막이 감돌았다.

"아무도 없어?" 윌리엄스가 물었다. 모두 고개를 저었다.

밤이 되어 일어나려는데 데이비드 브랑David Brang이라는 친구가 윌리엄스에게 말을 걸었다. 브랑은 뇌인지센터를 운영하는 저명한 행동신경학자 V. S. 라마찬드란Ramachandran 교수 연구실에서 파트타임으로 일하면서 연구 프로젝트를 물색하던 참이었다. 공감각 증상을 이미 전문적으로 공부하고 있던 브랑은 마침 윌리엄스가 말한 종류의 공감각에 관심이 있던 터라 실험실로 찾아오라고 권유했다. 자신의 머릿속이 어떻게 돌아가는지 궁금했던 윌리엄스는 두말할 것도 없이 승낙했다.

첫 세션에 브랑과 라마찬드란 교수는 윌리엄스에게 촉감이 다양한 물건을 주고서 손가락으로 만지면 어떤 기분이 드는지 물었다.[1] 코듀로이 천을 만졌을 때 윌리엄스는 혼란스러운 기분이 들었다. 이유도 모르는 채 낯선 방에 들어가는 것처럼 말이다. 가죽을 만지자 비난받는 것처럼 언짢아졌다. 축축한 흙은 만족감을 자아냈다. 사포는 선의의 거짓말을 하는 기분이 들게 했다. 젤 타입의 타이레놀은 질투심을 유발했고, 따뜻한 물을 만지자 마치 어느 낯선 곳에서 졸다가 깨었을 때처럼 방향감각을 잃었다. 배추를 만질 때 역겨운 느낌이 들었는데, 평소 먹을 때는 아무 문제가 없었으므로 만질 때만 그렇다는 건 아무리 생각해도 신기했다. 최악의 촉감은 청바지였다. 청바지는 자기혐오를 불러왔다. 윌리엄스는 초등학생 시절 추운 날에도 학교에 청바지를 입고 가지 않겠다고 고집을 부리는 바람에 부모님께 야단을 맞았던 기억이 난다고 했다.

연구진은 윌리엄스의 반응이 일관적인지 확인하려고 몇 개월 주기로 1년에 걸쳐 같은 질문을 했다. 선의의 거짓말을 하는 기분이 들게 했던 사포에 대해 윌리엄스는 두 번째 테스트에서

"죄책감을 주었어요. 하지만 나쁜 죄책감은 아니었어요. 상황을 더 좋게 만들기 위해 잘못된 일인 줄 알면서도 해야 할 때의 기분이랄까요"라고 말했다. 첫 테스트에서 테니스공은 아버지와 즐겁게 놀았던 기억을 떠오르게 했다. 다음 테스트에서는 더 구체적으로 아버지의 기타 연주를 듣고 있는 장면이 생각났다. 윌리엄스의 답변을 들은 브랑과 라마찬드란은 촉감에 반응하는 그녀의 감정이 진실하고 본능적인 것임을 확인했다. 동일한 느낌을 다른 식으로 표현한다는 사실로 미루어 그녀의 머릿속에 일어나는 연상작용이 본질상 언어적인 것만은 아님이 증명되었다. 추가로 두 사람은 표정, 심장박동수, 피부전도도 테스트를 거쳐 윌리엄스가 실제로 자신이 말하는 바를 경험한다고 확인했다.

연구가 진행되던 당시에는 윌리엄스가 묘사하는 감각 혼합의 명칭이 없었다. 2008년 브랑과 라마찬드란은 학술지 《뉴로케이스Neurocase》에 해당 연구로 논문을 발표했다. 이 논문에서 이니셜 "AW"로 지칭된 윌리엄스와, 브랑이 대학에서 만난 다른 한 명의 피험자가 촉각-감정 공감각의 최초 진단자가 되었다. 10년이 넘은 지금까지도 진단된 사례는 두 사람뿐이며 이런 독특한 공감각 증상을 보고한 다른 논문은 없다. 대부분의 사람들은 물론이고 공감각을 연구하는 전문가들도 이런 공감각의 존재조차 모르고 있다.

* * *

"실험실에 앉아 제 기분을 구술하는 과정은 진정한 학습 경험이었어요." 수년 뒤 워싱턴 D.C. 유니언 스테이션의 어느 카페에 앉아 맥주를 마시며 윌리엄스가 그때를 회상했다. "살면서 누군가에게 자신이 어떤 종류의 분노와 슬픔과 죄책감을 느끼는지, 그 감정을 어떻게 견디고 살아가는지 이렇게 정성껏 구체적으로 설명할 일은 없다고 봐야죠."

윌리엄스는 정부 기관에서 일했는데 우리는 평일 그녀가 퇴근 후에 자신의 집이 있는 볼티모어로 가는 기차를 기다리는 동안 만났다. 윌리엄스는 여성스러우면서도 빈티지한 느낌의 보송보송한 빨간색 스웨터와 블랙앤화이트 모직 스커트를 입고 있었다. 윌리엄스는 일반적인 도시 생활이나 현대인의 삶과 거리가 먼 느긋하고 사색적인 성격의 소유자 같았다. 순간순간 하던 일을 멈추고 자신의 느낌을 파악하는 생활에 익숙해진 탓인지도 모르겠다. 누군가가 윌리엄스의 삶을 영화로 만든다면 조이 데이셔넬Zooey Deschanel이 주인공으로 제격일 것 같다.

윌리엄스가 자신의 가장 오래된 공감각 기억으로 나를 데려갔다. 모호하고 흐릿한 기억이었다. 어린 윌리엄스의 하루하루는 늘 버겁고 힘겨웠다. 몸을 스치는 모든 것이 감정을 불러왔으므로 그녀는 무엇에 주의를 기울여야 할지, 또 그때마다 자신의 감정을 어떻게 주체해야 할지 알지 못했다. 느낌의 정체를 확인하려면 그 순간에서 빠져나와야 했고, 그 바람에 방향감각을 잃어 혼란스러웠다. 그녀의 피부는 감정의 풍향계였다.

"과부화된 감각투성이였어요." 윌리엄스가 말했다. "과거의 저는 늘 악몽 속에 살았어요. 모든 것이 감정을 불러왔으니까요."

윌리엄스의 부모님은 딸이 사물의 질감과 표면을 물리적인 느낌 이상으로 깊이 있게 설명했던 일들을 기억한다. 예를 들어 윌리엄스는 물을 만질 때면 길을 잃은 것 같다고 말하곤 했다. 하지만 그녀의 오빠에게 물은 그저 물, 또는 축축한 물질에 불과했다. 또한 윌리엄스는 다른 사람들이 미처 알아채지 못하는 세세한 것들을 짚어내곤 했다. 아직 초등학교에 입학하기 전 어느 날 윌리엄스는 2층으로 올라가다가 깜짝 놀랐다. 두 계단의 크기가 달랐기 때문이다. 윌리엄스의 엄마는 딸의 말이 맞다는 걸 확인했지만, 그건 누구도 개의치 않을 미미한 차이였다.

부모님은 윌리엄스를 병원에 데려가거나 아이의 기질에 대해 의사와 상담한 적이 없었다. 그저 생각이 깊은 아이라고 여기며 감정에 휩싸여 힘들어할 때마다 마음을 가라앉히게 도왔다. 윌리엄스의 외할아버지는 특정 숫자가 일정한 색으로 보이는 숫자-색깔 공감각자였다. 그래서 윌리엄스의 엄마 다프네도 집안에 공감각자의 피가 흐른다는 것은 익히 알고 있었다. 하지만 딸의 상태가 공감각의 일종이라고는 미처 생각하지 못했다. 그와 같은 사례가 아직 연구되기 전인 탓도 있겠지만 기본적으로 다프네는 딸의 사고방식이 크게 별스럽다고 생각하지 않았다. 다프네 자신도 종류만 다를 뿐 감정과 사물을 연관 짓고는 했기 때문이다.

공감각 현상을 설명하는 두 가지 이론이 있다. 첫 번째 가설에 따르면 사람들은 모두 시각, 청각, 촉각 등의 감각이 한데 뒤섞인 상태로 태어난다. 생후 몇 년에 걸쳐 신경세포의 시냅스 가지치기를 통해 분화가 일어나면서 생존에 유용한 감각들 사이의 연결은 보존되고 뇌가 덜 중요하다고 판단하는 연결은 단절되는데 공감각자는 이 과정이 완전히 마무리되지 않는다는 것이다. 두 번째 가설에 따르면 공감각자는 애초에 다른 사람들보다 감각의 혼선이 더 많은 상태로 태어나는 탓에 정상적인 가지치기가 일어나도 많은 부분이 연결 상태를 유지한다.

사람들이 촉각과 감정을 연결하는 가장 명확한 예가 몸의 상처로 인한 괴로움이다. 잘 눈에 띄지 않는 예도 있다. 사람들은 '마모'에 자연스럽게 혐오감을 느낀다. 거친 물체에 대고 몸을 문지르면 피부에 아픈 상처가 생긴다. 그 가능성을 인지한 인간의 뇌가 거친 촉감을 피하도록 진화했는지 모른다. 반면 부드럽고 매끄러운 촉감은 사람의 피부를 연상시키므로 마음을 끄는 것일 수도 있다. 타인과 밀접하게 지내는 것은 생존 가능성을 향상시키는 한 방식이기 때문이다.

윌리엄스의 공감각이 남다른 이유는 해로운 것을 피하고 유익한 것을 좇게 되는 일반적인 본능과 달리, 목적이 명백하지 않은 자극에도 반응한다는 데 있다. 윌리엄스가 느끼는 연관성은 무작위적이며, 그녀의 뇌에서는 촉각의 물리적 특성보다 감정적 특성이 과장된다. 윌리엄스의 공감각은 분명 희귀한 사례이지만, 우리 모두에게 꽤나 흔한 행태에 주목하게 한다. 육체에 닿는 모든 것의 물리적 특성에 너무 집중한 나머지 감정적 속성에 얼마나 영향을 받는지 간과한다는 사실이다.

월리엄스는 촉감이 불러오는 감정과 일상의 진짜 문제에서 오는 감정을 혼동할 때가 있다. 마음이 불편한 이유가 다른 사람의 청재킷에 스친 탓인지, 친구와 어색하게 대화를 끝낸 탓인지 알 수 없는 것이다. 월리엄스에게는 두 감정이 모두 진짜이고 또 중요하다. 긍정적인 느낌도 마찬가지이다. 월리엄스는 나쁜 기분을 쉽게 극복하는 편이다. 기분 좋은 물건을 만지면 복잡한 현실의 문제를 잊어버릴 수 있기 때문이다. 실크 치마를 입거나 침낭 안에 누우면 이내 기운이 난다. 보통 사람들도 기분이 좋지 않을 때면 긴 낮잠을 청하거나 하겐다즈 통을 끌어안고 딴생각을 하려고 애쓴다. 이것들이 일시적으로 도움을 줄 수는 있겠지만, 게으름과 달콤함 뒤에 끝내 피할 수 없는 고통이 있다는 것을 우리는 알고 있다. 월리엄스에게는 그런 식의 기분 전환이 진짜 기분을 대체한다. 월리엄스와 정반대의 성격을 가진 나는 그녀의 이야기를 들으며 몹시 부러웠다. 신경 쓰이는 일이 있을 때는 아무리 좋은 것을 먹고 즐거운 일을 해도 쉽게 잊고 넘어가지지 않기 때문이다.

"두피오니 실크라는 아주 특별한 이탈리아 비단이 있어요. 그 원단으로 만든 옷을 입으면 무도장에 온 것처럼 춤을 추고 싶어지죠. 그리고 모든 걱정이 사라지고 순수한 즐거움만 남아요." 이 말을 하던 그녀의 얼굴에 인형처럼 깊은 미소가 패었다. "아무리 나쁜 일이 일어난 날이라도 최고의 밤을 보낼 수 있죠."

그러나 윌리엄스가 경험하는 감정의 가소성에는 대가가 있다. 기분이 인생에서 수행하는 중요한 기능 중에는 인간관계를 관리하고 어려운 결정을 내리는 데 도움을 주는 것도 포함된다. 윌리엄스는 자신이 어떤 감정에 귀를 기울이고 어떤 것은 무시해야 할지 신중하게 판단한다. 어릴 적 윌리엄스는 화가 날 때마다 촉각으로 자신을 달랬다. 나쁜 것을 만지는 바람에 이렇게 됐다고 되뇌면서 중요한 문제를 너무 가벼이 해석해 버리고 만 것이다. 자라면서 그녀는 무엇에 화가 났는지 신중하게 판단하도록 자기 자신을 훈련시켰다. 어떤 감정이 중요한 메시지를 전한다는 생각이 들면 나쁜 기분이라도 온전히 느끼려고 했다. 그것은 진지한 훈련이었다.

"죄책감을 느낄 때면 자책하는 대신 만지지 말아야 하는 것을 만져서 이렇게 되었다고 생각하는 편이 쉽죠. '그래, 이건 무시하자. 다른 걸 만지면 되지' 하고요. 감정의 핵심을 찾기가 어려워요. 그래서 이런 훈련이야말로 진정한 학습 경험이 되었죠."

감정은 어떤 기억이 뇌리에 박힐지 결정한다. 우리는 매일 똑같이 일어나는 일보다는 기분을 몹시 상하게 만든 어느 날의 사건을 더 오래 기억한다. 윌리엄스에게 촉감이 불러온 순간들은 너무 많은 감정이 스며 있어서 시간이 한참 지나도 또렷하게 회상할 수 있다. 테니스공의 촉감이 아버지와의 추억을 연상시킨 이유도 그래서이다. 할아버지, 할머니가 쓰던 은식기의 묵직함과 할아버지의 코트에 달려 있던 단추 모양이 그토록 생생한 것도 같은 이유이다. 할아버지는 오래전에 세상을 떠났지만, 피코트의 단추를 만지면 할아버지와의 추억에 젖곤 한다. 지금도 윌리엄스의 오빠는 가끔 그녀에게 옛날 기억을 되살려 얘기해 달라고 부탁한다. 오빠는 동생의 기억력에 그저 놀랄 뿐이다. 윌리엄스는 이처럼 촉감과 연관 지어 모든 것을 빠짐없이 기억하는 자신의 능력을 초능력이라고 생각한다.

이야기를 나누던 중 갑자기 그녀의 표정이 진지하게 변했다. 우리가 앉은 테이블의 식탁보를 만지자 어려서 엄마와 함께 쿠키를 굽던 일이 떠올라 그리움에 젖은 것이었다. 윌리엄스가 목걸이에 달린 구리 너트와 나사를 만지작거리는 것이 눈에 들어왔다. 그녀는 보석이나 시계를 항상 차고 다니는데, 금속을 만지면 마음이 진정되기 때문이라고 했다. 무의식적으로 만지는 금속이 그녀에게는 현재로 귀환하게 하는 리셋 버튼 같았다.

"금속은 저에게 아무 감정도 일으키지 않는 것들 중 하나예요. 마음이 차분하게 가라앉죠. 감정을 지우고 하던 일로 돌아와 집중하고 싶을 때면 금속을 사용해요. 만지기만 하면 다 사라지니까요."

그 얘기를 듣고 나는 윌리엄스가 매 순간 얼마나 치열하게 자신의 공감각을 관리하며 살아왔는지 알게 되었다. 몸에 닿는 것을 해석할 때 작동하는 뇌의 메커니즘이 조금 과도하게 활동하는 것일 뿐인데 말이다. 윌리엄스의 상태가 낯설기만 하진 않은 이유는, 평소 우리가 촉각과 감정을 연결하는 방법이 조금 과장된 것에 지나지 않기 때문이다. 공감각이 본격적으로 연구되기 한참 전부터 우리는 촉각이 인간의 심리 상태와 특별하게 연관된 감각임을 알고 있었다. 이 내재된 인식을 탐구한 가장 오래된 문헌 가운데 하나는 아리스토텔레스의 것이다.

* * *

영혼의 본질을 논한 『영혼론De Amina』에서 아리스토텔레스는 영혼을 하나로 얽어매는 방식을 강조한다. 그는 자신의 몸이 어디에서 끝나고 어디서부터 바깥세상이 시작되는지 인지하게 한다는 측면에서 촉각은 자아의식의 발달에 이바지한다고 생각했다. 또한 우리가 주변 환경에 제 의지를 쏟고 싶게 만드는 것 또한 자기 존재에 관한 인식이라고 보았다.[2] 그로 인해 배가 고프면 사냥을 나가고 궁금하면 탐구하게 되었다고 말이다. 그것은 우리가 피난처를 찾고 사람들과 유대감을 키우는 이유이다. 직접 만져서 느낌으로 배울 수 없다면 자연이 필요를 충족시켜줄 때까지 마냥 기다리는 수동적 존재가 될 것이다. 아리스토텔레스에게는 이것이 인간을 식물과 다른 수준으로 구분하는 요인이었다.

그는 모든 동물 중에 인간의 촉각이 가장 예민하고 그로 인해 우월한 지능이 나타났다고 확신했다. 인간에게는 자신을 보호하는 두꺼운 피부도, 비늘도, 털도 없다. 인간의 몸은 벌거벗고 노출되어서 다치기가 쉽다. 쉽게 더워지고 쉽게 추워지며, 극한의 고통과 쾌락을 느낀다. 신체에 장착된 방어막이 없으므로 인간은 다른 동물보다 더 조심스럽고 영리해졌다. 아리스토텔레스는 이런 신체적 특성 때문에 인간이 감정적으로 민감해졌다고 생각했다. 다른 이의 고통을 보다 깊이 느끼게 되었기 때문이다. 그에게 촉감이 제공하는 자기 존재의 인식은 인간의 가장 중요하고도 인간다운 자질인 자기성찰 능력과 직접적인 관계가 있었다.

아리스토텔레스는 다음과 같이 썼다.

인간의 감각은 전반적으로 다른 동물보다 훨씬 열등하지만, 촉각만큼은 월등하다. 인간이 가장 지능이 뛰어난 동물인 이유가 여기에 있다. 이것은 같은 인간이라도 누구는 선천적으로 재능이 뛰어나고 누구는 그렇지 못한 것이 다름 아닌 촉각 기관 때문이라는 사실로 미루어 볼 수 있다. 예를 들어 살이 단단한 사람은 생각하는 재능이 부족하지만, 살이 부드러운 사람은 그 재주가 탁월하다.[3]

개복수술로 인체 내부를 관찰하기 이전 시대를 살았던 아리스토텔레스는 촉각이 원시적인 감각이라 생각했던 스승 플라톤과 반대로 촉각에 관해 직관적인 주장을 했다. 아리스토텔레스는 감촉을 느끼는 능력을 우리가 감각하고 직관하는 힘의 원천으로 보았고, 인간에게 주어진 가장 큰 지적 재능으로 생각했다. 몸과 몸의 느낌을 정신이 대표하는 논리적 의사결정보다 월등한 것으로 제시한 혁명적인 발상이었다. 하지만 끝내 그는 이 논쟁에서 승리하지 못했다. 사고력은 여전히 문화 전반에서 인간이 지닌 최고의 기능으로 여겨지며 우리는 지금까지도 신체적 느낌과 정서적 느낌을 별개로 보고 있다. 그럼에도 불구하고 아리스토텔레스의 추론에는 큰 의의가 있다.

촉각과 감정은 피부를 포함한 신체의 변화와 관련이 있다. 모든 감각이 어느 정도까지는 감정을 불러일으킨다. 맛있는 식사, 아름다운 아리아는 눈물을 흘리게 한다. 특히 본능적 반응과 큰 연관이 있다고 여겨지는 냄새는 극한의 쾌락부터 혐오감까지 다양한 반응을 일으킨다. 후각은 즉각적이고 본능적이며 어쩌면 촉각보다 강력할지도 모르지만 대신 범위가 제한된다. 다양한 유형의 감각과 반응이 복잡하게 뒤엉킨 촉각의 팔레트는 훨씬 광범위하다. 촉각은 우리가 느끼는 최악의 고통과 지극한 기쁨의 근원이다.

그렇다면 감각을 통해 동물의 정신세계를 들여다볼 수는 없을까? 나는 그 질문을 안고 던컨 레이치Duncan Leitch를 만났다. 그는 신경생물학 박사 후 연구원으로서 UC 샌프란시스코에서 동물의 촉각을 연구하고 있었다. 나는 캘리포니아 과학아카데미에 위치한 알비노 악어 서식지로 그를 찾아갔다. 사이프러스가 늘어진 실내 늪에 클로드라는 악어 한 마리가 살고있었다. 알비노 악어답게 몸 색깔이 하얗게 바랜 클로드는 영원히 고정된 함박웃음을 짓고 있을 뿐 움직임이 없었다. 일광욕하듯 커다란 몸이 바위에 늘어져 있는 모양새가 영락없이 행복한 피서객이었다. 눈을 뜨고 있어 물 밑에서 돌아다니는 물고기와 거북이의 움직임이 죄다 보일 텐데도 그저 무심하게 앉아 있었다.

레이치는 악어의 특수한 촉각을 전공한 전문가로 악어의 몸과 마음에 들어가기까지 긴 시간 애를 썼다.[4] 촉각은 눈에 보이지 않는 감각이므로 그 작용을 파악하려면 행동을 관찰해야 한다. 레이치는 연구 대상의 마음에 공감한다. 어려서부터 해온 일이라 그에겐 익숙하다. 테네시주 멤피스에서 태어나 올챙이와 거북이 그리고 공원의 여러 생물과 함께 놀면서 컸고, 이 동물들이 먹이와 피난처라는 생존의 기본 요소를 어떻게 인간과 그토록 다른 방식으로 찾아왔는지 알아보았다. 고양이나 개처럼 껴안고 싶게 만드는 동물은 아니었지만 이들의 낯선 행동은 다른 차원으로 그를 사로잡았다.

레이치는 클로드의 얼굴 중심에 솟아오른 돌기를 가리켰다. 진짜든 가짜든 많은 디자이너 핸드백에서 흔하게 본 특징이었다. 한때 과학자들은 이 단단한 결절이 전기장이나 염분을 감지한다는 가설을 세웠다. 그러나 몇 년 전부터 레이치를 비롯한 연구자들은 이 돌기에서 기계적, 화학적, 열적 촉각을 느끼는 특별한 신경 말단을 발견했다. 인간의 경우에는 각 감각을 받아들이는 수용기가 분리되어 있다는 점에서 주목할 만한 발견이었다. 악어는 상처를 입지 않기 위해 질기고 단단한 갑옷을 입고 있지만, 갑옷의 틈새 역할을 하는 수용기 덕분에 감각이 예민하다.

"그렇게 민감할 수가 없어요." 레이치는 악어의 얼굴 부위가 인간의 손끝과 비교해도 반응성이 더 높다고 했다. "인간으로 치면 뛰어난 시력에 비유할 수 있겠네요. 시력이 좋다고 해서 밝은 것을 보았을 때 더 눈이 아픈 건 아니니까요. 그저 인식의 범위가 넓어지는 것이지요."

악어가 보통 물속에 머리를 반쯤 담그고 있는 이유는 얼굴의 돌기로 잔물결을 감지해 먹이를 식별하고 포획하기 위해서이다. 돌기는 악어의 사회생활에도 중요하다. 악어는 구애하는 동안 서로 주둥이를 툭툭 치거나 부딪히는 것을 좋아한다. 인간으로 따지면 손을 잡는 행위와 같다. 파충류는 원래 모성으로 유명한 동물이 아니지만, 악어는 예외이다. 알에서 새끼가 부화하면 어미는 입에 물고 다니며 보호하는데, 예민한 촉각을 이용해 새끼가 날카로운 이빨에 다치지 않게 한다.

번식기가 되면 수컷 악어는 물속에 들어가 우리 귀에는 들리지 않고 오로지 흔들림만 느껴지는 진동수로 지상을 향해 힘찬 소리를 낸다. 암컷은 진동의 세기를 평가해 상대에게 시간을 내어줄지 여부를 결정한다. 진동이 강할수록 짝짓기가 이루어질 가능성은 커진다. 사람 사이에서 말이 주는 효과와 크게 다르지 않다. 다만 물속이나 땅속에서는 진동이 음파보다 훨씬 잘 전달된다.

악어의 예민함에 대한 레이치의 설명을 들으면서 클로드를 보는 내 시각이 완전히 달라졌다. 이 동물이 어떻게 피부를 통해 촉각을 느끼는지 알게 되자 마치 열린 창문으로 보듯 그가 어떤 존재인지 느껴졌다. 그가 무엇을 보고 듣고 먹는지를 알았을 때보다 클로드라는 존재가 훨씬 마음에 와닿았다. 어렴풋하게나마 클로드의 정서 생활을 엿본 것 같았다. 클로드는 여전히 처음 자세 그대로였지만 내 마음속에서 그는 더 이상 꼼짝 않고 앉아 있는 지루한 괴물이 아니었다. 지극히 부드러운 내면 때문에 살아남으려면 단단한 외면이 필요한 한 생명체가 보였다. 클로드가 슬슬 몸을 젓기 시작하더니 머리를 휙 돌렸다. 하얀 피부가 밝은 빛을 받아 반짝였다. 자리에서 일어나 물속으로 뛰어드는 모습이 아름다운 슬로모션으로 보였다. 그 주위로 아기 숨결 같은 공기 방울 다발이 떠올랐다. 레이치에게 촉각과 감정의 연관성을 묻자 그가 이렇게 대답했다. "촉각의 극한에는 무언가가 있을지도 몰라요. 고통처럼 지극히 본능적인 것들 말이에요. 그건 즐거움도 마찬가지죠. 우리가 느끼는 것에도 범위가 있습니다. 미묘한 차이가 있어요."

레이치가 전시된 다른 동물들도 소개했는데 나는 매번 같은 느낌을 받았다. 멕시코붉은다리거미는 털이 복실복실하고 몸은 검은색이며 다리 관절에 밝은 주황색 띠가 있는데, 이 관절은 움직임에 대단히 민감해서 먹잇감의 움직임이나 다른 거미가 보내는 메시지를 포함하여 지하에서 일어나는 일을 잘 감지하게 해준다. 나는 이 활기 넘치는 작은 생물의 괴로움을 상상해 보았다. 땅에서 올라오는 온갖 신호에 고요함이 방해받을 때마다 얼마나 심란하고 스트레스를 받을지 말이다. 다음으로 코끼리주둥이고기가 헤엄치는 수조에 가까이 갔다. 이 물고기는 피부가 눈을 덮다시피 하고 있어서 거의 전적으로 촉각에 의지한다. 물속을 헤엄쳐 다니며 전기를 일으켜 주변 환경에서 물체를 감지하고 위치를 파악하는 것이다.

레이치가 휴대폰을 꺼내더니 자신이 연구하는 또 다른 동물을 보여주었다. 별코두더지였다. 별코두더지는 포유류 중에서 촉각이 가장 예민하다고 알려진 동물이다. 햄스터만 한 크기에 체형은 바다표범 같고 나무늘보처럼 통통한 앞발과 긴 발톱이 있다. 몸 전체가 예민한 편은 아니지만, 주둥이에 불가사리 두 마리가 달린 것 같은 특별한 촉각 기관은 예외이다. 새끼손톱만 한 이 방사형 부속물에 인간의 손보다 10배나 많은 신경이 분포한다. 현미경이 시각을 위한 장비라면, 별코두더지의 기관은 촉각을 위한 장비로서 땅속에서 아주 미세한 움직임까지 감지한다. 이 별 모양 기관은 두더지, 들쥐, 뱀 등 다른 경쟁자가 찾지 못하는 미세한 곤충의 질감과 진동을 감지하도록 진화한 것으로 보인다. 아무도 원하지 않는 남은 음식으로 살아가는 가히 동물계의 프리건freegan(소비주의에 반대하여 길거리에 버려진 음식으로 먹고사는 사람—옮긴이)이라 하지 않을 수 없다.

과학자로서 레이치는 자신이 연구하는 동물의 기분을 상상하려고 애쓰지만 그렇다고 동물을 의인화하지는 않는다. 동물에게 풍부한 내면의 삶이 없다고 생각해서가 아니라, 단지 그것이 무엇인지 알 수 없기 때문이다. 하지만 나는 레이치와 달랐다. 동물의 마음을 상상하면서 내가 인간인 나 자신을 투영하는 것도 알았고, 동물의 주관적 경험을 절대 알 수 없다는 것도 잘 알았지만 나도 모르게 자꾸 이 동물들을 사람처럼 생각하게 되었다. 어쨌든 이 동물들을 바라보는 관점이 180도로 달라진 것은 사실이다. 나 자신을 그들의 취약성과 결부해 생각하지 않을 수 없었다. 처음에는 촉각이 욕망이나 공감과 같은 복잡한 인간적 특성의 근간을 이룬다는 말이 지나친 확대 해석으로 여겨졌으나 시간이 갈수록 꼭 그렇지만은 않겠다고 생각이 바뀌었다.

촉각이 모든 동물 안에서 수행하는 기본적인 기능은 그 동물이 무엇과 마주하고 있는지 알려주는 것이다. 물론 그 방식은 극과 극이다. 촉각이 아주 둔한 동물이 있는가 하면 극도로 민감한 동물도 있다. 어떤 동물은 몸 전체에 균일하게 촉각이 분포하고 어떤 동물은 몸의 일부에 집중되어 있다. 어떤 동물은 촉각을 사용해 가까이 있는 것을 감지하고 어떤 동물은 멀리 있는 것을 감지한다. 염분과 전기를 감지하는 동물이 있는데, 이 능력도 촉각의 일부로 여겨진다. 심지어 어떤 동물은 자체적으로 전기를 발생시켜 주변 환경을 파악한다. 자연에는 풍경이나 체형만큼이나 다양한 형태의 촉각이 있다. 어디에 사는지, 잡아먹는 놈인지 잡아먹히는 놈인지, 관계를 어떻게 관리하는지 등 다양한 요인에 따라 종마다 촉각이 작동하는 방식이 달라지기 때문이다.

우리는 인간의 고통이 가장 극심하고, 쾌락을 느끼는 능력 또한 다른 어떤 동물보다 뛰어나다고 믿어왔다. 어디까지나 인간중심주의적 발상이었고 인간의 우월함을 쉽게 정당화하고 자 만들어 낸 신화였다. 다행히 동물의 감각이 과거에 알려진 것 이상으로 예민하다는 연구 결과가 최근 쏟아져 나오면서 기 존의 발상이 재고되고 있다. 동물의 느낌을 부정하는 이유는, 그러지 않으면 동물에 대한 태도를 완전히 바꿔야 하기 때문 이다. 다른 동물에게 감정이 있다고 인정하면 원래는 더 가벼이 무시했을 존재에 대해 책임감이 생긴다. 물론 동물의 감정에 대 한 인간의 견해는 인간의 감각적 상상력과 과거에 이 상상력을 어떻게 적용해 왔는지에 대해 더 많은 것을 시사한다.

"동물이 인간만큼 고통을 느끼지 못한다거나 인간과 같은 방식으로 감정을 느끼지 않는다는 발상은 우스꽝스럽기 짝이 없습니다." 레이치가 말했다. "그렇게 하면 동물을 함부로 대하 기 더 쉬워지겠지요."

촉각과 감정이 교차하는 방식은 세계에 대한 더 큰 신념 에 영향을 준다. 신체적인 것과 감정적인 것의 혼합이 이론적으 로 인지된 것은 진작부터이지만, 최근까지도 그 이유는 밝혀지 지 않았다. 이제 신경과학 연구가 늘어나면서 촉각과 감정의 연 결이 진화에 도움이 되는 형질임이 밝혀지고 있다. 구체적인 예 를 들기에 앞서 최근 몇 년간 주변 환경이 주는 작은 신호가 편견과 행동에 미치는 영향력을 밝히려는 연구가 수행되었으나 결과가 재현되지 않아 비판의 대상이 되었다는 점을 말해둘 필 요가 있겠다. 이는 작은 표본집단에 기초한 과학적 확대해석의 사례일 수 있고, 그중에는 결론에 이르지 못한 연구도 있다. 그러나 전반적으로 이런 연구들은 우리가 촉각을 경험하는 방식에 새로운 관점을 더하는 흥미로운 이야기를 들려준다.

* * *

심리학자이자 UCLA 사회 및 감정 신경 연구소 소장인 나오미 아이젠버거Naomi Eisenberger는 비디오게임상에서 다른 플레이어에게 따돌림을 당한 피험자의 fMRI(기능적 자기공명영상—옮긴이) 이미지를 보던 중에 촉각과 감정 네트워크 사이의 연관성을 처음 알게 되었다. 마침 옆에서 동료가 과민성 대장 증후군 환자의 이미지를 보고 있었는데, 두 이미지의 혈류 패턴이 놀라울 정도로 유사했기 때문이다.

아이젠버거는 정서적 불편감과 신체적 불편감 사이에 신경적 상관관계가 있을지도 모른다고 믿기 시작했다. 고통이라는 단어를 양쪽 다 사용하는 데에는 이유가 있지 않겠는가. 아이젠버거의 이론은 약국에서 파는 진통제가 피험자의 신체적 통증은 물론이고 사회적 고통까지 완화시킨 연구 결과를 통해 검증되었다.[5] 피험자들은 여럿이서 가상의 캐치볼 게임을 하다가 갑자기 혼자 배제되었을 때 진통제를 복용하자 따돌림당했다는 사실에서 오는 상처가 덜 느껴졌다고 응답했다. 흔히 사회적 거부에서 받는 상처를 신체적 상처와 다르다고 여기지만, 아이젠버거의 연구는 그 둘이 비슷한 손상을 일으킬 수 있다는 증거를 제시했다. 이 연구에서 플라세보 효과까지는 설명하지 않았다. 아이젠버거는 심리적 경험이 체지각적 경험과 일치하는 다른 경우를 찾기 시작했다.

그다음 연구에서 아이젠버거는 신체적 온기와 정서적 온기 사이의 연관성을 살펴보았다. 연구팀은 fMRI를 사용해 피험자가 핫팩이나 따뜻한 공을 들고 있는 상태에서 친구나 가족의 애정 어린 메시지를 읽을 때와 중립적인 메시지를 읽을 때의 뇌 활성을 각각 기록했다. 피험자들은 사랑하는 사람들로부터 긍정적인 메시지를 읽을 때 몸이 더 따뜻했다고 응답했다. 또한 핫팩을 들고 있을 때는 중립적인 메시지를 읽어도 편지 작성자와 더 친밀감을 느꼈다고 했다.[6]

다음으로 아이젠버거는 민감도를 측정했다. 연구팀은 사회적 고통에 대응하는 회복탄력성이 신체적 고통을 견디는 능력과 일치하는지 살펴보기 시작했다. 연구팀은 피험자를 열 자극에 노출시키면서, 열감을 통증으로 인식하는 수준까지 다양한 온도를 시험했다. 그 결과를 캐치볼 게임에서 배제되었을 때의 반응과 비교하자, 민감한 사람들은 신체적으로나 감정적으로 똑같이 민감한 것으로 나타났다.

아이젠버거는 이러한 연관성에는 반드시 진화상의 유리함이 있을 것이라고 믿었다. 사회적 애착 관계에서 오는 고통이 육체적 고통에 배당된 구역에 이미 있는 통증 신호에 추가되는 것일 수도 있는데, 사회적 관계가 인간 생존에 얼마나 중요한지 고려하면 특히 유용한 형질이다. 분리, 배제, 외로움에서 오는 고통이 부모에 의존해 살아야 하는 아기에게 다시 사회적으로 연결되어야 한다는 동기를 제공하는 것이다.

아이젠버거는 몸속 깊은 곳에서 느껴지는 통증처럼 다른 과학자들이 촉각과 직접 연관되었다고 생각하지 않을 법한 감각을 연구한다. 촉각과 감정이 순수하게 뒤섞인 놀라운 사례를 발견한 연구도 있다. 예를 들어 채용 담당자는 이력서가 무거운 클립보드에 첨부된 지원자를 더 높이 평가할 확률이 높다. 그 지원자가 무게, 즉 진지함을 더 지니고 있다고 느끼는 것이다.[7] 표면이 거친 퍼즐 조각을 맞추는 집단은 매끄러운 조각으로 작업한 집단보다 그 과정을 좀 더 적대적으로 묘사한다. 부드러운 담요보다는 딱딱한 블록을 들고 있던 사람들이 사장과 직원의 에피소드를 들었을 때 사장에게 더 엄격한 평가를 내렸다. 따뜻한 머그잔을 든 채로 사람을 만나면 상대의 성품을 따뜻하다고 묘사할 가능성이 커진다.[8]

실크 잠옷은 기분을 좋게 하지만 사포는 그렇지 않은 것처럼 촉각에 대한 감정적 반응은 많은 경우 자동적이다. 그렇다면 이런 촉각과 감정의 보편적 연관성을 진화의 결과로 설명할 수 있을지도 모르겠다. 그러나 이런 느낌을 받아들이는 수준은 개인에 따라 다르다. 태어날 때부터 변형된 촉각 회로가 성격과 대인관계까지 영향을 미친다고 밝혀졌다. 환경의 작은 변화에도 피부가 민감하게 반응하는 사람은 온도에도 더 많이 반응하는 경향이 있다. 성격을 연구하는 방법 중에 음악이나 감정 같은 다양한 자극에 대한 반응으로 사람들이 얼마나 많이 열을 내고 땀을 흘리는지 측정하는 피부전도도 테스트가 있다. 사람들의 '쿨한' 행동 방식에 신체와의 직접적인 연관성이 있을 수 있다는 뜻이다.[9]

어떤 이들은 미러터치mirror-touch 공감각을 가지고 태어난다. 다른 사람이 포옹하거나 발가락을 문지르는 모습을 보면 그 사람과 똑같이 느끼는 증상이다. 전체 인구의 약 2퍼센트에서 나타나는 이 희귀한 반응은 거울 신경 시스템의 과잉활동으로 야기된다. 이 시스템은 다른 사람들의 행동을 제 것처럼 반응하는 거울 신경세포mirror neuron의 집합이다. 미러터치 공감각자는 상대의 느낌을 고스란히 받아들이므로 공감 능력이 다른 사람보다 뛰어나다고 한다.[10]

브랑과 라마찬드란에 따르면 촉각과 감정이 연결되는 빈도와 강도가 은유의 재능, 즉 예술적 능력의 핵심이 될 수 있다. 요란한 넥타이loud tie, 날카로운 체더치즈sharp cheddar처럼 아무렇게나 짝지은 듯 보이는 일상 표현이 많다. 서로 다른 지각 영역이 조합된 표현들을 상식적으로 설명할 방법은 없지만, 신기하게도 이 표현들은 듣자마자 이내 수긍이 간다. 그 이유는 우리 뇌 안에 있을지도 모른다. 그리고 공감각자에게는 이런 효과가 증폭되는 것 같다. 공감각자 뇌의 독특한 신경 배선이 창조적이고 예상치 못한 방법으로 서로 다른 지각 영역을 연결하는 특별한 장비를 갖추었을 가능성이 있다. 어떤 연구에 따르면 공감각은 일반 대중보다 예술가나 작가처럼 창의적인 사람들에게서 훨씬 흔하다. 화려한 색채로 유명한 추상예술가 바실리 칸딘스키Wassily Kandinsky는 오페라가 "야성적이고 미친 것 같은 선"을 보여준다고 설명했다. 『롤리타』의 작가 블라디미르 나보코프Vladimir Nabokov는 알파벳 N이 "회색을 띤 노란색 오트밀 색"으로 보인다고 했다.[11]

우리가 촉각과 감정을 연결하는 이유 중에서 뇌의 구조는 일부만 차지한다. 이 연결은 어려서부터 학습되는 것이기도 하다. 어릴 적에 어머니의 화난 모습에서 열기를 느꼈다거나, 반대로 침착함은 시원하고 부드러운 것이라고 느낀 경험이 있을지 모르겠다. 우리는 신체감각을 감정으로 해석하는 방법을 자아와 타인 모두에게서 배웠다. 물론 감정이라는 이름표를 붙이기 전에 이미 촉각으로 알게 되었을 테지만 말이다. 고인이 된 영국 인류학자 애슐리 몬터규Ashley Montagu가 저서 『터칭: 인간 피부의 인류학적 의의Touching: The Human Significance of Skin』에 썼듯, "비록 촉각이 그 자체로 감정은 아니지만, 촉각의 감각적 요소는 우리가 감정이라고 통칭하는 신경, 분비샘, 근육, 정신의 변화를 유도한다".[12]

이렇게 학습된 다양한 연관성이 결국 언어로 이어진다. 몬터규는 같은 책에서 몇 가지 예를 나열한다.

우리는 다른 사람들과 '터치' 또는 '접촉'을 한다. 어떤 이들은 조심스럽게 '다뤄져야handled' 한다. 어떤 사람은 '두꺼운 피부thick-skinned'(둔감하다는 뜻—이하 옮긴이)를 가졌고, 또 어떤 사람은 '얇은 피부thin-skinned'(민감하다는 뜻)를 가졌다. 누군가는 '상대의 피부밑에 들어가지만under one's skin'(푹 빠지다 혹은 거슬린다는 뜻), 그저 '피부처럼 얇은skin-deep'(얄팍하다는 뜻) 관계로 남는 사람도 있다. 어떤 일은 '손으로 만질 수 있다palpably or tangibly'(명백하다는 뜻). '촉각적인touchy' 사람이라는 것은 지나치게 민감하거나 쉽게 '짜증을 낸다irritated'라는 뜻이다. 어떤 사람은 '손에 닿을 수 없거나out of touch'(잘 모른다 또는 연락하고 지내지 않는다는 뜻) 또는 '손으로 붙잡지 못한다have lost their grip'(열의를 잃었다는 뜻). 한 사물의 '촉감'은 한 가지 이상의 방식으로 우리에게 중요하다. 그리고 또 다른 것에 대한 '느낌'은 우리가 피부를 통해 자신이 겪는 많은 경험을 구체화한다. 마음 깊이 느끼는 경험은 곧 마음에 '와 닿는다touching'(감동적이라는 뜻)라는 뜻이다. 예술작품에서의 즐거움은 '닭살이 돋게 한다goose pimples'. 우리는 어떤 사람들을 보고 '눈치가 있다tactful' 하고 또 누구는 '눈치가 없다고tactless' 하는데('tact'는 촉각이라는 뜻), 이 말은 다른 사람을 대할 때 무엇이 적합하고 적절한지에 대한 섬세한 감각이 있고 없고의 차이이다.[13]

태어날 때부터 이미 촉각은 감정을 기록하는 체내 지도 시스템의 일부이고, 이후 경험을 쌓아갈수록 새로운 기준점을 추가한다. 적어도 한 번쯤 카펫에 무릎이 쓸리거나 알맞지 않은 온도의 물로 목욕을 하게 된 적이 있을 것이다. 그러다가 나중에 어떤 일이 닥치면 그때의 느낌을 떠올리며 비유할지도 모른다. 우리는 기대에 어긋나는 일을 '피부가 쓸리는 것chafing'(짜증 내다—이하 옮긴이)으로, 또는 학교에 가는 것을 '미적지근하다lukewarm'(마음이 내키지 않는다)라고 느낄지도 모른다. 살면서 패배의 아픔sting of defeat('sting'은 쏘인다는 뜻)을 느끼고, 음악가의 강한 의지gritty(모래가 들어갔다는 뜻)를 동경하거나, 의기소침해지는bruising(멍이 생긴다는 뜻) 교훈을 얻거나 어려운 결정을 내려야 하는 '압박pressure'을 받기도 한다. 어떤 언어학자는 인간의 언어, 특히 은유를 통해 몸의 감각적 경험이 추상적 사고의 토대가 되는 과정을 이해할 수 있다고 말한다.[14]

조지 레이코프George Lakoff와 마크 존슨Mark Johnson은 『삶으로서의 은유Metaphors We Live By』에서 "이성의 구조 자체는 우리의 체화(化身)에서 온다. (…) 인간의 이성을 이해하려면 인체의 시각 시스템, 운동 시스템, 신경 결합의 일반적인 메커니즘을 이해해야 한다"라고 썼다.[15] 몸에서 시작하지 않은 마음은 하나도 없다는 뜻이다.

영어에서는 모든 감각이 나름대로 은유의 대상이 된다. 시각이 사고를 대리하는 것처럼 미각은 미술에서 음악까지 모든 쾌락적 가치를 평가하는 능력을 상징한다. 후각은 추측을 맡았다. "수상한 냄새가 나는데", 또는 "공포의 냄새를 맡았어"라는 말은 주위의 분위기나 상태에 마치 개처럼 감응하는 것을 나타낸다. 청각은 순종과 동일시되는데, 특히 순응을 가치 있게 여기는 문화에서 긍정적인 연관성을 가진다. 상대가 충고를 받아들이지 않을 때, "그 사람은 네 말을 듣지 않아"라고 말한다. 촉각은 전적으로 감정에 관한 것이다. 터치touch라는 단어는 『옥스퍼드 영어사전』에서 항목이 가장 길게 나열되어 있는데, 내용의 대부분이 신체접촉과는 관련이 없고 사람이나 멜로디 등에 영향받는 느낌과 연관되어 있다.[16]

촉각-감정 공감각이 처음에는 놀랍고 이상하게만 보일지도 모른다. 그러나 공감각자들의 이야기는 촉각이 중요한 방식으로 인간의 정서적, 정신적 세계를 형성한다는 보편적 진실을 잘 보여준다. 촉각이 주는 자기보호와 자기만족의 충동이 없다면, 우리는 지금만큼 추론, 친절, 연민의 능력을 지닐 수 없었을 것이다. 우리는 '위험을 안고 투자할skin in the game' 필요가 있다. 감정을 묘사하기 위해 사용하는 촉각적 언어는 감정을 느끼는 방식까지 바꾼다. 우리는 감정을 내면에서 일어나는 상태로만 생각하지만 사실 감정은 바깥에서 일어나는 일들과도 불가분하게 연결되어 있다.

* * *

윌리엄스와 만나고 몇 주 후에 나는 캘리포니아주 머피스에 있는 그녀의 어머니 다프네에게 전화를 걸었다. 머피스는 골드러시 시대에 시에라네바다 기슭에 형성된 작은 마을로, 다프네는 그곳에서 아이들을 키웠고 아직도 그곳에 살고 있다. 그녀는 지역 고등학교에서 언어를 가르친다. 나는 딸이 공감각

연구에 참여하면서 알게 된 사실을 다프네가 어떻게 생각할지 궁금했다. 윌리엄스는 연구에 참여한 것을 계기로 자신의 엄마도 사실은 공감각자였다는 결론을 내렸다. 흥미롭게도 당사자인 다프네는 생각이 달랐다. 그녀는 심리학적인 진단을 받는 것을 좋아하지 않았다.

"저는 제가 그렇게 다르다고 생각하지 않아요." 다프네가 단호하게 말했다. 촉각과 감정의 혼합은 아주 자연스러운 것이며 정도의 차이만 있을 뿐 모두가 경험한다는 얘기였다.

자신의 딸처럼 다프네에게도 특별히 선호하는 촉감이 있다. 어려서 뜨개질과 바느질을 하면서 자랐기 때문에 손으로 짠 스웨터를 귀하게 여기고 털실의 기원과 이 일을 업으로 삼는 사람들도 특별하게 생각한다.

"털실을 만지면 마음이 따뜻해지죠. 그리고 안전한 기분이 들어요. 꼭 집에 돌아온 것처럼요."

다프네는 모피의 촉감을 좋아하지 않았다.

"모피는 거슬리고 예측할 수 없고 더러워요. 개를 키우면서 이런 말을 하긴 좀 그렇지만, 전혀 편안한 느낌이 들지 않습니다."

한번은 치과 치료를 거부하면서 치아의 통증을 "홈이 파인 벨벳 같다"라고 표현했다.

다프네는 어느 날 쇼핑을 하러 갔다가 접시를 고르는 자신을 남편이 신기한 듯한 눈으로 쳐다보더라는 애기를 했다. 접시를 집어 들었다가 바로 마음에 들지 않는다며 내려놓는 모습을 보고 남편은 접시를 고르는 기준이 무엇인지 물었다. 다프네는 표면의 마감일 때도 있고 가장자리의 느낌일 때도 있다고 설명했다.

"찾는 디자인이 따로 있었군." 아내의 말을 단순하게 받아들인 남편이 말했다.

"아니, 디자인이 아니고 나한테 주는 느낌이지." 다프네가 말했다. "예를 들어 이 접시를 만지면 마음이 편안해지잖아. 기분도 좋아지고."

나는 다프네에게 당신이 얼마나 자기 딸과 똑같은지 말해주었다. 친구와 머그잔을 사러 갔다가 있었던 일이라며 윌리엄스가 들려준 이야기가 생각났다. 윌리엄스 역시 왜 이 컵이 저 컵보다 나은지 설명해야 하는 상황에 화가 났다.

"모든 사람이 어떤 설명할 수 없는 이유로 뭔가를 좋아하지 않나요?" 다프네가 토로했다.

다프네는 감정이 아니면 도대체 사람들이 접시를 들었을 때 무엇을 느끼냐고 물었다.

"보통은 그렇게 많은 느낌을 받지 못하죠." 나는 그저 내 경우라며 말을 이었다. "저는 접시를 만져도 내가 접시를 만지고 있다는 것 말고는 딱히 다른 생각이 들지 않아요. 그게 다예요. 저라면 그냥 온라인몰에서 살 거예요. 그릇의 촉감은 별로 중요하지 않으니까요."

잠시 대화가 끊겼다. 그러다가 다프네가 다시 한번 처음에 했던 말을 되풀이했다. "저는 제가 다른 사람들과 그렇게 다른 지 잘 모르겠어요."

나중에 친구들과 저녁을 먹으며 나는 내가 접시나 컵을 사는 방식을 얘기했고 실제로는 오히려 나 같은 경우가 흔하지 않음을 알게 되었다. 그릇을 들어보지 않고 사진만 보고 산다니까 어떤 친구들은 깜짝 놀랐다. 그들은 직접 만져보며 마감 상태를 확인하는 것을 중요시했다. 갑자기 내가 이상한 사람이 된 것 같은 기분이 들었다. 내가 촉각-감정 공감각자를 보고 촉각에 지나치게 반응한다고 생각하는 만큼, 반대로 나는 촉각에 담긴 감정적인 요소들을 지나치게 간과했는지도 모른다. 그것은 항상 거기에 있다. 그걸 스스로 얼마나 알아차리게 하는지가 문제일 뿐.

나는 의사가 아닌지라 다프네의 공감각이 딸과 똑같은지 판단할 수 없다. 그러나 만약 그렇다면 어떤 식의 해석이 보다 유용할지 고려해 볼 만하다. 다프네의 감각은 정상 범주 어딘가에 있을까 아니면 딸인 윌리엄스의 생각처럼 평생 관리하며 살아야 하는 독특한 증상일까? 내 생각은 서서히 다프네 쪽으로 옮겨 가고 있다. 나 같은 사람들이 자신의 피부와 몸으로 끊임없이 받아들이고 있으면서도 알아채지 못하는 미묘한 신호를 인식하는 것이 유익하다고 생각하기 때문이다.

우리는 계속해서 자신의 감정적 세상을 육체적 경험의 지도에 그리고 있다. 그런데도 잘 의식하지 못하는 한 가지 이유는 뇌에서 촉각을 처리하는 과정이 상당 부분 배후에서 이뤄지기 때문일 것이다. 우리 몸은 늘 우리가 다른 일로 바쁜 가운데 이 과제를 수행한다. 그래서 실제로는 환경, 특히 우리가 접촉하는 것에 더 영향을 받으면서도 머릿속으로는 제 행동의 원인을 논리와 이성으로 설명하는 것이다. 옷의 촉감, 방의 온도, 공기의 건조함이 모두 우리가 매 순간 느끼는 것에 영향을 준다. 하지만 환경이 매분, 매시간 미치는 영향은 아무리 애를 써도, 의식하지 못할 것이다.

4장
우리 몸이 쓸모를 잃을 것인가

도착해 보니 어느 쇼핑몰 대형 주차장이었다. 구글맵에 '사이먼 프레이저 대학교 인터랙티브 아트 앤 테크놀로지 학과'라고 입력했는데 뭔가 잘못된 것 같았다. 빨간 벽돌 건물이나 백팩을 메고 돌아다니는 학생은커녕 버스 정류장과 쇼핑백을 들고 다니는 사람들뿐이다. 전형적인 브리티시컬럼비아주 교외의 풍경이었다. 스마트폰 내비게이션을 보니 그곳이 맞다고 했다. 일단 믿어보기로 하고 쇼핑몰로 향했다. 아니나 다를까, 10대를 겨냥한 값싼 상점들과 푸드코트에 이르기 전에 사무 공간 단지 구석에 있는 대학 캠퍼스가 보였다.

"처음 찾아오는 사람들은 모두 놀라죠. 유럽인들은 좋아하고요." 건물 입구로 마중 나온 다이앤 그로말라^{Diane Gromala}

가 말했다. 그로말라와 남편인 컴퓨터과학자 크리스토퍼 쇼 Christopher Shaw는 통증 전환 컴퓨터 기술Computational Technologies for Transforming Pain이라는 연구실을 운영하며 만성통증을 앓고 있는 사람들을 돕기 위해 가상현실 게임을 디자인한다. 만성통증이란 3개월 이상 지속되는 통증을 말하는데 보통 사고로 인한 신체 손상에서 시작하지만, 후유증으로 통증이 남아 그 자체로 별개의 문제가 된다. 통증으로 인한 감정적 고통이 클수록 통증도 더 크게 느껴지고 그러면서 인지능력을 담당하는 두뇌의 부식과, 불안 및 우울증 등의 심리 문제를 유발하며 끝나지 않는 피드백 고리를 형성한다.

처음에 그로말라는 정신을 분산시키는 메커니즘을 활용해 환자를 돕는 프로그램을 제작했다. 앞서 워싱턴 대학교에서 가상현실을 연구하는 헌터 호프먼Hunter Hoffman과 〈스노월드SnowWorld〉라는 게임을 작업할 때 만들었던 디자인이 바탕이 되었다. 이 게임은 화상 환자들이 병원에서 붕대를 교체할 때 통증을 덜 느끼도록 주의를 다른 곳으로 돌리게 도왔다. 그로말라는 만성통증 환자에게도 비슷하게 적용해 볼 수 있겠다는 생각이 들었다. 가상현실 헤드셋처럼 참신한 아이템에 정신을 빼앗기면 부정적인 정신 순환이 일시적으로 정지하는데, 이는 회복으로 가는 중요한 시발점이 될 수 있다. 실제로 테스트에 들어가자 훨씬 흥미로운 일이 벌어졌다. 환자들이 자신의 고통받는 육체에서 빠져나와 건강하고 힘 있는 아바타를 실제 자신과 동일시하게 된 것이다.[1]

내게 그로말라의 연구는 일종의 사고실험이었다. 가상현실에 의한 디스토피아적 미래는 영화 〈레디 플레이어 원Ready Player One〉에서 잘 그려진다. 사람들은 실제보다 나은 고글 속 환상에 사로잡혀 그 세계에 영원히 머무르고 싶어 한다. 그곳에서는 중력이나 능력의 한계, 법과 규칙을 무시해도 좋다. 어떤 사람이라도 될 수 있고 어디에도 갈 수 있으며 더 매력적이고 건강하고 행복하게 살 수 있다. 그러나 그곳에서 오래 지내면 지낼수록 진짜 몸과 현실의 삶을 잊게 되고 결국 모두 바스러지도록 내버려 둘 것이다. 이는 그저 먼 미래에나 일어날 이야기가 아니다. 기술이 현재를 앞지르고 있다고 믿는 사람들이 실제로 염려하는 상황이다.

1980년대 이후로 가상현실은 줄곧 10년밖에 남지 않았다고 전망되어 왔지만 아직 그렇게 가까이 있는 것 같지는 않다. 그러나 이미 우리는 디지털 생활에 깊이 젖어 있고 많은 이들이 그 정도가 지나치다며 걱정한다. 우리는 우리의 관심을 끌고자 경쟁하는 밝은 조명과 대담한 광고, 큰 스크린에 둘러싸여 살고 있는데 이는 감각을 느끼는 방식에 아주 실질적인 영향을 가져온다. 흔히 시각에 더 많이 의존할수록 신체와의 조화는 점점 더 망가진다고들 한다. 촉각과 시각은 오랫동안 비유적으로 서로 대척점에 있었다. 지금부터 알아보겠지만 그것은 이 두 감각이 함께 일하는 방식 때문이었다.

* * *

그로말라는 새를 연상시키는 이목구비에 레게머리를 둥지처럼 얹었고, 태도에 품위가 있지만 내성적이었다. 어깨는 경직되었고 표정은 긴장했으며 모든 단어를 신중하게 고려해서 말했다. 시간이 지나면서 내가 처음에 그로말라의 방어적 성격이라고 해석했던 모습들이 사실은 그녀가 겪고 있는 지속적인 통증에서 온 것임을 알게 되었다. 날마다 출근할 수 있을지를 걱정해야 하고 때로는 침대에 몇 주씩 누워 있게 만드는 통증이었다. 그로말라는 자신의 만성통증 때문에 연구소를 시작했다. 자신처럼 고통받는 사람들을 돕고 싶었고, 자신의 한계를 이해하는 사람들과 함께 일하고 싶었기 때문이다.

그녀가 컴퓨터로 둘러싸인 강의실로 나를 안내했다. 대학원생 한 명이 내가 게임을 해볼 수 있도록 VR 헤드셋 장착을 도와주었다. 만화로 그려진 바위벽이 늘어선 어두운 동굴이 보였다. 고개를 돌리자 화면이 함께 움직였다. 각자의 프로젝트를 작업 중인 학생들로 가득 찬 컴퓨터실이 아니라 애니메이션 속 환경에 둘러싸인 기분이 들었다. 오큘러스Oculus 장비를 처음 써본 나는 익숙해지는 데 시간이 좀 걸렸다. 뾰로통한 표정의 작고 귀여운 유령들이 시야에 나타났다.

다른 학생이 나에게 플레이하는 방법을 알려주었다. 머리를 돌려 유령을 겨냥하면 불덩어리가 발사되는데 그렇게 유령들을 죽여야만 앞으로 나아가며 게임을 계속할 수 있었다. 문득 주변의 시선이 의식되었다. 나는 그들을 볼 수 없지만 그들은 나를 구경하지 않겠는가. 심지어 화면 속에서 내가 얼마나 헤매고 있는지 볼 거라고 생각하니 신경이 곤두섰다. 하지만 이내 정신을 차리고 과제에 집중하기 시작했다. 눈에 보이는 이미지에 맞춰 동작을 조정하느라 몇 초가 걸렸지만 만화 같은 배경에 그랬듯이 금세 익숙해졌다.

몇 차례 불덩어리를 발사해 보면서 나는 내 아바타와 하나가 되었고, 고개를 돌려 유령을 맞히는 것이 신발 끈 묶기보다 쉬워졌다. 아바타와 합체된 상태로 1분 정도 지나자 가상의 물체가 나를 향해 돌진하면 바로 몸을 피하게 되었다. 머리를 급히 숙이거나 몸을 이리저리 움직이는 모습이 다른 이들 눈에 꽤나 우스꽝스럽게 보였을 테지만 현실세계에 대한 관심은 사라진 지 오래였다. 동굴 천장이 낮아서 그런지 무섭고 멀미가 났다. 마음만 먹으면 언제든 그만둘 수 있었지만 일단 전진했다. 동굴 끝에 보이는 불빛을 따라 밖으로 나갔다.

새로운 환경에 들어섰다. 눈이 소복이 쌓인 길이었다. 심기가 불편해 보이는 나무들이 길가에 물결처럼 늘어선 채 가지를 위협적으로 들썩거렸다. 나뭇가지를 정확히 맞히면 나무들이 스르륵 옆으로 비켜나면서 공간이 생겼다. 그로말라가 나중에 내게 말해주었다. "저 나무들은 제 몸속의 성난 신경세포를 시각적으로 표현한 거예요. 가바펜틴Gabapentin이라는 항경련제로 치료 중이죠." 통증이 계속 재발하는 사람들에게 이 게임이 얼마나 큰 힘이 될지 짐작이 갔다. 진짜는 아니지만 주변 환경을 제어할 수 있다는 기분은 그들에게 삶에서 잃어버린 주체성을 제공할 것이다.

"고유감각을 완전히 잃었군요." 내가 헤드셋을 벗고 나오자 그로말라가 말했다. "이 환경 안에 있을 때는 신체 지도가 모호해져요. 제 몸의 테두리가 어딘지도 알지 못하게 됩니다."

만성통증을 치료하는 방법은 1984년 그로말라가 통증을 겪기 시작한 이후 극적으로 발전했다. 그로말라의 통증은 처음에 왼쪽 아래 복부와 신장 쪽에서 욱신대는 느낌으로 시작했다. 그녀는 병원에 가서 자궁내막증, 자궁 석회화, 류머티즘성 관절염과 같은 건강상의 다른 문제를 치료했다. 그래도 통증이 사라지지 않았다. 그 시절에 통증은 부상의 결과일 뿐 그 자체가 문제로 인식되지는 않았으므로 의사도 그저 긴장을 풀라는 말밖에는 달리 할 수 있는 것이 없었다. 그러나 그러기가 쉽지 않았다. 통증이 심해져서 일을 못 하게 되면 어쩌나 하는 걱정에 몇 년을 시달렸다.

병원에서 마침내 만성통증이라는 진단을 내리기까지 14년이나 걸렸다. 그 무렵에는 만성통증에 대한 의학적 이해도 달라졌다. 의학계는 통증 자체를 하나의 질병으로 보았고 통증에 대한 환자의 태도가 통증을 받아들이는 뇌의 방식에 엄청난 영향을 준다는 것을 이해했다. 예컨대 라이벌과 테니스 경기를 치르다가 다친 환자는 상대와 다시 맞붙기 위해 스스로 몸이 나았다고 느낄 수도 있다. 교통사고로 팔이 부러진 환자가 미숙한 운전 실력을 자책하며 통증을 당연한 벌로 생각하는 바람에 통증이 지속되는 경우도 있다. 그로말라는 진통제 외에도 요가나 명상처럼 마음을 진정시키는 방법들을 권유받았다. 겁에 덜 질리자 확실히 나아지기 시작했다.

그로말라는 가상현실이 통증 관리의 사회적, 심리학적 측면에서 새로운 치료법이 될 미래를 믿는다. 그녀는 과학자가 아닌 예술가이다. 그래서인지 그 작용 원리를 정확하게 설명해주려고 더 애썼다. 사람마다 공간 속 자신의 위치를 나타내는 신체도식body schema이라는 정신적 지도가 있는데, 이 지도는 굉장히 유연하다. 도구를 사용할 때는 그 도구가 신체도식의 일부가 된다. 옷도 마찬가지이다. 부피가 큰 재킷을 입고 있을 때는 그에 맞춰 공간 안에서 움직이는 방식이 달라진다. 이러한 정신의 습성은 우리가 새로운 과제와 환경에 재빨리 적응하게 돕는다. 가상현실에서는 아바타를 '자기'로 인지함으로써 신체지도가 한계선까지 확장된다.[2]

이 효과는 사용자에게 1인칭 시점을 부여할 때 생성되지만, 다른 방법으로도 강화할 수 있다. 아바타가 몸과 더 많이 일치할수록, 즉 머리의 위치뿐 아니라 눈과 몸의 움직임, 얼굴 표정까지 일치하게 되면 사용자는 아바타와 자신을 더욱 동일시하게 된다. 가상현실 기술의 정점은 사용자가 실제로 느낄 수 있는 촉각 효과이다. 예컨대 걸을 때 제 몸을 스치는 바람을 느끼거나 손가락 끝으로 유령이 흩어지는 기분을 느끼게 하는 효과 등이다. 현실세계와 자신을 연결하는 고리가 몸의 느낌이라면, 그 느낌을 재현하여 대체하는 것이 환상을 완성하는 열쇠가 된다. 그렇게 되면 사람들이 자신의 몸에서 완전히 떠날 수도 있을 것이다.[3]

완전한 유체이탈 경험의 부정적 결과는 아직 알려지지 않았다. 사람들은 자신이 보는 것과 느끼는 것이 일치하지 않을 때 불편함을 느끼는데, 일부 가상현실 사용자가 헤드셋을 쓰고 있는 동안 멀미를 하는 이유가 그 때문이다. 그러나 이런 부작용을 극복한다고 하더라도 다음 문제가 남아 있다. 이런 착각을 얼마나 오래 지속시킬 것인가 하는 것이다. 두뇌는 몸의 감각이 다시 인지될 때까지 오랫동안 제 눈앞에 있는 것을 믿을지도 모른다. 한편 그 효과가 영원히 지속될 수도 있다. 그렇게 된대도 우리 몸이 계속 필요할까? 가상현실에서라면 몸이 없이도 계속해서 살아갈 수 있지 않을까? 육체가 중요하지 않다면 자기감(自己感)을 어디에 두어야 할까? 허무맹랑한 소리처럼 들릴지도 모르지만 모두 앞으로 전문가들을 바쁘게 만들 문제들이다.

* * *

이 복잡한 문제들의 답을 알아내기 위해 감각이 어떻게 기능하는지 다시 살펴보자. 1842년, 독일의 생리학자 요하네스 뮐러Johannes Müller가 대담한 견해를 발표했다. 감각은 현실을 있는 그대로를 표현하지 않는다는 것이다. 그의 '특수 신경 에너지 법칙law of specific nerve energies'에 따르면 감각기관이 알려주는 것은 외부 세계의 사실보다 신경의 자체적인 구조와 행동에 더 관련되어 있다.[4] 예를 들어 눈이 빛에 반응하는 방식은 시신경의 독특한 특성 때문이다. 그렇다면 우리가 감각을 통해 받아들이는 것은 주변 환경의 전반적인 인상에 대한 이미지이다. 뮐러의 법칙은 '신경은 제가 감지하는 것의 속성을 온전히 전달'한다는 오래된 통념과 크게 어긋나고 인간이 얼마나 오류를 범하기 쉬운지 암시한다는 이유로 다소 논란이 되었다.

뮐러의 법칙은 모든 감각에 적용된다. 독일과 미국에서도 동시대 연구자들이 인간 피부를 실험하여 비슷한 이론을 내놓았다. 스웨덴의 저명한 생리학자 마그누스 블릭스Magnus Blix는 자신의 팔목과 팔뚝에 작은 핀으로 낮은 강도의 전류를 흘려보았는데, 신기하게도 피부의 특정 지점에서만 열기를 느꼈다. 핀을 아주 조금 옆으로 움직였더니, 같은 자극을 받고도 이번에는 냉기를 느꼈다. 피부의 민감도가 균일하지 않다는 뜻이다. 피부는 여러 종류의 감각에 상응하는 구역이 패치워크처럼 구성되어 있다. 블릭스를 비롯한 여러 과학자가 가벼운 터치와 압박 그리고 통증 감지를 포함해 감각적으로 특수화된 구역의 지도를 만들었다. 이들은 차가움, 부드러움, 울퉁불퉁함, 날카로움이라는 감각이 모두 몸에 내장된 기계가 만들어 낸 산물이고 촉각 경험은 거기에 생기를 불어넣는 신경 구조에 따라 결정됨을 발견했다.

감각끼리 조율하는 방식 또한 신경계에 의해 통제된다. 우리의 자기감은 뇌, 척수, 감각기관은 물론이고 호흡이나 심장박동 같은 내부 신호 사이의 관계로 형성되는 가공의 산물이다. 전통적인 오감 중에서 촉각과 시각은 자아의식에 가장 핵심적이다. 인간이 어떻게 자신을 주변 환경과 분리된 존재로 인식하는지 생각해 보자. 바로 촉각과 시각이 일치할 때이다. 제자리에서 뛰어오를 때 우리는 몸의 움직임을 느끼는 동시에 눈으로도 위아래로 이동하는 장면을 본다.[5] 촉각은 실제로는 두 부분으로 나눠진 감각이다. 외부 환경은 물론이고 그 환경이 우리에게 어떻게 영향을 주는지까지 알려준다. 서 있을 때 우리는 바닥의 단단한 표면과 살의 눌림을 동시에 느낀다. 앉아 있을 때도 가구 위에서 자신의 자세를 보는 동시에 피부로 압력을 느낀다. 촉각과 시각은 서로의 진실을 검증한다.

두 감각의 자연스러운 협력은 철학자와 과학자의 관심을 한 몸에 받았다. 수 세기 동안 이 두 감각이 얼마나 깊이 연결되었는지 파헤치는 사고실험이 진행되었다.[6] 1688년, 아일랜드 더블린의 정치인이자 지식인이었던 윌리엄 몰리뉴William Molyneux는 혼인한 지 얼마 안 되어 아내가 시력을 잃자, 철학자 존 로크에게 서신을 보내어 태어날 때부터 눈이 보이지 않아 촉각으로 물체를 식별해 온 사람이 시력을 회복한다면 같은 물체를 눈으로 보고도 알아차릴 수 있을지 물었다. 다시 말해 어렸을 때 연습하지 않고도 나중에 자연스럽게 두 감각의 통합이 이루어질 수 있겠냐는 질문이었다.

그 답이 "예"라면 촉각과 시각은 내부적으로 서로를 연결하는 논리를 공유하고 있어야 한다. 답이 "아니요"라면 그건 자라면서 학습 과정을 통해 뇌가 둘을 함께 엮어내는 방법을 익힌다고 추론할 수 있다. 로크는 "아니요"라고 답하면서 시력을 회복한 사람이 만져서 느꼈던 것과 새롭게 눈으로 보게 된 것을 저절로 연결하지 못할 거라고 말했다. 신체 동작과의 연관성 때문에 촉각은 본질적으로 3차원적 감각인 반면에 시각은 2차원적이다. 구체를 윤곽이 있는 물체로 인식하기 전까지 그것은 그저 '다양하게 그림자가 드리워진 원'일 뿐이다. 부피를 해석하는 것은 보기와 만지기를 동시에 했을 때만 가능하다. 로크는 이렇게 말했다. "앞이 보이지 않던 사람이 처음 눈을 떴을 때, 보기만 해서는 처음에 어떤 것이 구체이고 어떤 것이 입방체인지 확실히 말할 수 없다. 그러나 촉각을 사용하면 둘의 이름을 틀리지 않게 맞히고, 손에서 느껴지는 형상의 차이를 통해 확실히 구분할 수 있을 것이다."[7]

로크가 답을 보낸 후, 몰리뉴의 질문은 철학계에 퍼졌고 몇 년에 걸쳐 다양한 해석이 등장했다. 1700년대 초기에 활동했던 아일랜드의 철학자 조지 버클리George Berkeley도 로크의 견해에 동의했지만 이유는 달랐다. 로크는 감각이 개별 감각기관에서 경험한 사실에 기반해 추론된 정보라고 가정했다. 각 감각은 저마다 다른 방식으로 대상에 접근한다는 것이다. 반면 버클리는 감각이 물리적 현실과 무관하다고 보았다. 감각에 존재하는 것만이 감각이 말해줄 수 있는 전부이고, 거리distance는 사실 눈에 보이지 않는다는 것이다. 그는 시각과 촉각이 바나나의 맛과 모양처럼 일치할 수 없다고 주장했다.

같은 시기에 스코틀랜드의 철학자 토머스 리드Thomas Reid는 로크처럼 감각이 현실을 있는 그대로 나타낸다고 말했다. 이는 로크나 버클리처럼 그가 몰리뉴의 질문에 부정적인 결론을 내렸다는 뜻이다. 왜냐하면 시각은 3차원이 아닌 2차원으로 대상을 보기 때문이다. 그러나 그는 경고를 덧붙였다. 질문 속 맹인이 마침 2차원 도표만 보고도 부피가 있는 물체를 연상하는 수학자였다면 곧바로 입체감을 알 수 있을 것인데, 그것은 이론에 대한 지식일 뿐 체험이 아니라는 것이었다.

소수의 철학자는 몰리뉴의 질문에 긍정적인 입장을 취하여 맹인은 자신이 본 것과 과거에 느낀 것을 자동으로 연결한다고 주장했다. 독일의 논리학자, 수학자이자 자연철학자인 고트프리트 라이프니츠Gottfried Leibniz가 대표적이다. 그는 입방체가 보이는 방식이나 만질 때의 느낌에 근거해 뇌가 두 감각이 같은 물체의 공유된 특징을 관찰하고 있다는 추론을 신속하게 해낼 것이라고 생각했다. 즉, 몰리뉴의 질문은 음식의 생김새를 맛과 연관 짓는 것과 전혀 다른 문제라는 말이다.

최근 몰리뉴의 질문이 철학을 벗어나 과학 실험실에서 연구되었다. 2011년, 《네이처 뉴로사이언스Nature Neuroscience》에는 MIT 소속 두 인지과학자가 프라카시 프로젝트Project Prakash라는 인도의 인도주의 단체를 통해 시력을 회복한 선천적 시각장애인 세 명을 대상으로 한 실험이 소개됐다.[8] 수술 후 48시간이 지나 붕대를 제거했을 때, 그들은 레고를 만져보고는 그것이 무엇인지 쉽게 알아챘다. 그러나 같은 레고 조각을 눈앞에 세워두었을 때는 금방 알아보지 못했다.

피험자들은 시각과 촉각을 연결하는 연습을 하면서 며칠 만에 연상 능력이 향상되었다. 그 말은 본 것과 만진 것을 짝 짓는 법을 학습해야 했다는 것이다. 마침내 몰리뉴가 질문의 답을 찾은 것 같았다. 처음부터 로크가 옳았던 것이다. 그러나 이 실험 자체를 문제 삼는 사람들이 나타나기 시작했다. 시각과 촉각을 통해 레고 블록을 소개하는 방식이 달랐다는 것이다. 촉각의 경우 손으로 블록을 움직이는 것이 허락되었다. 그러나 시각을 테스트할 때는 블록을 오직 한 각도에서만 보여주었다. 또한 피험자들의 연상 능력이 향상된 이유가 감각을 해석하는 능력이 개선되어서가 아니라 붕대를 풀고 나서 시간이 지나 시력이 더 나아졌기 때문인지도 명확하지 않았다.

이 결과의 진실에 상관없이 우리는 촉각과 시각이 서로 긴밀하게 협력하여 설사 둘의 협업이 자동적이지는 않더라도 꽤 빨리 학습될 수 있다는 것을 안다. 하나를 잃으면 다른 하나가 대신한다. 시각장애인은 자신에게 없는 시각을 촉각으로 벌충한다. 촉각을 잃은 극소수의 사람들도 시각을 사용해 버텨낸다. 그러나 몰리뉴의 질문은 여러 이유로 논의가 계속된다. 첫째, 보통 사람들도 직관적으로 접근할 수 있는 문제이다. 둘째, 철학의 여타 질문과 달리 과학이 해결할 여지가 있다. 셋째, 이 질문은 감각 그리고 감각과 사실의 연관성에 관해 흔히 느끼는 당혹감과 연결된다.

그 뿌리에는 촉각과 시각이 동일한 물체를 대상으로 한다는 전제가 깔려 있다. 그러나 가상현실에서처럼 그 둘이 같은 페이지에 있지 않을 때도 있다. 촉각과 시각이 서로 다른 이야기를 하기 시작하면 뇌는 극도로 불편해지고 어떤 감각을 믿을지 마음대로 결정해 버림으로써 메시지의 조화를 추구한다. 눈과 촉각의 경쟁에서는 언제나 눈이 이긴다. 눈으로 보는 것을 믿는 경향이 큰 이유는 시각이 촉각보다 뇌의 계산 능력을 더 많이 차지하기 때문이다. 촉각겉질은 8퍼센트에 불과하지만 시각겉질은 30퍼센트에 이른다. 물론 여기에는 고유감각이 포함되지 않으므로 완전한 비교라고 볼 수는 없다.[9]

시각 이미지의 편을 들기 위해 뇌는 촉각이 보내는 메시지에 침묵한다. 새로운 환경에 집중할 수 있도록 옷의 마찰이나 팔다리의 긴장과 같은 느낌을 꾸준히 무시하는데, 그러면서 자연스럽게 촉각을 경시하는 경향이 생긴다. 눈앞에 보이는 것들로 인해 자기도 모르게 새로운 존재에 사로잡히고, 거기에 시간을 더 투자할수록 진정한 몸의 실감은 점점 더 느끼지 못한다. 사람들은 자기 자신을 확고하고 견고한 존재로 볼지 모르지만, 머릿속의 형상은 언제나 유동적이다. 확고한 진실이라 믿었던 것조차 사실은 환상이었다면 두렵기 짝이 없지 않은가. 참으로 인간은 자기기만 능력이 탁월한 동물이다.

오류에 빠지는 경향은 감각 지각에 국한되지 않고 개인적 삶까지 확장된다. 감각은 흔히 은유의 대상이 되기도 하거니와, 사람이 자기가 보고 느낀 것만을 믿었을 때 어떤 잘못에 빠지는지 묘사하는 문학작품에서도 감각 간의 관계가 활용된다. 가장 고전적인 예시로는 맹인과 코끼리에 관한 이슬람 수피의 이야기가 있다. 한 무리의 맹인이 각자 코끼리의 다른 부위를 만지고 자신이 알아낸 내용을 설명한다. 누구는 꼬리를, 누구는 다리를, 또 누구는 코를 잡았다. 모두 자신의 고유한 관점과 주관적인 경험으로 코끼리를 접했을 뿐 전체를 정확하게 파악하지는 못했다. 이 이야기는 촉각이 틀릴 수 있다고 말한다. 이들에게 시력이 있었다면 한 걸음 뒤로 물러서 정확하게 큰 그림을 보았을 것이다.

반대로 시각에 지나치게 의존한 나머지 촉각에 주의를 기울이지 않은 결과를 경고한 예술가도 있다. 예를 들어 17세기 시인 존 밀턴John Milton은 논란을 일으킨 정치 논평을 쓰고서 눈이 멀었다는 이유로 비평가들에게 조롱을 받았다. 눈이 보이지 않는 것을 무지와 동일시한 것이다. 밀턴은 오히려 자신의 눈이 멀었기 때문에 그들보다 현실을 더 제대로 파악할 수 있다고 반격했다. 눈이 보여주는 환상에 흔들리지 않고 더 깊은 진실에 바탕을 둘 수 있기 때문이다. 그는 다음과 같이 썼다. "눈이 먼 것에 관해, (…) 그래야 한다면 차라리 너의 눈보다 (…) 보이지 않는 내 눈을 선택하겠다. 가장 깊은 감각을 익사시키는 너의 눈은 온전함과 확실함을 앞에 두고도 네 마음을 눈멀게 만든다. 하나 네가 그토록 책망한 나의 눈은 사물의 색과 표면만 보지 못할 뿐이다."[10]

같은 주제가 셰익스피어의 『리어왕』에도 등장한다. 권력가 글로스터 백작은 신실한 줄 알았던 적자가 자신을 죽일 음모를 꾸몄다는 말을 서자로부터 듣는다. 귀가 얇았던 백작은 복수하고자 아들의 뒤를 쫓는다. 극의 후반부에 정적들에게 눈을 잃고 성 밖으로 내쳐져 시골을 떠돌게 된 백작은 그제야 자신이 얼마나 큰 실수를 저질렀는지 깨닫는다. 앞을 볼 수 있을 때 아들의 정직함을 보지 못했다는 것을 알게 된다. "눈으로 볼 때는 넘어졌지." 극 말미에 그가 회한에 차서 하는 말이다. 두 눈을 뽑히고 나서야 진실을 깨닫게 된 것이다.[11]

시각과 촉각은 각각 정신 대 육체, 외부의 진실 대 내면의 현실을 대변한다. 앞서 언급한 작가들은 우리 삶에서 이런 가치를 어떻게 고려해야 할지 말하려 했다. 그리고 눈이 넓고 객관적인 관점을 주지만, 충분히 왜곡될 수도 있음을 지적했다. 시각에만 의존할 때 통제의 중심은 몸의 바깥에 있다. 우리는 대체로 연막에 불과한 주변 사람의 이야기, 또는 매체나 마케팅에 점점 더 쉽게 영향받고 있다. 그리고 거기에 동의하지 않는다고 외치는 직감에는 귀를 기울이지 않는다.

* * *

우리 몸에서 일어나는 촉각과 시각의 대립을 단적으로 보여주는 고전 실험의 하나가 1998년에 발표된 고무손 착각 현상이다. 피험자를 한 손은 보이고 다른 한 손은 커다란 가림막에 가려 보이지 않는 채로 앉게 한다. 보이지 않는 손이 있어야 할 자리에 고무로 만든 가짜 손이 있다. 이제 실험자가 깃털로 고무손과 피험자의 숨은 손을 같은 속도로 쓰다듬으면 피험자는 눈으로 보고 있는 고무손에 감정적 애착을 느낀다. 생명이 없는 물체라는 걸 알면서도 고무손을 제 몸의 일부로 느끼게 되는 것이다. 이 착각의 트릭은 촉각과 시각이 동시에 활성화된다는 데에 있다. 그 둘이 조화로울수록 착각은 더 잘 일어난다.

이 착각은 대단히 강력해서 실험자가 고무손을 망치로 내려치려고 하면 피험자는 저도 모르게 감춰진 손을 움츠린다. 물론 이성적으로는 다치지 않는다는 것을 잘 알고 있는데도 말이다. 바로 내가 오큘러스를 쓰고 들어간 가상 환경에서 위험을 피하려고 몸을 숙인 것과 같은 행동이다. 정신이 고무손과(내 경우에는 아바타와) 자신을 동일시한 나머지 생리적 변화가 일어난다. 머릿속에서 고무손으로 대체된 손은 곧 차가워진다. 체온이 조절되지 않는다는 뜻이다. 또한 히스타민 반응성이 증가하는데, 이는 면역계가 진짜 손을 교섭 대상으로 생각하기 시작했다는 암시이다. 말 그대로 진정한 자신과의 접촉을 잃어버리는 것이다.[12]

하트퍼드셔 대학교의 부교수인 폴 젠킨슨Paul Jenkinson은 최근 고무손 착각 현상의 후속 연구를 진행하면서 착각을 가장 잘 일으키는 터치를 찾아냈다.[13] 고무손을 괴롭히거나 불안하게 하는 터치는 부드럽게 쓰다듬는 것만큼 효과적이지 않았다. 이 결과로 연구진은 사랑하는 사람의 애정 어린 손길은 상대가 자기감을 느끼게 돕는다고 믿게 되었다. 심지어 상대를 아끼는 손길은 그 사람이 시각이 만든 착각에 휩쓸리지 않게 하는 방법이 될 수도 있다.

다음으로 젠킨슨은 신경성 무식욕증, 소위 거식증 환자에게 고무손 착각을 시도했다. 건강한 또래집단과 비교했을 때 거식증 환자는 다정하게 쓰다듬는 손길을 덜 즐겁게 받아들였는데, 그것은 아마도 보상 시스템의 오작동으로 내면의 감각보다 몸의 시각적 이미지에 자신을 더 동일시하기 때문일 것이다. 고무손 착각을 유도했을 때 그들은 평균치보다 더 쉽게 받아들였고, 몸에 대한 정신적 재현도 더 쉽게 영향받았다. 왜냐하면 몸의 실제 느낌에서 상쇄 효과를 받지 못했기 때문이다. 그 이후로 진행된 여러 소규모 연구는 거식증 환자에게 터치 치료를 통해 내적인 몸 상태를 다시 인식하게 함으로써, 고무손 착각의 수용성을 낮출 수 있음을 밝혔다.[14]

과거 거식증을 앓은 적이 있는 레이철 리처즈Rachel Richards는 회고록 『삶이 고프다Hungry for Life』에서 자신이 회복하는 과정에 겪었던 증상을 자세히 증언했다.[15] 이직을 준비하며 마사지 학교에 들어갔을 때의 일이다. 당시 리처즈는 40대였고 수십 년간 섭식장애로 고생하면서 초기 골다공증 증세까지 보이던 터였다. 옷을 벗은 채로 다른 수강생이 자신의 몸으로 마사지 연습을 하게 한다는 사실에 긴장했지만 리처즈는 이를 악물고 수업에 들어갔다. 처음으로 마사지를 받은 후, 그녀의 몸은 이미 전보다 훨씬 더 존재감을 드러냈다. 그녀는 자신의 심장박동, 또는 대화의 피로 등 작은 변화들을 알아차리기 시작했다. 아주 오랫동안 자신이 억눌러 왔다고 생각한 느낌이었다. 더 중요한 변화는 자신의 몸을 즐거움의 원천으로 보게 되었다는 점이다. 그리고 거울에 보이는 것 대신 자신이 느끼는 것을 신뢰하기 시작했다.

"저는 제 몸과 오랫동안 분리된 채 살았어요. 배가 고프다는 신호, 피곤하다는 신호를 무시하면서요." 리처즈가 말했다. "애정 어린 손길을 받기 시작하자 시스템 전체가 다시 함께 일하기 시작했어요. 몸과 마음이 더 이상 분리되지 않았죠."

이 연구는 건강에 대한 중요한 의의가 있다. 몸의 느낌이 반사적으로 단절되어 나타나는 질환에 거식증만 있는 것은 아니다. 트라우마 피해자는 몸의 불안을 위협으로 느끼면서 이를 아예 무시하는 경우가 왕왕 있다. 만성통증 환자의 마음 또한 다친 신체 부위를 거부하도록 환자를 속인다. 그 부위를 담당하는 뇌의 구역이 줄어들면 환자가 필요한 관심을 기울이지 못하게 될 수도 있다. 약물 복용 역시 편치 않은 느낌을 마비시키는 한 방법이다. 몸 안팎의 중재자인 피부를 잘 구슬린다면, 우리가 무시하고 있을지도 모를 내적인 감각에 주목하고 감각을 다시 정상화하는 데 도움이 될 것이다.

경우에 따라 시각에 대한 타고난 편애를 이용해 감각하는 방식을 바꿀 수 있다. 사우스오스트레일리아 대학교 임상신경과학 교수인 로리머 모즐리Lorimer Moseley에 따르면 손에 장기적인 통증을 느끼는 사람들은 손에 신경을 쓰지 않을 때보다 손을 똑바로 보고 있을 때 통증과 부기를 더 느낀다. 마찬가지로 동일한 손을 확대경으로 보면 통증이 증가한다.[16] 반대로 쌍안경을 거꾸로 대고 손을 더 작고 멀어 보이게 하면 통증이 감소한다. 손은 그대로이지만 환자의 뇌는 보이는 것에 기초하여 거짓 이야기를 만들 수밖에 없기 때문이다.

이 트릭을 치료에 사용하는 한 가지 방법은 널리 알려진 거울 상자 착시이다. 이 방법으로 환지통 환자를 치료한다. 안에 거울이 달린 상자에 정상적인 팔을 넣고 움직이면, 환자는 거울에 비치는 이미지를 보고 두 팔이 모두 정상적으로 움직인다고 착각하게 된다. 이 착각이 뇌를 속여서 자신이 치료되었다고 생각하게 만들면서 통증은 줄어든다.

그로말라의 가상현실 게임은 이런 현상을 활용하는 또 다른 예다. 오랜 통증 환자로서 그로말라는 더 많은 사람들을 치료할 방법을 만들고 싶지만 그렇다고 허황된 약속을 하고 싶지는 않았다. 그래서 현재 그녀는 광범위 유해억제조절diffuse noxious inhibitory control 테스트를 사용해 이 치료법이 일관되게 성공하는지 시험하고 있다. 이 테스트는 피험자가 손을 얼음물에 담그고 얼마나 오래 냉기를 견디는지 측정한다. 통증은 분명 촉각의 이해하기 까다로운 측면이지만 바늘로 찔리는 느낌이나 물의 냉기처럼 몸 밖의 물체에 대해 알려줄 수 있다. 그러나 순수하게 몸 내부에서 일어나는 통증도 있다. 사람들은 대부분 이 내부의 통증이 촉각과 관련이 없다고 생각하지만 실제로는 두 가지가 서로 연관되어 있으므로 냉기를 통증의 대용물로 사용할 수 있다. 그로말라는 시뮬레이션 게임 전과 후에 피험자를 테스트하여 시뮬레이션 후에 얼음물의 냉기를 더 잘 참는지 확인한다. 실제로 많은 이들이 가상현실 게임 후에 더 오래 버티는 것으로 나타났다.

그로말라의 권유로 나도 한번 시도해 보았다. 얼음물이 든 양동이에 오른손을 넣고 최대한 참으면 됐다. 처음에는 자신만만했다. 페이스북에서 아이스버킷 챌린지Ice Bucket Challenge 가 유행할 때 친구들이 얼음물을 뒤집어쓰는 모습을 본 기억이 있는지라 상대적으로 대수롭지 않을 거라고 생각했다. 하지만 10초 만에 내가 얼마나 오만했는지 깨달았다. 마치 물에 달린 이빨이 손가락에 작은 구멍을 100개도 넘게 뚫는 것 같았다. 몇 초 만에 손이 마비되었지만 마음은 질주했다.

이러다 신경이 죽지 않을까? 손가락이 떨어져 나가면 어쩌지? 마침 양동이에 눈이 갔다. 빨간색과 초록색으로 예인선과 사슴이 그려진 것이 아무래도 실험 장비로는 보이지 않았다. 예술가인 그로말라가 이 실험의 장기적인 부작용을 모르고 있는 것은 아닌지? 물론 나도 과잉반응인 줄은 알고 있지만 고통의 피드백 순환이 계속되었다. 잡념이 통증의 불쾌감을 증가시키고 그것이 다시 불안을 유발했다. 그로말라에게 사람들이 보통 얼마나 버티느냐고 물었다.

"별로 길지 않아요. 30초를 넘지 못하죠."

나는 적어도 평균은 넘을 때까지 초를 세고 손을 뺐다. 정확히 38초였다. 나는 공식적인 피험자가 아니었으므로 비교를 위한 사전 시험은 하지 않았다. 하지만 결과를 보니 몇 분이나마 아바타로 살았던 것이 좀 더 버티는 데 일조했을지 궁금했다. 가상현실에서 1시간 정도 보내고 난 후였다면 몇 초나 더 버틸 수 있었고 또 얼마나 더 몸이 분리된 기분을 느꼈을까? 가상현실 경험을 되새기면서 나는 내가 스크린 속 아바타와 얼마나 빨리 하나가 되었는지보다 그 착각을 일으키기 위해 어떤 느낌을 억눌렀을지에 더 골몰했다.

* * *

그로말라의 작품을 오늘날 디지털 세계의 축소판이라고 할 수 있는 이유가 무엇일까? 고도로 시각화된 오늘날의 문화에서 촉각이 겪는 실질적인 결과가 있다. 우리의 가장 빈번한 활동 하나를 생각해 보자. 스마트폰을 보는 것 말이다. 사람이 북적대는 식당 한가운데 있어도 상관없다. 다른 사람들의 대화를 듣지 않고, 주방에서 흘러나오는 냄새를 맡지 않는다. 주변의 모든 것이 초점에서 흐려진다. 모두 놀랍지 않은 일들이다. 사람들과 거리를 두려고 일부러 스마트폰을 보기도 한다. 스마트폰은 자신이 지금 바쁘다는 것을 알리기 위해 사람들 사이에서 갖춰 입는 갑옷이다. 하지만 그러면서 제 몸의 일부를 잘라내고 있다는 사실은 아마 깨닫지 못할 것이다. 화면의 밝은 조명을 바라보고 있을 때 다른 감각 인식은 모두 존재하지 않는다. 심지어 가장 기초적인 신체 기능조차 정상적으로 작동하지 않는다.

우리는 침을 자주 삼키지 않고 숨을 고르게 쉬지 않는다. 몸은 마비되어 그저 공간을 떠도는 뇌가 된다. 아바타 안에 들어간 것은 아니지만 그렇다고 오롯이 자신 안에서 사는 것도 아니다. 깨닫지 못할 뿐 시간이 지나면서 육체와의 단절은 긴장감으로 이어진다. 우리의 본능은 신체접촉의 가치를 알고 있고 우리가 무엇을 잃어버리는지도 잘 알고 있다. 손으로 일하던 시절에 그리움을 느끼고, 사랑하는 사람들과 육체적으로 더 가까워지기를 꿈꾼다. 그리고 자연의 순환에 보조를 맞추지 못한다고 한탄한다. 그런데도 우리는 이런 느낌을 무시하고 계속해서 스크롤을 움직이고 클릭을 한다. 그러면서 자신을 온전한 사람이 아닌 투영된 존재로 여긴다.

이런 문화적 움직임에 대한 대응으로 디지털 디톡스^{digital detox}를 주제로 한 책들이 등장했다. 저자들은 그들이 팔아온 믿음, 즉 활발한 온라인 생활이 성공과 행복의 지름길이라는 신념이 사실 불행으로 가는 열차가 아니었는지 궁금해한다. 스토리는 거의 같다. 전자기기를 치우고 자연으로 돌아갔고, 나 좀 봐달라는 알림이 뜨지 않아 정신이 차분해졌다고. 또 춤,

공예, 또는 단지 걷는 것만으로 지금껏 억눌렀던 감각, 특히 촉각을 되찾기 시작했고, 그동안 인식되지도 충족되지도 못했던 내면의 필요에 보다 관심을 갖게 되었다고 말이다. 이 이야기들은 모두 감각의 균형을 회복하자고 주장한다.

《뉴욕타임스》에 실린 〈중독을 멈추는 캠프로 가는 여행〉이라는 제목의 기사에서 매트 하버Matt Haber는 디지털 디톡스 가운데 가장 잘 알려진 캠프 그라운디드Camp Grounded에 참가한 후기를 실었다. 본질적으로 성인 히피들의 여름 캠프나 다름없는 이 행사에서 하버는 명상 호흡 워크숍에 참여했다. "머리를 파트너의 오른쪽에 두어 심장이 맞닿고 호흡이 일치하도록 포옹하는 법을 배웠다."[17] 그는 해먹에서 잠자고 춤을 추고 얼굴에 페인트칠하며 지낸 이야기도 썼다. 이런 활동은 모두 체화된 경험으로의 회귀를 상징한다. 잡지 《뉴욕》에 〈나는 원래 인간이었다〉라는 제목으로 실린 칼럼에서 앤드루 설리번Andrew Sullivan은 소셜미디어를 떠나 묵언수행을 하며 보낸 시간에 관해 썼다. "마치 제 뇌가 추상적으로 존재하던 먼 곳을 떠나 가까이 만질 수 있는 곳으로 돌아오는 것 같았습니다."[18]

우리는 컴퓨터와 스마트폰에서 떨어져 지낸다고 해서 꼭 현실로 복귀할 수 있는 것은 아님을 알고 있다. 손에 화면이 쥐어지기 전에는 모든 사람이 완벽하게 자신과 일치하여 살았다는 뜻도 아니다. 내적 세계와 외적 세계 사이의 공간을 중재하는 다른 기술들이 오래전부터 있었고, 그 이전에도 사회적 기대를 경험하며 살았다. 사람들은 언제나 타고난 본성대로 사는 것과 사회적 요구에 순응하는 삶 사이의 어디쯤에 존재해 왔다. 소셜미디어는 이런 갈등의 가장 최신 버전이며, 가장 눈에 띄는 반복일 뿐이다. 그러나 이들 에세이가 암시하는 메시지는 진실한 것 같다. 우리가 자신으로부터 제 일부를 숨김으로써 느끼는 불편함은 감각의 구조를 통해 바로 추적할 수 있다. 그것은 바로 시각에 편향되어 촉각을 잃는 것이다.

보스턴 칼리지 철학과 교수인 리처드 키어니Richard Kearney는 감각에 대한 최근의 경향에 관심을 기울여 왔다. 그는 우리 시대를 탈육신 시대, 즉 자신의 몸 밖에 사는 시대라고 부른다. 내가 스카이프로 인터뷰할 당시 키어니는 이미 권위 있는 사회 참여 지식인이었다. 오디오북 성우를 해도 좋을 만큼 목소리가 좋고, 잘 알려지지 않은 철학자들의 문장을 즐겨 인용하는 사람이었다. 키어니는 인간을 위한답시고 만든 기술이 얼마나 인간을 서로에게서 멀어지게 하는지 수많은 예를 들었다.

치료사는 소파 대신 온라인에서 세션을 진행한다. 외과 의사는 디지털 방식으로 로봇을 사용해 수술한다. 전쟁의 작전도 병사들이 카메라로 몇 주간 표적을 추적한 다음 버튼을 눌러 공격하는 원격 방식으로 수행된다. 사람들은 직접 만나는 것보다 문자 메시지로 더 자주 소통한다. 한 사람의 사회적 지위는 소셜미디어에 올린 글에 달린 '좋아요' 수로 결정된다. 우리는 나의 운동, 나의 스트레스 지수, 나의 수면, 나의 생산성, 나의 식단을 앱으로 모니터한다. 우리 몸이 제 웰빙에 대해 피력하는 바에는 귀 기울이지 않고, 이런 중요한 기능을 한낱

기술에 의탁한다.[19]

온라인 데이트는 주로 시각에 의존해 짝을 찾는 프로그램이다. 유저들은 사진과 프로필을 보고 파트너와의 궁합을 판단한다. 실제로 만나기 전에 온라인 채팅을 하고 심지어 성관계에 관한 협의까지 끝낸다. 이런 결정에는 몸이 아닌 이미지를 보여주는 데에서 오는 자신감이 작용하는데, 특히 내성적이거나 낙인찍힌 성적 지향을 지닌 사람들 그리고 대면해서 자신을 드러내기 어려운 사람들에게 유용하다. 이곳에서는 거절의 상처를 직접 마주하지 않아도 된다. 그러나 유저들이 자신의 진짜 성격을 은폐하거나 왜곡할 여지가 많고, 그들은 자신을 알리기보다 보호하는 것에 우선순위를 둔다.

사람들이 온라인 카탈로그를 넘기면서 눈에 보이는 것에 소망을 투영하는 곳에서는 서로에게 진정으로 취약해질 기회가 거의 없다. 우리는 자유롭게 '터치'할 수 있지만 아무도 나를 만질 수 없는 상태로 남길 바란다. 반면 친밀감을 향한 느리고 축축한 발걸음의 이점은 그것이 서로를 오롯이 느끼게 해준다는 것이다. 우리는 논리적 사고와 이성으로만이 아니라 육체와 본능으로도 생각한다. 함께 시간을 보내며 교류를 통해 마음을 열어야 상호적인 관계라는 느낌을 받을 수 있다. 게다가 현대인의 성행위는 포르노에 나오는 방식에 크게 영향받고 있다. 포르노는 이미지에 집착하는 문화를 그대로 반영한 산물이다. 포르노는 실재하는 인간의 복잡함을 다루지 않고도 성적 충동을 충족하고 싶다는 욕망에서 출발한 것으로, 진정한 의미

에서의 육체적 즐거움이 아닌 시각적인 자극만을 주도록 설계
되었다.[20]

"촉각에 대한 의식이 사라지고 있습니다." 키어니가 우려를
표했다. "애무하고 구애하고 춤추는 것이 모두 한물간 유행처
럼 보이죠. 저도 인터넷 등등에 전적으로 찬성합니다만, 분명히
잃어버린 것이 있어요. 되찾을 수 없는 것은 아니지만요. 촉각
이 아닌 시각이 사람들의 몸을 주도할 때 노출되는 것은 화면
뒤의 진짜 모습 그대로가 아닙니다."

의학도 눈 중심의 경향성을 유지한다. 의사는 환자를 검
사하고 치료 방식을 논의할 때 적절히 거리를 두어야 하고, 진
단을 내릴 때 촉각 대신 기계로 촬영한 이미지를 주로 사용한
다. 의사가 상담이나 터치를 통해 환자의 통증을 달래던 치유
사이기도 했던 시대는 오래전에 끝났다. 촉진은 얼마 남지 않
은 촉각 의식이지만 그마저도 위험에 처했다. 촉진은 단지 림
프샘과 반사작용을 확인하는 것이 아니라, 서두르지 않는 관
심과 보살핌을 나타내는 미묘한 신호이며 환자와 의사 사이의
신뢰와 유대를 나타낸다. 심리적 영향은 생각보다 훨씬 중요하
다. "환자를 만지지 않는 의사가 되는 것도 가능하겠지만 그게
최선은 아니겠지요." 키어니가 말했다.

요약하면 마음속에 육신을 가진 인간으로 존재하지 못하
면 내면의 욕구를 충족하기보다 외모와 외적인 검증에 더 신
경을 쓰게 된다는 것이 키어니의 주장이다. 다른 사람들을 덜
세심하게 대하게 된다는 말이다. 우리 자신을 재조정하면 많

은 사회적 가치가 달라질 것이다. 가장 시끄럽고 가장 눈에 띄는 존재가 되려고 애쓰는 대신 가장 섬세한 사람이 되려고 할 것이고, 눈으로 볼 수 있는 보편적 진실보다 주관적이고 감정적인 경험을 더 중요시할 것이다. 키어니는 우리가 고도로 시각화된 존재로 변해가는 과정에서 자신이 누구이고 무엇을 원하는지에 담긴 진실을 부정하고 있으며, 아마도 그렇게 불행의 나락으로 떨어지고 있다고 생각했다.

"균형의 문제입니다. 사람들과 서로 껴안고 손을 잡고 팔짱을 끼면서 함께하세요. 과거로 돌아가라거나 나무를 껴안으라는 게 아닙니다. 단지 보정을 하자는 것이죠."

그도 다른 칼럼니스트들처럼 감각의 평형으로 돌아가기 위해 장기적으로 할 수 있는 실질적인 대안을 제시하지는 못했다. 사람들과 함께하고 더 많이 껴안으라는 요구가 아주 쉽게 행할 수 있는 작은 변화처럼 들릴지도 모른다. 그러나 삶 전반에서 받아온 무의식적인 메시지가 촉각을 천하고 불필요한 감각이라고 세뇌하고 있다면 이런 작은 변화조차 대단히 급진적이다. 변화하려면 현재 우리가 촉각에 관해 아는 것을 잊어야 하고 또 지속적으로 위기감을 상기해야 한다. 그러지 않으면 자꾸만 평소의 습관으로 돌아갈 것이다. 물론 주위 사람들이 얼마나 협조할지도 알 수 없는 노릇이고.

5장
신체접촉 혐오를 극복하려면

이제 나 자신의 촉각 세계에 새롭게 접근할 준비가 되었다. 지극히 사적인 영역에서부터 시작해 보려 한다. 바로 타인의 몸을 만지는 것에 대한 두려움이다. 〈웨스턴 마사지 I〉 수업 첫 시간, 전직 전문 댄서이자 강단 있는 남성 강사인 앨 터너 Al Turner가 눈을 반짝이며 우리를 한 줄로 세웠다. 무릎을 살짝 구부리고 발꿈치에 무게를 실어 왼쪽에서 오른쪽으로 뽐내듯 걷는 동작을 보여주더니 앞으로 마사지에 사용할 큰 곡선 동작이라면서 이 '말춤'을 따라 하게 했다. 이 동작은 다리의 강한 근육과 복부 코어를 비롯해 몸 전체를 사용하므로 마사지를 할 때 유려하게 움직이고 작고 연약한 손가락뼈를 보호할 수 있게 한다.

준비는 그것으로 끝이었고 바로 본격적인 수업에 들어갔다. 터너는 둘씩 짝을 짓게 하더니 파트너에게 이 동작을 연습하라고 했다. 내 짝은 몸매가 풍만한 요가 강사 엘레나였다. 엘레나가 먼저 마사지 침대에 누웠다. 터너는 팔의 뒷부분부터 시작해 다리로 이어지는 순서로 파트너의 몸을 만지게 했다. 그러면서 상대의 몸이 긴장하는지 이완하는지, 따뜻한지 차가운지 등에 주의를 기울이며 잘 살피게 했다. 우리는 상대의 반응을 보며 몸이 움찔하는지 호흡이 느려지는지 관찰해야 했다. 나는 이런 일이 영 어색해서 그의 말이 귀에 잘 들어오지 않았다. 손가락 끝으로 몸을 짚어나가긴 했으나 올이 풀린 실밥이나 피부의 돌기만 유난히 크게 보였다.

"손 전체를 사용해야 한다는 걸 명심하세요." 터너가 당부했다. "당신이 긴장하면 상대도 느낍니다."

수강생 전체에게 하는 말투였지만 내 옆에 서서 말한 걸 보면 분명 나를 지적해서 하는 말이 틀림없었다. 교실을 둘러보았다. 어색해 보이는 팀이 하나 있었지만 그 외에는 모두 당황한 기색 없이 실습에 들어갔다. 마사지는 나처럼 남의 몸을 만지는 행위가 고역인 사람이 배울 만한 일이 아니라는 생각이 들었다. 내가 파트너의 등에 손바닥을 얹는 모습을 터너가 지켜보고 있는 것만 같았다. 긴장하여 어깨가 움츠러들자 그가 이내 다시 말했다.

"편치 않은 분들은 다시 말춤으로 돌아가 마음을 진정시키세요. 기억하세요. 여러분은 지금 춤을 추고 있는 겁니다."

터너는 가르치는 일을 시작하기 전, 고객을 마사지할 때면 자신이 브로드웨이 무대에서 그랬듯 마사지 침대 주위를 돌며 홀로 춤추는 상상을 했다고 말했다. 그에게는 자신이 즐기면 고객도 즐길 거라는 확신이 있었다. 긍정적인 기운이 상대의 피부를 타고 바로 스며들 것이라고. 나는 눈을 감고 머릿속에서 스웨덴 팝스타 로빈이 연주하는 모습을 상상했다. 맥박이 빨라지면서 긴장이 좀 풀어지는 것 같았다. 생각보다 시간은 빨리 지나갔다. 휴식 시간이 되자마자 나는 화장실로 달려가 손을 씻었다.

내가 마사지 수업에서 느꼈던 불편함을 얘기하는 이유는, 우리가 보통 편안함과 즐거움을 연결해 생각하듯이 이 불편함이 얼마나 나에게 극한의 두려움을 불러일으켰는지를 강조하기 위해서이다. 나는 내가 냉정하거나 소극적인 스타일이라고는 생각하지 않는다. 나는 사람을 좋아하고 내가 가장 가깝다고 생각하는 한두 명과는 살을 맞대며 지내는 것을 좋아한다. 그것만큼 기분 좋은 일도 없을 것이다. 그런데 왜 나는 그 행위를 애써 찾지 않고 또 사람들이 내게 손을 내밀 때 본능적으로 움츠러드는 걸까? 몇 년 동안 그 이유를 찾아 정리한 끝에 결국 내 수줍은 성격이 원인이라는 결론을 내렸다. 그러나 일부 연구에 따르면 접촉을 기피하는 것에는 단순히 성격의 문제만으로 볼 수 없는 많은 원인이 있다.

신체접촉은 결국 자신을 드러내야 하는 일이므로 자신감이 있는 사람일수록 일찍 시도할 가능성이 크다. 그리고 신체접촉에서 오는 긍정적 반응이 더 개방적이고 표현력이 풍부한 몸동작을 가능하게 하는 피드백 고리로 이어진다. 접촉을 피하는 사람들은 자신의 피부를 덜 편안하게 느끼고 자존감이 낮은 경향이 있다.[1] 이들은 보통 수동적이고 내적 긴장이 높은 편인데, 이는 욕망과 두려움처럼 상반되는 감정이 동시에 일어나기 때문에 행동하기 어려워진다는 뜻이다. 대인관계에서 트라우마를 겪은 이들은 자신의 감정을 특별히 위험하게 여기게 되는 바람에 감정을 바탕으로 행동하는 것에 양가감정을 느낀다.

이런 특성의 일부는 실제로 우리가 내성적이라고 말하는 성격과 연관되어 있으며 부분적으로는 타고난다.[2] 태어날 때부터 내성적인 사람은 아기일 때 반응성이 매우 높아서 눈에 보이는 모든 것과 소리, 냄새를 느끼고 반응한다. 그 결과 새로운 상황이 닥치면 경계심을 가지고 두려워하는데, 이는 혼자서 마음을 가다듬을 시간이 더 필요하다는 뜻이기도 하다. 반면 환경의 변화를 덜 알아채는 아이들은 보통 외향적으로 자란다. 다른 사람과의 교류에서 오는 작은 변화에 크게 동요하지 않기 때문이다. 사람이 자기 몸을 사용하는 방식은 이처럼 타고난 본성을 반영한다.

물론 타고난 기질이라는 것은 퍼즐의 일부에 불과하다. 양육 환경도 그에 못지않게 중요하다. 자기가 울 때 부모가 자신의 필요에 잘 반응한다고 느낀 아기는 안정형 애착이 발달한다. 필요할 때 사랑하는 사람들이 옆에 있을 거라는 믿음이 커지며 이후 우정이나 연애 관계에서도 비슷한 믿음을 갖는다. 필요할 때 부모가 옆에 없거나 냉담하다고 느낀 아기는 스킨십의 결핍을 여러 방식으로 해석하여 독립적으로 자라거나 스스로 위로하는 법을 배우게 되고, 이후에 추구하는 관계가 언제나 불안의 원천이 될 가능성이 있다.[3] 어린 시절 어떤 경험을 했느냐에 따라 타고난 기질이 완화되거나 강화되는 것이다.

일반적으로 불안정한 애착을 가진 사람은 성장하여 회피 또는 의심의 둘 중 한 가지 경로를 걷게 된다. 회피형 애착을 가진 사람은 스킨십과 같은 정서적, 육체적 애착을 덜 즐긴다고 한다. 양육자에게 너무 많은 것을 요구하면 버림받을지 모른다며 애착의 필요를 억누르는 연습을 해왔는지도 모른다. 한편 의심 또는 불안형 애착을 가진 사람 역시 스킨십을 가치 있게 여기면서도 다른 이유로 즐기지 못한다. 예를 들어 파트너가 자신에게 얼마나 스킨십을 시도하는지 조용히 따져보면서 지나치게 의미를 부여하기 때문이다. 이들에게 떨어져 지내는 시간은 불필요한 불신을 일으킬 가능성이 있다. 불안을 느끼는 사람에게는 친밀한 관계의 긍정적인 측면이 그것을 잃을지도 모른다는 두려움과 밀접하게 맞물려 있다.

애착 이론에 따르면 어린 시절 부모와의 관계가 평생 지속적인 영향을 미친다. 그러나 정확히 말해서 한 사람의 대인관계가 부모와의 관계를 직접적으로 반영하지는 않는다. 그보다 부모와의 관계를 어떻게 해석하느냐의 문제에 가깝다. 부모는 일의 어려움이나 건강 등 다른 문제로 바빴을 뿐인데 자식은 부모가 자기에게 관심이 없어서 그렇다고 생각할 수 있다. 또는 부모가 자신의 양육 방식이나 문화적 각본에 따라 행동한 것을 자식이 부정적으로 받아들일지도 모른다. 침착한 사람이 되라고 가르친 것을 냉정함으로 해석할 수도 있다. 전부 다 사실은 아닐지 몰라도 부모에 대한 이야기들은 그 사람의 행동을 보여주는 창을 제공하므로 중요하다.

* * *

나는 내성적으로 태어났고 기본적으로 반응성이 굉장히 높은 아이였다. 처음 모래 상자에 발이 닿았을 때는 졸도할 뻔했고, 우리 가족의 첫 디즈니랜드 여행은 내가 내내 겁에 질려 있는 바람에 모두에게 악몽이 되었다. 나는 늘 어떤 거창한 감정을 느끼며 살았다. 하지만 눈치가 빠른 편이라, 속내를 잘 드러내지 않는 우리 가족에게 내 감정이 얼마나 부담이 될지 알았으므로 오히려 지나치게 반대로 행동했다. 언젠가부터 내 감정을 남에게 맡기지 말고 스스로 해결해야 한다고 생각하게 되었다. 그러다 보니 다른 사람에게 손을 뻗어 도와달라고 매달리고 싶은 자연스러운 충동까지 억누르고 있었다는 것을 미처 알지 못했다.

게다가 나는 스킨십에 대한 불안감을 한층 보태는 여러 교훈을 들어왔다. 나는 인도 이민자 사회의 어르신들이 미국인은 진실하지 못하다며 경계하는 이야기를 들으며 자랐다. 이는 자기표현의 절제를 중시하는 문화에 익숙한 집단이 카리스마가 인정받는 사회에 진입했을 때 경험하는 자연스러운 사회적 각본이다. 그래서 나는 누가 내게 스킨십을 시도할 때면 의심부터 했다. 스킨십 자체를 싫어하는 것은 아니었다. 다만 상대가 진실하지 않을까 봐, 믿을 만한 사람이 아닐까 봐 걱정했고 섣불리 애착 관계를 발전시키고 싶지 않았다. 청소년기에는 학교와 미디어로부터 겉으로는 순수해 보이는 스킨십도 실상 암묵적 강요일 수 있고 남자는 대체로 성관계를 원할 때 여자에게 스킨십을 시도한다고 배웠다. 나는 좀 더 신체적 표현을 하도록 스스로를 떠밀었지만 이런 교훈들은 쉽게 넘기 어려운 걸림돌이 되었다.

마사지 학교에 다니면서 모든 것이 변했다. 나는 문화적 프로그래밍의 꺼풀을 차근차근 벗기 시작했다. 수업은 거의 같은 방식으로 이루어졌다. 상대의 몸에 시트를 덮는 방법, 등을 마사지하는 방법, 다음은 다리, 그다음은 앞부분, 이런 식으로 매주 새로운 기술을 배웠다. 수업을 받으며 제일 먼저 깨달은 것은 내 몸의 감각을 훨씬 뚜렷하게 느끼게 되었다는 점이다. 내 호흡은 얼마나 오랫동안 이렇게 얕았고, 또 목의 근육은 얼마나 오랫동안 이처럼 긴장해 있었던 걸까. 몇 년 전에 시작된 둔부의 찌릿한 통증도 심해진 상태였다. 나는 한참 동안 긴장을 무시하고 있었다. 한계를 넘어서려는 시도는 좋은 것이라고들 하지만, 나는 내 몸의 목소리를 듣기 시작하면서 마침내 그

한계를 치유할 기회를 얻은 것이다.

전에는 내 몸에 대해 제대로 말해본 적이 없었으나 몸의 느낌을 잘 알게 되자 마사지 파트너에게 내 몸 어디에 문제가 있고 정확히 어디를 어떻게 도와주었으면 하는지 잘 설명하게 되었다. 또한 나는 이 수업에서 처음으로 동의라는 것을 배웠다. 수업에서 배운 것을 지금도 적극적으로 실천하고 있다는 점에서 직장에서 의무적으로 들은 성폭력 예방 세미나와 크게 달랐다. 옷을 벗고 엎드린 고객 앞에서 마사지 치료사로서 우리에게 재량이 얼마나 있으며 그것을 어떻게 의식해야 하는지를 배웠다. 마사지의 단계마다 자신이 잘하고 있는지 확인하기 위해 계속 소통하고 허락을 구해야 했다.

학기 중반쯤 되었을까, 하루는 인쇄소에서 과제를 출력하느라 수업에 15분쯤 늦었다. 터너는 다리 뒤쪽과 복부 마사지법을 가르치고 있었다. 실습시간이 되었을 때 다들 거의 짝을 정한 상태라 누구와 연습할지 고민하고 있는데 론이라는 남성이 다가와 함께 연습하겠느냐고 물었다. 할라challah 빵처럼 갈라진 근육과 미소가 멋진 개인 트레이너였다. 그때까지 남성과 파트너가 되는 것을 용케 피해왔던 나는 바로 긴장했다.

남성과 연습하면 안 된다고 딱히 못 박아둔 것은 아니지만 본능적으로 피했던 것 같다. 남성과의 신체접촉을 조심해야 한다는 말을 수없이 들어온 나로서는, 옷을 입지 않고 누워 있는 상태로 남성과 서로 몸을 만지는 것이 분명 위험한 행동 같았다. 하지만 내숭 떠는 것처럼 보이고 싶지 않아 승낙했다. 마사지 침대에 눕자 옷을 벗을 수 있도록 론이 몸에 시트를 덮어주었다. 그러고는 바지와 수업에서 나눠준 티셔츠, 브라를 벗는 동안 시선을 돌렸다. 나는 일주일이나 면도를 안 한 것이 생각났다. 론이 내 다리 쪽 시트를 걷어 허벅지 위쪽을 감싼 다음 밑으로 집어넣어 고정했다. 나는 부끄러워서 움찔했다. 내가 긴장한 것을 느꼈는지 그는 손을 허리에 살짝 올려놓고 나를 안심시켰다. 친절한 사람이었다.

그 몸짓에 나는 비로소 나 자신에게 무엇이 두렵냐고 물었다. 혹여 불미스러운 일이 일어나더라도 소리 한 번 지르면 방 안의 모든 사람이 들을 수 있는 이곳에서 말이다. 남성의 손이라면 무조건 두려워해야 한다는 생각을 어디에서 배웠을까? 이런 생각에 빠져들 무렵 론이 연습에 들어갔다. 그는 서툴렀고 가끔 순서를 잊었다. 그가 집중하는 것은 나라는 사람이 아니라 수업에서 배운 동작을 제대로 해내는 일이라는 것을 알 수 있었다. 그는 수업을 듣는 학생이고 나는 교과서라는 생각을 하며 마음을 진정시켰다. 괜한 상상을 한 자신이 어리석다고 생각하며 긴장을 풀었다. 론은 내 몸이 뭔가 달라졌다고 느꼈는지 갑자기 동작을 멈추고 너무 세게 누르는 것은 아닌지 물었다. 사실을 말하자면 그의 손길은 너무 부드러워서 거의 느껴지지 않을 정도였다. 나는 괜찮다고 대답했다. 안전하다는 기분이 들었고 마음이 편안해진 나머지 잠이 들었다.

이후 몇 번의 수업에서처럼 나 자신에게 엄청난 변화가 일어난 날이었다. 처음으로 내가 어떻게 보일까, 또는 상대가 나를 만지면서 무슨 생각을 할까 신경 쓰지 않았고, 스킨십을 두렵게 만드는 사람들과의 관계를 생각하지 않았다. 대신 마사지를 일종의 거래로 여기게 되었다. 오직 내 몸의 즐거움을 위해 스킨십을 주고받는 법을 배운 것이다. 다른 사람의 보살핌을 즐긴다고 해서 나약해지거나 애정에 굶주리거나 의존적으로 변하는 것은 아님을 깨달았다. 깊은 내면에서는 은밀하게 육체적 친밀함을 원했었다는 것을 인식하게 되었고, 내가 거리를 두면 사람들이 더 좋아할 거라는 믿음을 포함해 그동안 쌓아온 짐작과 두려움에 의문을 제기했다.

오래전 나는 안전하게 살아가려면 자신을 고립시켜야 한다고 배웠다. 그러나 그 바람에 나를 표현하는 한 가지 강력한 방법을 잃었다. 이제 나는 누군가가 나를 배려할 때 그 진심을 믿고 싶고, 또 흑심이 있다고 느낄 때는 벗어날 권리가 있음을 안다. 어느새 마사지 수업 밖에서도 자연스럽게 손을 뻗어 친구의 어깨를 만지거나 손을 붙잡는 일이 늘어났다. 마치 진작 알고 있었지만 잘못 발음할까 두려워 미처 쓰지 못했던 새로운 언어에 친숙해진 것 같았다. 그렇다고 만나는 모든 사람에게 스킨십을 시도하지는 않았다. 다만 마음을 열고 온기를 전하고 싶을 때면 말 대신 터치를 사용하게 되었다.

＊＊＊

스킨십이 행복에 중요하다는 것은 자명한 사실이지만 놀랍게도 이 사실은 최근에서야 받아들여졌다. 1930~1940년대 문화에는 확실히 차가운 면이 있었다. 세균과 바이러스가 질병을 전파한다는 새로운 증거가 나타나면서 의학계는 개인 간의 불필요한 접촉을 금지하는 등 적절한 위생의 중요성을 강조했다. 보육원 관리자는 콜레라를 예방하기 위해 가급적 아이들을 만지지 않았고 침대를 서로 멀리 떼어놨으며 모기장을 쳤다. 실제로 사망률이 현저히 낮아지면서 메시지가 분명해졌다. 무균은 건강의 핵심이고 신체접촉은 건강의 적이라고.[4]

아이를 튼튼하게 키우기 위해서는 무엇이든 할 태세가 되어 있던 부모들은 이런 교훈을 적극적으로 수용해 가정생활에 적용했다. 아동심리학이라는 새로운 분야는 의사의 말을 그대로 흉내 내었다. "스킨십은 아이들을 약하게 만든다." 미국 심리학자인 존 B. 왓슨John B. Watson은 과도한 애정이 결국 아이를 이다음에 거친 직업 전선에서 살아남지 못할 여리고 약해빠진 사람으로 만들 거라고 말했다. 1928년 세간에 널리 읽힌 육아서 『유아와 아동의 심리학적 육아Psychological Care of Infant and Child』에서 왓슨은 절대 호락호락하지 않을 세상에 대비해 아이들을 일찌감치 훈련시키라고 다그쳤다. 몇 가지 핵심적인 지침은 다음과 같다. 아이가 울면 스스로 해결하게 하라. 안아주지

말라. 뽀뽀하지 말라. 꼭 해야 한다면 아침에 악수를 하라.[5]

왓슨은 "아이를 쓰다듬고 싶을 때마다 엄마의 사랑은 위험한 도구라는 사실을 기억하라"라고 말했다. "늘 끼고 앉아 응석을 받아주면 불행한 유아기, 악몽 같은 청소년기를 감당해야 할 것이다. 아이들을 너무 감싸고돌면 결혼 생활에도 문제가 생길 수 있다."[6]

파블로프가 종소리로 개에게 침을 흘리게 훈련했듯이 왓슨은 사회가 가치 있다고 여기는 품성을 갖추도록 아이들을 길들이는 것이 가능하다고 보았다. 그저 자극과 반응을 적절하게 조합하기만 하면 될 일이었다. 왓슨의 이론은 심리학이 정통 과학으로 발돋움하려는 시기에 등장했고, X가 Y를 만든다는 간단한 알고리즘은 실험을 디자인하기에도 최적이었다. 왓슨의 인기는 철저한 공장 시스템의 성장세와도 맞아떨어졌는데, 이는 당시 사람들이 이미 자신을 공장의 기계와 동일시하고 있었다는 뜻이다.

그러나 왓슨의 이론이 사람의 행동을 지나치게 단순화한다며 반대하는 무리도 있었다. 그중 하나가 해리 할로Harry Harlow라는 젊은 심리학자였다. 그는 인간의 성격을 경험과 반응으로 요약하는 것은 문제가 있다고 보았다. 왓슨의 연구에는 기적과 사랑을 비롯해 살아 있음이 의미하는 마법 같고 신비로운 측면이 배제되었다는 것이다. 할로는 그 이유가 쥐나 개처럼 너무 단순한 동물 모델로 실험한 탓이라고 주장했다. 직접 동물원에 가서 원숭이를 관찰한 할로는 원숭이에게는 개체별 개성이 있고, 다른 동물에 비해 몇 배나 복잡한 관계를 형성하기 때문에 연구 대상으로 삼는다면 엄청난 진전이 있으리라고 생각하게 되었다.

할로의 실험실은 미국에서 처음으로 히말라야원숭이를 키운 연구 기관 가운데 하나가 되었다. 할로는 그나마 비용이 가장 덜 들었던 히말라야원숭이를 구해다가 극도로 주의해서 키웠다. 그는 원숭이들이 아프거나 죽지 않도록 잘 먹이고 적절히 치료했으며, 감염을 막기 위해 새끼를 어미와 분리하여 개별 우리에 넣었다. 의도치 않게 보육원과 같은 환경을 조성한 것이다. 그런데 새끼 원숭이들이 자라면서 엄지손가락을 빨고 불안한 듯 몸을 격렬하게 뒤흔드는 등 이상한 행동을 보이기 시작했다. 성숙한 후에도 어떻게 번식을 해야 할지 알지 못했다. 평범한 사회적 생활에 익숙지 않았으므로 한데 모아놓아도 서로 멀리 떨어져 혼자 있으려고만 했다.

어느 모로 보나 이 새끼 원숭이들은 많은 보살핌을 받으며 자랐다. 그래서 더더욱 할로는 원숭이들을 정서적으로 불안정하게 만든 것이 무엇인지 궁금했다. 장시간의 관찰 끝에 연구진은 단서를 발견했다. 일부 원숭이가 케이지 바닥에 깔아주었던 천 기저귀에 절대적으로 집착하는 모습을 보였다. 늘 껴안고 있거나 몸에 두르고 다니며 감정적으로 의존했다. 이 행동은 격리된 환경에서 키워진 원숭이에게서만 나타났고, 야생에서 자란 원숭이들은 부드러운 물체에 딱히 강박을 보이지 않았다. 연구진은 기저귀의 온기와 폭신함이 새끼 원숭이의 삶에 중요한 필요를 대체한 것이라고 추론했다.

여기에서 영감을 받은 할로는 오늘날에도 잘 알려진 실험을 고안하게 된다. 그는 새끼 원숭이들에게 두 '어미' 중 하나를 선택하게 했다. 하나는 수건 뭉치였고, 다른 하나는 철사 프레임이었다. 껴안고 싶은 어미가 딱딱한 어미보다 훨씬 인기 있다는 것이 대번에 증명되었다. 후속 연구에서 연구진은 철사로 만든 어미가 먹이를 들고 있어도 선호도가 달라지지 않는다는 것을 발견했다. 원숭이들은 서둘러 먹이만 먹고 이내 천으로 만든 어미에게 달려가 마음의 안정을 찾았다. 아기가 엄마에게 애착을 갖는 이유가 영양 공급 때문이라는 행동주의자들의 믿음과 어긋난 결과였다. 그러나 할로 연구진도 부모와 붙어 지내는 단순한 행동이 어떤 면에서 발달에 중요한지는 알아내지 못했다.

수건 뭉치와 함께 키워진 원숭이들은 철사 어미와 지냈던 원숭이와 달리, 북 치는 곰 인형처럼 새로운 환경에 노출되었을 때 용기를 가지고 접근하는 것이 관찰되었다. 긴장은 하지만 가짜 어미의 부드러운 표면에 몸을 대고 마음을 진정시킨 다음 탐구를 계속했다. 반면 철사 어미와 짝을 이룬 원숭이들은 그저 어미를 꼭 붙들고 있거나 바닥에 뛰어내려와 몸을 격렬하게 흔들었다. 적어도 엄마의 사랑이 아이를 연약하게 만들지는 않은 것이다. 오히려 엄마와의 굳건하고 안정된 결속이 아이가 어른이 되었을 때 자신감을 형성하는 데 도움을 주어 호기심과 자립심의 바탕이 되었다.

1960년대에 할로는 정기적으로 잡지와 텔레비전을 통해 이 실험을 이야기하면서 유명해졌다. 마침 그는 쇼맨십을 타고난 사람이라 방송에 출연할 때 실험용 가짜 어미를 웃고 있는 얼굴로 재구성하여 시청자들에게 단순한 천 뭉치가 아니라 실제 어미 원숭이의 대용물로 보이게 신중을 기했다. 모성애와 애정에 관한 그의 옹호가 육아의 새로운 이상향이 되면서 왓슨의 훈육 모델을 대체했다. 그러나 할로의 연구 역시 인간이 아닌 원숭이를 대상으로 했기에 그 결과를 사람에게 똑같이 적용할 수는 없었다.

인간을 대상으로 한 실험은 윤리적인 이유로 수행되지 못했을 것이고, 오늘날의 기준으로는 할로의 연구도 불가능하다. 그러나 유감스럽게도 1960년대 중반에 의도치 않게 인간 사회의 터치 결핍 사례가 발생했다. 루마니아의 공산주의 독재자 니콜라에 차우셰스쿠Nicolae Ceaușescu는 국가의 산업 생산력을 키우고자 출산 장려 정책을 도입했다. 그는 네 명 이상의 아이를 낳지 않은 부부에게 제재를 가하고 인공유산을 금지했다. 이 정책으로 국가의 생산량이 늘어났지만 역효과도 일어났다. 당시의 경제 사정으로는 새로 늘어난 가구원을 부양할 수 없었으므로 많은 아이들이 보육원으로 보내졌다. 이 보육 시설에서는 1940년대부터 위생에 중점을 둔 관리 표준을 시행해 왔었다.[7]

차우셰스쿠의 몰락과 사형 집행 직후, 말이 서툴고 몸을 떨며 심각한 영양실조에 시달리는 아이들의 영상이 방송되었다. 가장 충격적인 것은 아이들의 감정 없는 멍한 시선이었다. 이 영상이 스탠퍼드 대학교 소속 신경생물학자 메리 칼슨Mary Carlson의 관심을 끌었다. 할로와 함께 연구한 적이 있던 칼슨은 이 아이들의 행동을 보면서 할로의 새끼 원숭이들을 떠올렸다. 1994년에 칼슨과 남편인 정신과 의사 펠튼 얼스Felton Earls는 이 아이들을 연구하기 위해 루마니아로 갔다. 두 사람은 신체접촉이 제한된 보육시설에서 자란 아이들과, 부모가 없기는 마찬가지이지만 안아주고 얼러줄 보호자가 있는 1년짜리 특별 프로그램에서 자란 아이들을 비교했다.

칼슨과 얼스는 두 집단에서 스트레스 수준의 극명한 차이를 발견했다. 일반적인 보육원에 있던 아이들은 스트레스 호르몬인 코르티솔의 혈중 농도가 불규칙하게 나타났는데, 정신 및 운동 발달 테스트에서의 저조한 성적과 결부되는 패턴이었다. 그 아이들은 성장도 저해된 상태였다. 반면 특별 프로그램에 있던 아이들은 호르몬이 훨씬 정상에 가까웠다. 그러나 안타깝게도 특별 프로그램의 효과는 오래가지 않았다. 원래의 환경으로 돌아가자 대부분의 아이들에게서 예전의 패턴이 다시 나타났다. 보육원에서 자란 많은 아이들이 나이가 들어도 기관을 떠날 수 없었다.

비슷한 시기에 매사추세츠 대학교 애머스트에서 발달심리학을 전공하던 대학원생 티파니 필드Tiffany Field는 어떻게 의료 환경에서 스킨십을 활용해 어린아이들의 회복을 증진할 수 있을지 연구하기 시작했다.[8] 필드는 당시 미숙아에게 공갈 젖꼭지를 빨게 했을 때 성장 속도가 높아진다는 연구 결과를 얻은 참이었다. 그 결과를 바탕으로 그녀는 입 안을 자극하는 것이 효과가 있다면 몸 전체를 만져주는 것은 더욱 효과적일 것이라고 추론했다. 필드의 딸은 미숙아로 태어났는데, 몸을 매일 마사지해 주었더니 더 쉽게 진정하고 전보다 분유를 많이 마셨다. 필드가 자신의 경험을 보고한 후 그녀가 일했던 신생아 치료실에서는 대규모 연구를 통해 같은 결과를 재현했다.

필드의 연구를 접한 당시 존슨앤드존슨 CEO는 필드에게 25만 달러를 지원하고 마이애미에 터치 연구소를 설립하게 했다. 이후 터치 연구소에서는 스킨십이 얼마나 아이들에게 유익한지 연구했다. 갓 태어난 아기의 삶은 배고픔, 외로움, 통증과 같은 새로운 스트레스 요인으로 가득 차 있다. 말도 하지 못하고 움직일 수도 없으므로 영양 공급과 돌봄을 어른에게 의존해야 한다. 규칙적으로 안고 만져주면 아기는 도와줄 사람이 있다고 안심하게 되고 진정 반응을 일으킨다. 신체접촉을 받지 못하면 아기의 몸은 더 오래 살아남기 위한 방식으로 반응하여 덜 움직이고 신진대사가 느려지며 성장까지 멈춘다. 또한 스트레스 수치가 올라가며 늘 경계 상태를 유지한다. 이러한 패턴이 만성적으로 굳어지면 평생 지속될 수도 있다.

스킨십이 그토록 건강에 중요한 이유를 보여주는 화학물질이 있다. 알려진 대로 다정한 스킨십은 부교감신경계를 자극하고, 세로토닌, 도파민, 옥시토신 등 전반적인 행복에 기여하는 호르몬의 분비를 유발한다. 마사지처럼 지속적인 접촉은 공격적인 행동과 연관된 호르몬 아르기닌 바소프레신과, 투쟁-도피 반응의 일부로 분비되는 스트레스 호르몬 코르티솔을 크게 감소시킨다. 코르티솔 분비가 줄어들면 염증을 억제하는 데 도움이 되고 몸의 백혈구 수가 증가한다. 백혈구는 몸이 질병으로부터 신체를 방어하는 데 중요한 역할을 한다.

공포와 수치심처럼 외로울 때 더 익숙해지는 감정을 안고 살면 몸에서 정반대의 화학물질들이 넘쳐난다. 애리조나 대학교 커뮤니케이션 학과 교수인 코리 플로이드Kory Floyd는 이런 상태를 일컬어 '스킨헝거'라는 용어를 만들었다. 2014년에 그는 미국을 포함한 17개국에서 509명을 대상으로 연구한 결과를 발표했다. 이 연구에서 신체적 애정이 부족하다고 응답한 사람들은 다른 피험자에 비해 외로움, 우울증, 기분 및 불안 장애를 더 많이 경험한다고 보고했다. 그들은 면역질환에 더 많이 걸렸고 전반적인 건강 상태도 좋지 못했다. 신체접촉이 부족한 피험자들은 감정표현불능증을 겪을 가능성이 높은데, 그 탓에 자신의 감정을 인지하는 능력이 손상되어 다른 사람들과 친밀하고 안정된 관계를 유지하기 힘들어했다.[9]

스킨십이 주는 건강상의 이점을 밝힌 연구들이 우리 문화에 몇 가지 큰 변화를 불러일으켰다. 과거에는 감염에 노출되지 않도록 아픈 아이들을 격려했지만 이제는 가족의 방문과 접촉이 허용된다. 전국 수십 개의 신생아 중환자실에서 터치 요법을 사용해 아기의 성장을 촉진한다. 10여 년 전부터 미국 병원에서는 출산 직후 아기와 엄마가 서로 살을 맞대는 접촉을 권장하는데, 이를 통해 아기의 호흡과 심장 박동이 안정적으로 조절되고 산모의 몸에서도 모유수유에 필요한 호르몬이 자극된다는 것이 밝혀졌다. 병원 측은 입원 기간 아기가 엄마와 함께 지내게 하여 생의 초기부터 부모와 거리를 밀접하게 유지하는 것의 이점을 홍보하기도 한다.

신체접촉의 이점은 신생아에게만 국한된 것이 아니다. 압박 치료deep touch therapy는 아이들의 자폐증 치료에 널리 활용되고 있다. 최근 연구에서는 많은 자폐 아동이 감각신경 장애로 인해 촉각 자극에 과민하게 반응하거나 스킨십을 가치 있는 사회적 행동으로 인식하지 못한다는 것을 발견했다. 전문의들은 이들의 삶에 스킨십을 찾아주려는 전략하에 자폐 아동을 훈련시키기도 한다. 보호자에게 안아달라고 부탁하는 법을 알려주거나 자신을 위로하는 방법을 찾도록 하는 것이다. 부드럽게 쓰다듬는 터치는 동요를 일으킬 수 있지만, 반대로 예측 가능한 상태에서 믿을 수 있는 사람이 꽉 껴안는 것은 이들에게 안정감을 준다.[10] 동물행동 전문가 템플 그랜딘Temple Grandin은 자신의 자폐증 증상을 완화하기 위해 포옹 장치를 제작한 것으로 유명하다. 이 기계는 옆에 패드가 붙어 있어서 줄을 잡아당기면 몸을 꽉 조여준다.

오늘날 대부분의 부모가 아이들이 잘 자라려면 애정이 필요하다는 것을 알고 있지만, 그런 애정을 줄 수 없는 경우도 많다. 아무리 애를 써도 평생 뿌리박힌 애착 유형을 억지로 바꾸기는 쉽지 않으므로 자신의 애착 유형을 아이에게 그대로 물려줄 가능성이 크다. 반면 문화가 양육 과정의 개선을 지나치게 강요하면 제왕절개술에서 회복하느라, 또는 일 때문에 아이가 어릴 때 함께 많은 시간을 보내며 유대감을 쌓지 못한 엄마들은 죄책감을 느끼게 된다. 다정한 스킨십이 아이들에게 유익한 것은 사실이지만 어떤 부모도 완벽할 수는 없다. 인간은 복잡하고 적응력이 뛰어난 종이며, 아이의 건강에 기여하는 요소는 여러 가지이다. 아이가 필요한 양육을 받으며 자랄 다른 기회가 있을 수도 있다.

우리가 개선할 부분은 더 많은 기회를 만드는 것이다. 생활 속에서 다른 사람과 살이 맞닿을 기회가 없다면 아이들은 자신의 몸이 기뻐하는 일을 해야 한다는 자명한 사실을 배우지 못한다. 먼저 학교에서는 아이들에게 신체적 접촉의 필요성을 알려줄 간단한 운동을 가르칠 수 있다. 누워서 호흡할 때 가슴이 오르내리는 것에 집중해 보게 한다든지, 스트레칭하거나 팔다리에 테니스공을 문지르면서 피부에 일어나는 변화를 느껴보게 하는 것이다. 이런 감각에 집중하고 그 느낌에 대해 함께 이야기함으로써 아이들은 자신의 몸이 즐거움의 원천임을 되새길 수 있다. 동시에 아이들에게도 동의를 가르쳐야 한다. 많은 문화권에서 부모들은 흔히 아이들에게 애정 표현을 하도록 강요하고 원치 않는 포옹을 받아들이게 한다. 아이들에게 미소, 하이파이브, 포옹 중 선호하는 방식으로 감정을 표현할 수 있게 선택권을 주어야 한다.

청소년기에는 복잡한 감정과 충동 때문에 비이성적으로 행동하게 마련이라는 말을 수없이 들었을 것이다. 몸을 신뢰하지 말라는 말도 마찬가지이다. 그러나 정말로 상기해야 할 점은 우리 몸에는 애써 귀 기울여야 할 중요한 직관이 있다는 사실이다. 10대 아이들에게 (대부분 멋있어 보이거나 입시 등의 목적을 위해) 스포츠 경기를 할 기회는 많지만 자기 몸에 대한 인식을 키울 기회는 부족하다. 요가나 댄스, 손으로 하는 치료법 등은 10대 아이들이 내면의 느낌을 되찾도록 일깨워줄 수 있다. 자신의 몸에 대한 편안함은 처음으로 성적인 만남을 경험할 때 규칙을 협의하거나 파트너와 서로의 기호에 관해 이야기할 때 도움이 된다. 그렇지 않으면 자신의 일을 남이 결정하게 내버려 두는 셈이 될 것이다.[11]

어른이 되면 행동 양식이 너무 깊이 뿌리박혀서 되돌리기가 어렵다. 어떤 삶을 살아왔느냐에 따라 사람들은 신체접촉에 각기 다른 의미를 부여한다. 우리가 제일 먼저 기억해야 할 생각은 신체접촉 역시 소통의 한 가지 방식이라는 것이다. 다시 말해 신체접촉을 누군가는 좋은 쪽으로 누군가는 나쁜 쪽으로 사용할 수 있다. 그러나 그 모든 이면에 생물학적 필요가 있다. 다른 이와 가까이하는 것, 그리고 살갗의 움직임은 운동이나 적절한 식습관만큼이나 건강에 중요하다. 이 사실을 다시 직시하려면 노력이 필요하다. 특히 트라우마가 있는 사람들은 재활치료를 통해 자신의 살갗에 좀 더 편안함을 느끼고, 내적으로 그토록 간절히 원하는 신체접촉이 고통과 얽혀 있는 원인을 알아보아도 좋을 것이다.

그러한 변화는 내가 마사지 수업에서 그러했듯이 안전하게 신체접촉을 주고받는 공간에서 가능하다. 또는 배우자와 함께하는 시간에, 혹은 친구와 손을 잡음으로써 달라질 수도 있다. 전문가를 통해 몸에 집중하는 치료를 받는 것도 방법이다.[12] 일체의 다른 의도 없이 순수한 신체접촉 행위가 이루어지는 것이 중요한데, 그 과정에서 우리가 신체접촉에 관해 하는 이야기에서 진실은 일부에 불과하고 그중 많은 것이 거짓임이 드러날 수 있다. 신체접촉이 필요하지 않다거나, 섹스보다 덜 중요하다거나, 권력을 과시하기 위해 사용된다거나, 동성의 타인을 만져서는 안 된다는 강박을 느끼는 사람들도 있다. 신체접촉에 대한 태도나 방식을 바꾸기가 그토록 어려운 이유는 대부분 자신의 성향을 의식조차 하지 못하기 때문이다. 누군가의 손길이 다가오면 그 의도를 꼼꼼히 검토하고 분석하게 되지만, 늘 그렇게 행간을 읽어야 한다면 신체접촉을 제대로 누리지 못한다. 잡념을 버리면 다른 이들과 가까이하고 싶은 열망과 함께 평온함을 느낄 수 있을 것이다.[13]

* * *

아마도 학기 초반에 주저하던 내 모습을 기억했거나 아니면 내가 자격증을 따려고 수강하는 다른 사람들처럼 열심히

임하길 원했던 모양이다. 〈웨스턴 마사지 I〉 과목 기말고사를 앞두고 강사 터너는 나를 기존 파트너 중 한 명과 짝을 지어 주었지만 시험 당일에 갑자기 마음을 바꾸었다. 그가 새로 선택한 사람은 루크레치아라는 이름의 40대 아이티 여성으로 친절한 눈매의 그녀는 수강생들을 출신지로 지칭하곤 했다. 나는 당연히 '미스 인도'였다. 멀리서 봐도 커다란 반점이 뒤덮은 몸은 심한 건선을 앓고 있는 게 틀림없었다.

마사지 침대 앞에서 루크레치아는 자신의 병은 전염성이 없으니 걱정 말라고 했다. 나는 그 말에 마음이 좋지 않았다. 다른 사람이 주춤할까 봐 먼저 나서서 괜찮다고 말해야 하는 몸의 상태와 그 마음이 짐작되었다. 같은 상황에서 지레 주눅이 들어 뒤로 물러나는 사람이 대부분일 텐데 자신감 있게 자신을 드러내는 모습이 인상 깊었다. 나는 그녀의 근육을 주무르면서 당신과 함께 작업해서 편안하다는 진심을 전달하려고 애썼다. 터너는 교실을 돌아다니며 학생들의 기술을 관찰하고 평을 적었다. 나는 크게 신경 쓰지 않고 오로지 내가 할 일에 집중했다. 첫 수업 이후로 장족의 발전이 있었다. 나는 천천히 모든 마사지 단계를 수행했다. 그리고 루크레치아의 차례가 되었을 때, 실로 지금까지 받아본 중 최고의 마사지를 받았다.

시험을 마치고 우리는 처음 말을 섞었다. 학기 중에는 한 번도 그녀와 얘기해 본 적이 없었다. 우리는 이 강좌까지 오게 된 사연을 서로에게 들려주었다. 루크레치아는 할머니로부터 배운 전통의학으로 서양의학의 도움을 받지 못하는 사람들을 치료해 왔다고 말했다. 그녀는 자신이 신으로부터 치유사의 소명을 받았다고 믿는다. 평소대로라면 무신론자인 나에게는 당황스러운 만남이었을 터였다. 나는 누군가 다가와 영적인 능력에 대해 말하면 바로 스마트폰을 만지작거리는 사람이었다. 그러나 마사지 수업에서는 달랐다. 심지어 애정 표현에 대해 평생 느꼈던 긴장과 두려움을 두고 농담까지 주고받았다.

상대의 몸을 느끼고 어디가 긴장하고 있는지 알고 나면 누구에게도 말하지 못했던 삶의 비밀을 털어놓지 않을 수가 없게 된다. 그 때문인지 우리 수강생들은 서로 공통점이 거의 없는 사람들임에도 어느 틈에 끈끈한 공동체를 형성했다. 은퇴한 발레리나부터 피트니스 트레이너, 노인 요양보호사, 사진작가, 대학 행정직을 그만두려는 사람, 야생동물 조련사까지 출신국도 사회적, 경제적 배경도 다른, 한마디로 이 마사지 교실이 아니었다면 한 방에 있을 이유가 없는 사람들이었다. 어른이 된 이후로 누군가와 이렇게 빨리 가까워진 적이 또 있었는지 모르겠다.

사람들이 휴게실에 모여 시험에 대해 이야기했다. 늘 하던 것을 시험 중에 잊어버렸다고 아쉬워하는 사람도 있었고, 누군가는 터너가 기록했을 내용을 추측했다. 하지만 모두 잘했을 거라고, 터너가 시험 도중 옆으로 끌어내지 않았으니 적어도 낙제는 아닐 거라고 입을 모았다. 나는 학기 중에 가장 기억에 남는 순간을 이야기했다. 스노보드를 타다가 갈비뼈를 다쳐 참관만 해야 했던 날이었다. 쉬는 시간에 수강생 몇몇이 다가와 안부와 함께 어디가 아픈지 물었다. 그러더니 마사지 침대에 나를 눕히고는 아픈 부위를 마사지해 줬다. 그 몇 분의 처치 덕분에 몸이 훨씬 개운해졌다.

"마사지 교실 밖에서는 절대 있을 수 없는 일이죠." 내가 이야기했다. "그 주에 직장에서나 친구들 앞에서도 제 표정이 안 좋았을 텐데, 모두가 대수롭지 않게 넘어갔어요. 하지만 이곳 사람들은 모두가 얼마나 저를 돕고 싶어 하던지, 믿을 수 없을 정도였어요."

이어서 리처라는 수강생이 이 수업에서 느낀 감정을 쏟아냈다. 그는 원래 마사지 프로그램에 속해 있지도 않았다. 침술을 배우면서 선택 강좌로 웨스턴 마사지 수업을 들은 것뿐이었다. 그러나 마사지가 사람들의 관계를 변화시키는 모습에 놀라 계속 마사지 수업을 받을 생각이라고 했다. 그는 학교의 다른 누구보다도 이 수업에 참여한 수강생들에게 친밀감을 느꼈다. 우리 중 누가 어떤 수업에서 자신에게 마사지를 해줄지 모른다고 생각하면서 모든 경계를 내려놓았다. 심지어 그는 수업이 자신을 더 친절하게 만들었다고 믿었다.

"저는 이제 식당에 가면 주위 테이블을 둘러보면서 내가 누구와 호흡이 잘 맞을지 살펴봅니다." 그가 말했다. "그런 다음 내가 그들을 마사지하면 그 관계가 어떻게 달라질지 상상해 봐요."

태아 마사지를 전공할 계획인 프랑스 여성 멜리사는 교실 밖에서 가족과 애정이 돈독해졌다고 말했다. 보이지 않던 자기 안의 속박이 풀렸다고 느끼자 가족에게 손길을 멈출 수 없게 되었다고 했다. 우리는 저마다 수업을 들으며 내면의 여정을 겪었다. 나보다 편안한 마음으로 수업을 듣기 시작했던 사람들조차 말이다. 마사지는 긴장을 늦추고 매듭을 푸는 것 이상의 행위이다. 제 몸이 지닌 욕망과의 관계를 변화시키고, 그로 인해 다른 사람까지 마음을 열도록 도울 수 있다.

사람들이 자신에게 접촉하는 사람에게 호감을 느낀다는 연구 결과만 수십 건이다. 주문을 받으며 어깨나 손, 팔에 살짝 손을 대는 종업원이 팁을 더 많이 받는 경향이 있으며, 나와서 수학 문제를 풀 지원자를 받으면서 교사가 팔뚝을 살짝 건드리면 더 많은 학생이 지원한다. 스탠리 밀그램Stanley Milgram의 유명한 '권위에 대한 복종' 실험에서 피험자들은 단어 시험을 보는 학생이 잘못된 답을 말하면 고통스러운 전기충격을 주는 감독관 임무를 맡는다. 이때 피험자가 학생의 팔을 잡도록 요청받은 경우에는 그렇지 않았을 때보다 이 임무에 순응하는 비율이 현저히 떨어졌다. '터치 혐오 사회'에서조차 많은 사람들이 누군가와 신체적으로 접촉하자마자 가까워졌다고 느낀다는 뜻이다.

신체접촉이 집단 내 유대에 얼마나 기여하는지 테스트하기 위해 일리노이 대학교 어바나샴페인 캠퍼스 심리학과 조교수 마이클 크라우스Michael Kraus는 버클리 대학교 연구팀과의 공동연구로 스포츠 경기를 분석했다. 그는 시즌 초반에 팀 내 선수들 사이에서 하이파이브, 엉덩이 토닥이기, 주먹 부딪히기 등의 신체접촉이 많을수록 팀원들의 보다 협동적인 플레이와 전반적인 성적 향상을 기대할 수 있다는 가설을 세웠다. 그리고 2008-09 시즌 동안 30개 NBA 팀의 시즌 초반 비디오테이프를 관찰하면서 선수들 간 신체접촉의 성격과 지속 시간을 점수로 매겼다. 또한 공을 패스하고 스크린플레이를 하고 팀원을 격려하는 행동 등을 바탕으로 선수들 간의 협동적 행동의 빈도를 조사하고 평가했다.[14]

NBA 공식 통계와 함께 그 결과를 비교하자, 시즌 초반에 선수들 간의 신체접촉이 잦았던 팀일수록 개인과 팀 모두 더 좋은 성적을 보였다. 그러나 크라우스는 이런 단순한 상관관계의 한계를 지적했다. 원래 실력이 좋아 해당 시즌 성적에 낙관적인 선수들이 신체적인 표현에 좀 더 자유로운 경향이 있을 수도 있었다. 또는 여론조사에서 좋은 평가를 받은 팀들이 언론 앞에서 좀 더 보여주기식 행동을 취했을 가능성도 있다. 그러나 이런 잠재적 오류를 감안하여 통계를 보정한 뒤에도 여전히 시즌 초기의 스킨십이 더 나은 성과로 이어진다는 결과가 나왔다.

신체접촉의 이점이 스포츠팀은 물론이고 문화 전체에까지 확장된다는 증거도 있다. 티파니 필드가 설립한 터치 연구소의 선행 연구에 따르면 신체접촉을 많이 하는 문화일수록 덜 폭력적이었다. 예를 들어 프랑스 청소년은 맥도날드에서 서로 몸을 기대고 앉아 안마를 주고받거나 친구를 껴안는 경우가 상대적으로 많다. 이와 비교해 미국 청소년은 머리카락을 만지작거리거나 손가락 마디를 꺾는 등 (누르거나 때리는 것을 포함해) 자기 몸을 만지는 경우가 더 많은 편이다. 필드는 미국인에게 상대적으로 부족한 애정 어린 신체접촉이 집단 따돌림, 학대, 총기 사용을 포함한 미국 사회의 전반적인 폭력의 원인이 될 수 있다고 생각한다.[15]

터치 연구소에서 종종 인용하는 1976년 논문에서 발달심리학자 제임스 프리스콧James Prescott은 비산업화 문화에서 평등하고 우호적인 성격을 가진 사람의 부모는 어린 자녀에게 몸으로 애정 표현을 많이 하는 경향이 있다고 주장했다. 반면 저접촉 문화에서는 사회 전반에서 절도나 폭력 범죄가 더 많이 발생했다. 프리스콧의 이론에 따르면 어린 시절에 자극이 부족했던 사람은 성장하여 극단적인 형태의 자극을 찾게 된다. 물론 폭력의 원인을 어느 한 가지로 단정할 수는 없지만, 그 점을 고려해도 이 연구는 신체접촉에 화합을 촉진하는 능력이 있음을 설득력 있게 보여주는 사례들을 제시한다.[16]

우리 마사지 교실 학생들은 모두 터치 결핍자의 고향, 뉴욕시에 살고 있다. 이곳에서는 많은 이들이 혼자 살면서 온종일 일을 하느라 로맨틱한 관계를 가질 여유가 없거나 사귀는 사람이 있어도 함께할 시간이 많지 않다. 거리나 지하철에서 많은 이들에 둘러싸여 있지만 되도록 서로에게 닿지 않으려고 거리를 둔다. 마사지 교실에서 낯선 이들과 접촉하는 행위에는 어떤 짜릿함이 있었다. 자신에게 다른 사람과의 더 많은 접촉을 허락하고 그것을 통해 자신이 무엇을 느끼는지 탐구함으로써, 나는 내 몸이 필요로 하는 것에 대해 더 잘 알게 되었다. 마사지 교실은 그토록 오랫동안 나를 괴롭혔던 신체적, 감정적 불편함을 극복하는 데 절실했던 노출 치료였다. 생각보다 나는 다른 이의 애정을 훨씬 더 많이 갈구하는 사람이었다.

6장
서로의 경계를 존중하기

우리 집으로 전문 커들러cuddler(돈을 받고 성적이지 않은 신체접촉 서비스를 제공하는 직업을 말한다—옮긴이)들을 초대한 자리에서 식탁에 앉아 있던 인디고 던Indigo Dawn은 가장 기억에 남는 고객에 대해 말했다. 대학을 갓 졸업한 이 청년은 여성과 가까워지는 것을 몹시 두려워했다. 관심이 가는 사람이 있어도 너무 부끄러워서 가까이 가거나 감히 손을 상대의 어깨에 올리지 못했다. 용기를 내보려다가도 성관계를 원한다는 잘못된 인상을 줄까 봐 걱정했다. 독실한 기독교 신자로서 그는 혼인할 때까지 기다리고 싶어 했다. 오랫동안 떨어져 있던 커플이 다시 만나 격렬하게 포옹하는 영화 속 장면을 볼 때마다 그 순간이 얼마나 마법 같을지 상상했다. 그리고 그 순간을 함께 경험할 누군가를 꿈꾸었다.

그는 감정적 기대나 성관계가 배제된 전문적인 환경에서 안전하게 신체접촉을 주고받고 싶다는 생각에 던을 찾아왔다. 그는 영화음악을 듣고 와서는 세션이 진행되는 동안 자신이 가장 좋아하는 장면을 재연해 달라고 부탁하곤 했다. 20대인 던은 생물학적 여성으로 태어났으나 이제는 제3의 성을 선택하여 그he나 그녀she가 아닌 그들they이라는 대명사로 자신을 지칭한다. 던은 그 장면을 알지 못했지만 "너를 보게 되어서 기뻐"라고 말한 다음 그를 포옹하면 됐다. 이 연습은 마침내 그가 그토록 오랫동안 꿈꿔온 것을 경험할 기회를 주었고, 확실한 경계선이 정해지고 존중될 때 좀 더 마음이 편해진다는 것을 알게 했다. 여러 차례의 연습 후 그는 스킨십을 덜 두려워하게 되었다.

던에게 여러 달 동안 전문적인 서비스를 받은 끝에 그 고객은 연애 전선에 뛰어들어 배운 것을 써먹을 준비가 되었다고 생각했다. 그는 던에게 좋아하는 여성을 만났다고 말했고, 두 사람은 어떻게 그녀에게 다가갈지 함께 고민했다. 다음 세션에서는 그 여성도 자신을 좋아하는 것 같다고 알리며 기뻐했다. 몇 주 후에 두 사람이 사귀기로 하면서 더 이상 전문 커들러 서비스가 필요하지 않게 됐다. 그는 그렇게 되기까지 던과 연습한 것이 도움이 되었다고 했다. 그는 어떤 여성도 자신이 마음속에서 그토록 오래 쌓아두었던 영화 같은 순간의 기대치를 완전히 충족할 수 없다는 것을 배웠다. 대신 인연을 찾으려고 노력하면서 자연스럽게 관계가 진전되길 기다렸다.

"사람들을 도울 수 있어서 정말 행복해요." 던이 말했다. 그녀의 청회색 눈이 요정처럼 맑아 보였다.

던은 자기보다 먼저 커들러가 된 지인으로부터 이 직업을 알게 되었고 커들리스트Cuddlist라는 웹사이트를 통해 교육과정을 마친 뒤 몇 년째 커들러 일을 해왔다. 그 전에는 '새로운 문화New Culture'라는 실험 공동체에서 지내면서 낯선 이들과 가깝게 있는 자리에서도 크게 당황하지 않게 되었다. '새로운 문화'는 철저한 정직성과 지속 가능성을 강조하고, 성과 무관한 신체접촉을 주고받음으로써 사람들이 관계 맺는 방식을 바꾸는 것을 목표로 했다. 던은 이토록 본질적으로 즐거운 일을 하면서 생계를 유지할 수 있다는 것을 상상도 못 했다. 당시에는 알지 못했지만, 커들러 서비스는 성장하는 분야이고, 지난 10년 동안 사회가 점차 커들러에 우호적으로 바뀌면서 일부 심리학자는 환자에게 커들러 서비스를 권장하는 상황이다.

던은 커들러가 단지 외로움을 달래주는 사람이 아니라 교육자, 상담자의 역할도 한다고 본다. 커들러는 스킨십에 대한 사람들의 각본을 살피고 그것을 어떻게 교정할지 모색한다. 우리는 모두 스킨십에 대한 사회적 규범에 영향을 받는다. 던의 가족들도 서로 깊이 사랑하긴 하지만 '스킨십은 곧 섹스이다'라는 태도를 지녔다. 그래서 던도 예닐곱 살 이후로 신체적인 애정 표현을 거의 받지 못했다. 던의 가족이 신체적 애정 표현의 필요성을 깨달은 것은 던이 다 큰 다음이었다. 그 자리에 함께 있던 다른 커들러, 돈 샌크스Don Shanks는 60대 남성이며 정부 하청업자로 일하는데 스킨십이 굉장히 자유로운 가정에서 자랐다. 그의 집에서는 손을 잡고 텔레비전을 보거나 식사 시간에 서로 몸을 맞대고 있는 것이 드문 일이 아니었다. 그럼에도 그는 아내와의 신체적 접촉이 본질적으로 성적이라는 생각을 갖고 살았다.

부업으로 전문 커들러가 되고 나서 그는 비로소 포옹의 진정한 의미를 깨달았다. 행동을 바꾸고 아내와의 일상에서 플라토닉한 스킨십을 늘리자 부부 사이가 더 좋아졌다. 샌크스는 자신을 찾는 고객 중 다수가 온전히 가족을 돌보며 살아온 중년 여성이라고 말했다. 그들은 지쳤고 자기 자신에게조차 눈에 띄지 않는 기분이 들어서 그를 찾아왔다. 그들에게는 "오늘 어떻게 하면 좋으시겠어요?" 또는 "어떻게 시작할까요?" 같은 질문에 대답하는 것 자체가 대단한 훈련이 될 수 있는 이유이다. 몇 번의 세션이 지나서야 겨우 자신이 원하는 것을 먼저 제안하는 경우도 드물지 않다. 대개 여성은 어려서부터 소극적이고 순종적인 역할을 맡도록 교육받기 때문에 이런 연습의 목적은 비단 커들러와 함께할 때만이 아니라 일상에서도 자신이 원하는 것을 명확히 요구할 줄 아는 데 있다.

"그 점에 대해 생각해 본 적이 없었기 때문에 처음엔 크게 공감하지 못했죠." 샌크스가 말했다. "전 아주 가부장적인 세상에 살았었습니다. 하지만 이 일은 저와 다른 삶을 살아온 누군가의 여정을 수용하고 반영하는 일입니다."

던과 생크스는 미국 사회에서 신체접촉은 한정된 자원이며 성별, 젠더, 인종과 사회적 지위 등 정체성에 따라 스킨십을 덜 경험하기도 하고 더 경험하기도 한다고 했다. 성별과 젠더에 따른 차이는 특히 두드러진다. 동성 간의 신체접촉이 남성보다 여성 사이에서 더 쉽게 받아들여지는 이유는 여성이 양육을 담당하는 경우가 일반적이라 남성보다 동성에게 스킨십을 더 많이 받으며 자라기 때문이다. 한편 남성은 스포츠 경기 중을 제외하면 서로의 몸에 손을 대지 않는다는 사회적 불문율을 익힌다. 연인 관계가 아니라면 남성 간의 신체접촉을 경험할 일이 거의 없다는 뜻이다.

이성 교제에서는 대개 남성이 스킨십을 시작하는 사람이라는 역할기대가 있는데 이는 곧 그들에게 권력이 주어진다는 신호이기도 하다. 이처럼 고정된 역할은 애정을 표현하는 방식으로 주도권을 갖는 남성과, 뒤섞인 의도를 해석해야 하는 여성 사이에 불편한 역학 관계를 형성한다. 엎친 데 덮친 격으로 여성과의 신체접촉을 시도하기 전에 연습할 기회가 많지 않으므로 남성들은 어떻게 관계를 진척시켜야 할지 잘 알지 못하는 경우가 많다. 여성은 육체적 친밀감, 특히 남성과의 친밀감은 안전하지 않다고 어려서부터 교육받기 때문에, 커들러를 찾은 많은 여성이 과거의 트라우마를 마주한다. 사람들이 각자의 몸을 짊어지는 방식과 남성의 특권적 역할이 지난 몇 년 동안 미디어에서 두드러진 서사였다. 마침내 우리 사회는 경계와 동의에 관한 논의를 시작했다. 이는 터치하는 방식을 바로잡을 첫걸음이다.

이런 변화는 중요하지만 종종 양쪽 모두에게 혼란과 분노를 가져온다. 그 결과 타인과의 접촉은 지금까지 그랬던 것보다 더욱 복잡해졌다. 우리는 통념을 뒤집어 가족 간의 스킨십이 양육에 얼마나 중요한 요소인지 깨달았지만, 그 밖의 상황에서는 인간관계를 두고 점점 더 양가감정을 느낀다. 충족해야 할 암묵적 기대가 너무 많아서 차라리 서로 거리를 두는 편이 더 쉬워 보인다. 터치에 대한 개인적 서사에 덧붙여 문화적 부담까지 짊어져야 한다. 돈을 내고 순수한 신체접촉을 거래하려는 사람이 늘어나는 이유가 그 때문인지도 모르겠다.

* * *

현재의 상황을 파악하려면, 신체접촉에 관한 담론이 본격적으로 등장한 시기로 돌아가야 한다. 때는 해리 할로의 획기적인 연구가 진행되었던 시대이다. 아동 발달에 어머니의 스킨십이 중요하다는 그의 주장에 여성들의 반응은 엇갈렸다. 누군가는 이 연구를 계기로 많은 종교 문헌에서 약하고 더럽고 위험하다고 인식되었던 여성의 몸을 강하고 생명을 불어넣는 주체로 바꾸고자 했다. 그러나 다른 누군가에게는, 그러지 않아도 늘어난 완벽한 엄마의 조건에 역할을 하나 더 보탠 것일 뿐이었다. 스킨십은 여성이 제대로 해내야 하는 또 하나의 임무가 되었다. 많은 2세대 페미니스트들은 할로의 메시지를 위협으로 여겼다. 모유수유의 가치를 포함해 어머니의 돌봄을 강조한 그의 주장은 마침내 여성이 바깥 사회에서 어렵사리 한 발짝 나아간 시점에 다시금 가정 안에서 여성의 전통적인 역할을 받아들이는 수모를 겪게 할 수 있다고 우려했다. 칼리지 오브 스태튼 아일랜드의 사회학자 존 오말리 할리Jean O'Malley Halley는 저서 《터치의 경계Boundaries of Touch》에서 왜 여성이 할로의 주장을 받아들이기 꺼렸는지를 설명하며 "페미니스트들이 애써온 것과는 반대로, 인기에 편승한 이러한 학술적인 글 대부분은 여성을 어머니의 역할로 강등시켰다"라고 썼다.[1]

많은 페미니스트 리더들은 스킨십이 어떻게 양육에 활용될 수 있는지보다 남성과 여성이 서로를 터치하는 방식, 특히 섹스라는 행위에서 성 불평등을 강조하는 데 관심이 있었다. 수십 년 동안 여성에게 사랑이란 정신적인 문제였고 동료애나 커들링을 주고받을 때만 육체적인 측면에 관여하는 것이 여성들의 지배적인 태도였다. 그러던 것이 점차 남성과 마찬가지로 여성도 제재나 비판, 또는 여자답지 않다는 선입견에 구애받지 않고 순전히 즐거움을 위해 캐주얼 섹스를 하는 것이 용납되어야 한다고 믿게 되었다. 이와 같은 성혁명sexual revolution은 피임약의 도입과 여성 오르가슴에 대한 새로운 과학적 이해와 더불어 일어났다.

많은 여성이 처음으로 자신의 삶에서 성적 만족을 고려해

볼 힘을 얻었다고 느꼈다. 그러나 예상대로 여성이 평생 겪어온 불균형을 침실에서 어떻게 드러내는지의 문제가 남아 있었다. 누군가는 성행위를 강조하는 풍조가 남성들로 하여금 미래에 대한 약속 없이 여성을 더 많이 착취하게 하는 것은 아닌지 우려했다. 더구나 독립적으로 살아가기 힘든 낮은 임금 탓에 여성을 원치 않은 성생활로 몰고 갈 최악의 시나리오도 가능했다. 한편 전형적으로 여성이 갈망한다고 알려진 정서적 친밀감, 친분, 커들링 등은 뒷전으로 밀렸다.[2] 그 결과 남녀 모두에서 감성과 양육을 중시하는 것은 나약함의 표시가 되었고, 반면에 성적인 것은 해방의 표시가 되었다.

신체접촉이 가져올 부정적인 측면에 대한 논의도 늘어났다. 활동가들은 처음으로 성폭행, 가정폭력, 성적 괴롭힘과 같은 사회문제에 대한 대중의 관심을 끌어냈다. 이런 이슈는 즉각적인 대중의 반향을 일으켰고, 영화와 소설은 부적절한 신체접촉이 사람들의 삶에 장기적으로 일으키는 부작용을 다루기 시작했다. 성폭력과 가정폭력을 규탄하는 운동이 시작되었다. 여성들은 지지 단체를 결성하고 그 안에서 처음으로 개인적인 이야기를 할 수 있었다. 대중은 이런 경험이 얼마나 끔찍할 정도로 흔한지, 그리고 그 문제를 국가적인 차원에서 다루는 것이 얼마나 절실한지 알게 되었다. 남성이 가족 안에서 권력을 행사하는 방식은 결국 그들이 공공기관에서 법과 정책을 설계하는 방식에 반영되기 때문이다.[3]

이런 변화가 가정 밖에서의 학대라는 또 다른 문제에도 관심을 집중시켰다. '성희롱sexual harassment'이라는 용어는 1975년에 코넬 대학교의 한 여성 단체에서 전(前) 직원이 상사에게 부적절한 신체접촉을 당했다고 주장하면서 대중의 어휘 사전에 올랐다.[4] 학교 측은 해당 직원의 부서를 바꿔주지 않았고 그녀가 사표를 내자 '일신상의 사유'로 퇴사했다며 실업수당 지급을 거부했다. 성적인 강요를 포함해 직장을 잃지 않기 위해 참고 견뎌왔던 많은 문제에 대해 여성들이 점점 더 목소리를 높였다. 이후 20년 동안 아니타 힐Anita Hill의 증언을 포함해 유명한 사건들이 세간에 알려지면서 미국 관계 기관은 이 문제를 해결하기 위한 조치를 시행했다.

기업은 직장 내의 적절한 접촉과 부적절한 접촉을 정의한 내규를 정했다. 학교는 교사가 학생을 터치해도 되는 상황을 한정하는 교칙을 만들었다. 성폭력 예방 교육은 직장에서 필수 이수 과정이 되었다. 이런 교육은 표면적으로는 사회적 병폐의 해결을 목적으로 내세웠지만, 실질적으로는 회사가 책임을 회피하는 데 더 큰 목적이 있었다. 대체로 접촉을 피하는 교육으로 구성되어, 순수하게 어깨를 쥐거나 손등을 두드렸더라도 상대에게 오해될 수 있고 심지어 부당한 착취로 확대해석될 수 있다는 개념을 밀어붙였다.[5] 그러나 신체접촉을 악마화해도 학대와 폭력은 멈추지 않았다. 단기 교육만으로는 가해 행동을 막기에 역부족이었고, 이런 교육이 오히려 기존의 젠더 편향을 증폭시킨다는 증거까지 나타났다.

성적 괴롭힘에 대한 고발이 늘어났지만 처리 속도는 빨라지지 않았다. 시행되지 않는 규칙은 아무 의미가 없다. 미투운동은 이 시스템이 범죄자에게 책임을 묻는 일에 얼마나 무능한지 여실히 드러냈다. 법원을 포함한 기관이 이런 문제를 항상 효율적으로 처리하는 것은 아니었으므로 대부분의 경우 개인이 알아서 해결해 왔다.[6] 그러나 개인의 특성과 배경에 따라 부적절한 접촉 사례에 대한 반응은 굉장히 다르다. 어떤 이들은 이 모든 엄격한 규칙들이 부담스럽고 신체접촉을 부족하게 만들 뿐이라고 생각한다. 일부는 특히 학대와 폭력에 대해서는 이런 규칙이 중요하고 필요하다고 주장한다. 한편 스킨십을 많이 받지 못하고 자란 사람은 대개 세상에 스킨십을 필요로 하는 사람이 있다는 사실을 잘 이해하지 못한다. 그 반대의 경우도 마찬가지이다.

우리는 오만 가지 철학과 각자의 선호가 뒤섞인 세상에 살고 있다. 이런 혼란 속에서 고군분투한 경험에 대해 묻자, 많은 여성이 남성 상사가 어깨나 허리에 손을 올린 경험을 언급했는데 대부분의 여성은 이를 (남성 부하 직원에게는 하지 않을) 성적인 접근이라기보다는 권력 행사로 보았다. 성적인 접근을 시도한 동료를 언급한 경우도 있었지만 인사과에 보고한 사례는 없었다. 상사가 격려와 함께 잠시 자신의 손을 꽉 쥐거나 등을 두드린 기억이 있더라도 남성 동료에게도 똑같이 행동했다면 큰 문제라고 보지 않았다. 그러나 대부분이 직장에서 일체의 신체접촉을 금지하는 엄격한 정책을 옹호했다.

대다수 남성이 동료의 몸에 손을 대는 것이 두려워 철저히 기피한다고 말했다. 사무실 사람들이 모두 한 장에 나오게 하려고 사진사가 사람들을 억지로 가깝게 서도록 강요한 경험을 언급한 사람도 있다. 나와 이야기를 나눈 고등학교 남자 교사는 축구 연습 중에 여학생의 엉덩이를 토닥거린 것으로 고발당했다. 그는 맹세코 허리였다고 했다. 다행히 학생의 어머니가 정식으로 고소하지는 않았지만 그는 중요한 교훈을 얻었다. 운동장에서는 교실보다 조금 느슨하게 행동해도 괜찮을 거라는 생각에 골을 넣은 학생을 껴안거나 팔을 두르곤 했는데 앞으로는 좀 더 신중하고 엄격하게 행동하기로 한 것이다.

모두가 새로운 규범을 따르고 싶어 하는 것은 아니다. 내 동료 한 명은 인사과 교육에서 학생과 절대 포옹하지 말라는 지침에 충격을 받았다. 50대의 나이에도 활기차고 친근한 성격 덕에 다가가기 쉽다는 점이 교수로서의 매력인 사람이었다. 만약 학생에게 그의 관심과 애정이 필요하다면 그는 이런 정책 때문에 외면하지는 않을 것이다. 나는 그가 일체의 접촉을 금지하는 인사과 교육에 대한 경멸을 표현했을 때, 여성 동료 몇몇이 고개를 끄덕이며 동의하는 것을 보았다. 그들은 학생을 격려하는 것이 자신들의 역할이며 스킨십은 중요한 도구라고 생각했다. 또한 교육을 어렵게 만드는 힘의 불균형을 일부나마 바로잡는 데 신체접촉이 실질적인 도움이 될 거라고 믿었다.

이런 종류의 타협이 직장에서만 일어나는 것은 아니다. 나와 얘기한 한 여성은 인사 잘하고 껴안기 좋아하는 외향적인 딸을 키우고 있었는데, 조용히 혼자 노는 아이를 칭찬하는 어린이집에 다니면서 딸이 혹여 자신의 성격이 가치 없다는 인상을 받지 않을까 염려했다. 외향적인 성격을 선호하는 사회에서, 자칫 내향적인 성격을 예의 바름의 지표라고 배울까 봐 걱정하는 것이다. 그러다가 다정하게 타고난 성격을 억누르게 될지도 모르니까 말이다.

연애는 아마도 스킨십이 가장 크게 두드러지는 관계일 것이다. 스킨십과 섹스에 대한 욕망은 서로 얽혀 있지만, 많은 남성과 여성이 가볍게 스킨십을 시작하는 것이 오히려 더 어렵다고 말한다. 캐주얼 섹스는 쉽게 받아들여지지만 커들링에는 좀 더 진지한 관계가 필요한 현실 앞에서 많은 이들이 문화적 규범의 퇴보에 혼란스러워한다. 많은 여성(그리고 일부 남성)이 스킨십이 많았던 상대와의 섹스가 좀 더 편안하다고 말한다. 그러나 그들은 섣부른 기대를 하지 않는다. 왜냐하면 애정 어린 신체접촉을 시도했다가 깊은 관계를 원하는 것으로 상대가 오해할까 봐서이다.

보디랭귀지의 정치가 국가적 담론의 소재가 된 경우가 있었다. 미셸 오바마가 엘리자베스 여왕의 어깨에 팔을 두르는 왕실 예절에 어긋난 행동을 했을 때였다. 회고록 『비커밍Becoming』에서 그녀는 버킹엄 궁전에서 여왕을 만났을 때 불편한 신발에 대해 서로 불평하던 순간을 이야기했다. 여왕은 웃음을 터뜨렸고 그녀는 자연스럽게 여왕의 등을 팔로 감쌌다. 여왕의 몸에 손을 대는 것이 예법에 어긋난다는 것을 알지 못했던 탓이다.[7] 그 일로 미셸 오바마는 '껴안기 대장hugger-in-chief'라는 칭호를 굳혔고 이 사건은 따분한 영국의 사회규범에 대한 미국식 친근함의 승리로 분석되었다.

미셸 오바마의 스킨십은 장벽을 깨는 신호였지만 조 바이든은 2020년 대통령 출마 선언을 하기 몇 주 전 누가 봐도 덜 유쾌한 평가를 받았다. 케이틀린 카루소Caitlyn Caruso라는 여성은 한 성폭력 근절 행사에 대학생으로 참석했을 때 자신이 불편한 기색을 드러냈음에도 바이든이 자신의 허벅지에 손을 얹었으며 이후에는 필요 이상으로 긴 포옹을 시도했다고 말했다. 또 다른 여성은 그가 손으로 자신의 허리를 쓸어내려 불편하게 만들었다고 말했다. 바이든은 이런 혐의를 시대 변화의 탓으로 돌리면서 과거에는 용인되던 행동이 오늘날에는 다시 평가되고 있다고 말했다. 그는 자신을 '촉각 정치인'이라고 묘사하면서 자신의 귀는 늘 열려 있으며 얼마든지 행동 양식을 바꿀 수 있다고 부르짖었다.

그 혐의가 제기된 이후 우리 모두는 자신이 원치 않는 신체접촉의 대상이었든 퇴짜를 당했든 자신의 기분을 바이든에게 투사한다. 자신감 문제로 고전하고 이미 신체접촉을 시도하는 데 어려움을 겪어본 남성은 이런 대중의 반발 때문에 앞으로 더 주저하게 될 것을 걱정했다. 원치 않는 신체접촉을 받아들였던 여성은 마침내 그 경험에 관해 터놓고 말할 수 있게 되었다고 느꼈다. 거의 모든 남성이 오해의 소지를 염려해 여성에게 신체접촉을 시도하는 문제에 긴장한다. 또한 거의 모든 여성이 원치 않는 교류에 내적으로 움츠러든다. 우리 각자는 스킨십에 대한 개인적 열망이나 불편함에 대한 서사를 강화했다.

그것이 진짜든 부정확한 것이든, 우리가 가장 기본적인 인간의 몸짓에 대해 갖고 있던 모든 가정과 이분법이 드러났고, 논란이 좀 더 심각해지자 주장도 더욱 격렬해졌다. 과거의 가부장적 행동을 바로잡으려고 노력할 때 우리는 권력을 쥔 사람들이 좀 더 세심하게 행동하기를 기대한다. 바라건대 남성은 여성이 하는 행동을 이해하려고 노력하거나, 신체접촉을 해도 될지 분명하게 물어봐야 한다. 여성이 과거의 경험으로 인해 신체접촉을 침해로 받아들일 수 있기 때문이다. "안아도 되겠습니까?"라고 묻는 행동은 몇 번 연습하고 나면 훨씬 자연스러워진다. 이를 통해 여성 또한 무엇 때문에 남성과의 신체접촉을 두려워하는지 확인할 수 있다. 과거의 경험 때문에 모든 신체접촉에 너무 빨리 나쁘다는 딱지를 붙였는지도 모른다. 이제 더 많은 기회가 주어진 만큼, 자신이 원하는 것을 제때 표현하는 노력을 하는 편이 바람직하다.

경계가 명확하게 정해지는 쪽이 모두에게 낫다. 그렇게 할 수 있는 유일한 방법은 위험을 감수하고 어설프더라도 관계를 이어나가는 것이다. 그러나 원하는 것에 대해 소통하고 "싫어요"라는 말에 익숙해지는 것처럼 중요한 단계를 통과했다고 하더라도 사회생활에서 신체접촉은 언제나 약간의 위험을 수반한다는 사실을 인정할 필요가 있다. 터치는 인간의 다른 모든 의사소통만큼 복잡하다. 그리고 항상 완벽하게 해낼 수는 없다. '터치touch'라는 단어의 뿌리가 고대 프랑스어로 부딪힌다는 뜻의 'touchier'라는 것도 일리가 있다. '터치'라는 명사의 사전적 정의 중에는 질병 등이 가하는 '약한 공격'이 있다. 좋든 나쁘든, 그것은 우리를 쓰러뜨릴 수 있다.

* * *

남성성의 감각을 유지하는 것이 수감자들의 삶에 미친 영향에 관한 수필집 『감옥의 남성성Prison Masculinities』에 수록된 「스킨 블라인드Skin Blind」라는 제목의 글에서 작가 댄 펜스Dan Pens는 워싱턴주에서 수감 생활을 하는 동안 느꼈던 신체적 격리를 묘사했다. 그곳에는 엄격한 접촉 금지 규정이 있었다.[8] 이 규칙은 굳이 문서화될 필요가 없었는데, 좁은 공간에서 물리적으로 가깝게 지냈지만 모두 알아서 거리를 두고 있었기 때문이다. 실수로 어깨를 스쳤더라도 사과하지 않으면 상대의 분노를 일으켜 싸움으로 번질 수 있었다. 수감된 지 6년째 되던 해에 그는 그 지역 자원봉사자들이 주최한 '폭력의 대안'이라는 워크숍에 참가했다. 그중 한 사람이 참가해 줘서 고맙다며 그에게 다가왔다. 그는 악수를 예상했으나 그녀는 그를 덥석 안았다.

"먼지 낀 건조한 텅 빈 영혼에 따뜻한 벌꿀 같은 에너지가 쏟아지는 기분이었다." 그는 이렇게 썼다. "터치는 생명이다. 활력이다. 피부의 음악이다. 눈이 먼 자는 볼 수 없는 색깔이다.

터치를 빼앗기는 것은 정신에 엄청난 손상을 준다. (…) 우리의 피부는 생명의 노래를 부른다."[9]

그때까지 그는 자신이 얼마나 오랫동안 사람과의 접촉을 빼앗긴 채 살았는지 생각해 본 적이 없었다. 그것은 수감 생활로 사람들과 복도와 농구장에서 부딪히는 것조차 금지되기 훨씬 전부터 그에게 서서히 다가온 일이었다. 이 박탈은 그가 거리에서 약물과 알코올에 찌들어 아무것도 알지 못했던 시절부터 시작되었으나 교도소에서 정신이 멀쩡한 상태로 지내다 보니 사람 손길의 무게를 더 깊이 느끼게 되었는지도 모른다. 워크숍 후에 그는 한 감방 동료에게 타인의 살이 그립지 않은지 물었다. 감성이 풍부한 이 동료는 그렇다고 답했다. 펜스는 그에게 가끔 등을 안마하거나 포옹하는 정도는 허락할까 고민했지만 결국 혼자 있는 것을 택했다. 그리고 감옥은 사람이 자기 자신을 가두는 곳이라는 결론을 내렸다.

수감 환경은 인간이 얼마나 살을 부대끼며 살도록 사회화되었는지를 보여주는 극단적인 예이다. 사회적 변화로 여성들이 더 많은 개인 공간을 자유롭게 요청할 수 있게 된 반면, 남성들은 충분한 거리를 두어야 한다는 서사에 얽매이게 되었다. 강인함과 힘이 오랜 시간 남자다운 특성으로 여겨지면서 남성을 덜 다정하게 만들었다. 그렇지만 과거에는 남성의 다정함이 오늘날보다 오히려 흔했다. 역사학자 조애나 버크Joanna Bourke 는 제1차 세계대전 때처럼 큰 변화의 시기에 남성들이 어떻게 아플 때 서로를 돌봐주고 함께 목욕하고 몸을 가까이 한 채 춤을 추고 추위를 견디기 위해 한 담요를 덮고 온기를 나누었는지 썼다.[10] 1920년대까지 미국의 여러 역사적인 인물의 초상화에는 남성이 친구와 함께 손을 잡거나 껴안거나 무릎에 앉아 있는 모습이 그려졌다.

20세기에 정치인과 성직자가 동성애를 조심하라며 경고하고 정신과 의사가 이를 질병으로 낙인찍으면서 남성들이 게이처럼 보이는 것을 경계하기 시작했다.[11] 그때부터 남자들은 친구끼리 서로 가까이 있거나 손을 잡는 것을 피했다. 꽉 막힌 보디랭귀지를 채택함과 동시에 정서적인 친밀감도 억누르고 숨겼다. 예외가 있다면 스포츠뿐인데 그조차도 신체접촉이 허락되는 것은 경기 내적인 맥락에서만이다. 풋볼 경기장에서 동료의 엉덩이를 때리는 행위는 용인되지만, 라커룸에서는 같은 행동이 부적절한 성적 유혹으로 취급된다. 심지어 남성과 여성 사이의 접촉이 엄격하게 규정된 다른 문화권에서도 남성들끼리 친밀감을 보이는 일은 오히려 드물지 않다.

남성 간의 신체접촉이 금기인 사회에서 남성이 애정 어린 신체접촉을 경험할 수 있는 유일한 관계는 데이트 상대와의 관계나 그 밖의 로맨틱한 관계뿐이다. 그러나 모두가 같은 비율로 커플이 되는 것은 아니므로 그마저도 희박한 전망이 되어가고 있다. 결혼하는 사람은 줄고 그나마 결혼을 계획하는 사람들도 나중으로 미룬다. 이제는 35세 미만의 성인 약 60퍼센트가 배우자나 파트너 없이 살고 있는데, 전반적으로 사람들이 전보다 더 많은 시간을 혼자 보낸다는 뜻이다. 가족 구조가 와해

되는 원인으로 꼽히는 것은 경제적 불확실성에서부터 기대수명의 변화, 부모에 대한 지나친 의존 등 여러 가지가 있다. 사귀는 사람이 있는 경우에도 과거보다는 살을 덜 맞댈 것이다. 애정이 담긴 신체접촉에 대한 연구는 많이 이루어지지 않았으므로 현재로서는 섹스가 최선의 지표일 텐데, 연구 결과를 보면 사람들은 섹스도 예전보다 덜 하고 있다.

시카고 대학교에서 시행한 2016년 종합 사회 조사를 분석한 결과 샌디에이고 주립대학교 심리학과 교수인 진 트웬지 Jean M. Twenge는 밀레니얼 세대가 평균적으로 두 세대 전 사람들보다 성적인 만남이 적은 것을 발견했다. 섹스 파트너의 수도 줄어드는 추세였다. 20대 초반의 약 15퍼센트가 성인이 된 이후 섹스를 해본 적이 없다고 말했다. 전체 성인 인구에서 한 사람당 성관계 횟수도 1년에 62번에서 54번으로 감소했다.[12] 이 수치는 '섹스 불황'의 가능성을 제기해 미디어를 공황에 빠뜨렸다. 이런 결과의 원인에는 결혼율을 감소시킨 경제적, 사회적 요인과 함께 데이팅 앱, 인터넷, 섹스 토이, 포르노, 정신과 약물 등이 포함된다.[13]

이것이 무조건 나쁘기만 한 소식은 아니라는 사실을 언급할 필요가 있다. 이전 세대는 결혼을 의무로 여겼지만 오늘날에는 선택 사항이므로 굳이 나쁜 관계를 맺도록 강요받지 않는다. 결혼을 선택하는 사람도 예전보다 시기를 늦추는데 이는 똑똑한 결정으로 보인다. 1990년대 이후에 결혼한 사람은 결혼 후 15년 안에는 이혼하지 않을 가능성이 크다. 이 시기는 또한 섹스의 빈도가 감소하는 시기이기도 하다. 아마도 여성이 주체성을 얻으면서 섹스를 덜 하는 쪽을 선택하기 때문인지도 모른다. 현대 가족협의회라는 비영리단체 소속으로 연구 및 공교육을 책임지고 있는 스테파니 쿤츠Stephanie Coontz에 따르면 1950~1960년대에 여성들은 자신이 원하는 것보다 성관계를 더 많이 한다고 응답했다. 섹스를 덜 한다는 것이 꼭 섹스가 만족스럽지 못하다는 뜻은 아니다. 횟수는 줄었으나 만족도는 개선된 것으로 보인다. 평등한 커플일수록 성적 만족도가 더 높다고 응답하는 경향이 있다.[14]

그러나 전반적인 사회 변화로 파트너를 찾지 못해 원하는 신체접촉을 할 수 없는 사람이 더 많아졌다. 이론적으로는 온라인 데이팅 덕분에 사람을 만나고 사귀기가 더 쉬워져야 하지만, 다들 프로필과 사진만 보고 너무 빨리 거절하는 탓에 누가 봐도 매력적이거나 성공한 사람만 행운을 거머쥘 수 있다. 온라인 데이팅 사이트인 틴더Tinder를 예로 들면 2018년에 매일 16억 번의 스와이프 중에서 두 사람이 모두 서로 관심을 보여 매치되는 경우는 2600만 번에 불과했다(제시된 프로필을 보고 마음에 들면 오른쪽으로, 마음이 들지 않으면 왼쪽으로 화면을 스와이프하여 호불호를 표시한다—옮긴이). 그리고 그중에서도 실제로 서로 메시지를 주고받거나 직접 만날 약속을 하거나 사귀게 된 사람은 더 적었다. 성혁명이 오히려 여성들에게 압박감과 대상화된 기분을 느끼게 했다면 남성에게는 인터넷이 같은 일을 했다. 온라인 데이팅은 상대를 외모로만 판단하게 함으로써 실생활에서 온기를 찾지 못하게 가로막고 있다.

연구 결과에 따르면 스킨십 부족 때문에 더 고생하는 쪽은 남성이지만, 신체접촉에 대해 그들이 취하는 태도는 이중적이다. 즉, 신체접촉을 원하는 만큼 혐오하기도 한다는 말이다. 이런 모순된 느낌은 회피형 애착과 연관된 것으로 보이는데, 이는 스스로 파트너에게 곁을 내어주거나 반응하지 않음으로써 자신이 갈망하는 애정을 일부러 차단한다는 뜻이다. 감정을 회피하게 만든 사회적 프로그래밍으로 인해 느끼는 대로 행동하는 것을 두려워하기 때문이다. 반대로 여성은 서로 끌어안았을 때 더 보살핌을 받는 것 같아 즐겁다고 응답했는데, 아마도 자라면서 이런 자질을 체화하도록 장려받았고 삶에서 신체접촉이 사라져도 크게 고통받지 않기 때문일 것이다.[15]

우리는 대인관계를 열망하는 마음을 부정하는 것이 개인의 건강과 사회구조에 해로울 수 있음을 잘 알고 있다. 최근 몇 년간 외로움을 보는 관점은 불행한 삶의 현실에서 끝이 보이지 않는 심각한 전염병으로 바뀌었다. 이 문제가 지나치게 두드러지자 영국에서는 '고독부 장관'을 임명했다.[16] 전 미국 보건총감 비벡 무르티Vivek Murthy는 장기적인 고독으로 인한 수명 단축은 담배를 매일 15개비씩 태우는 것과 같다고 말했다.[17] 그러나 고독의 해결책을 생각할 때, 대부분은 약을 처방받거나 대화 상대를 찾는 등 정신적이고 감정적인 것만을 고려한다. 가장 본능적인 소통 방식은 고려되지 않는다. 서로의 살을 맞대는 것 말이다.

여성이 자신과 섹스하지 않으리라 생각하는 남성들로 이루어진 '인셀incel(비자발적 독신)'이라는 인터넷 하위문화 집단이 있다. 그들만큼 접촉할 상대가 없는 상태의 결과를 잘 보여주는 집단은 없을 것이다. 그들에 따르면 섹스는 자신들과 다른 세계에 사는 채드Chad와 스테이시Stacy(이성에게 인기 많은 남녀를 지칭하는 인셀들의 조롱 섞인 은어—옮긴이), 즉 훌륭한 유전자를 타고난 전통적인 의미에서 매력적인 사람들에게 몰린다고 한다. 그들 중 일부는 온라인 공론장에서 여성이 자기들과 의무적으로 성관계를 하게 하는 정책이 시행되어야 한다고 터무니없이 주장한다. 또 어떤 이들은 성적인 면에서 좀 더 성공한 사람들의 자살이나 그들을 향한 폭력을 지지하며 인셀 이데올로기의 요소를 갖춘 대량 살인자들의 발언을 숭배한다.

그들의 믿음은 분명 혐오스럽다. 그러나 이 집단을 평가할 때 우리는 대부분 젠더나 기술, 인종 이슈에 관해서만 이야기할 뿐, 대인관계에 대한 깊은 욕망을 해소하지 못하는 데에서 오는 좌절과 고통은 다루지 않는다. 인셀들의 문제제기가 그들만의 것으로 보일지 모르지만, 사실은 터치에 굶주린 인간 정신에 일어나는 부작용을 단적으로 보여준다. 이들의 외로움은 문제의 원인으로 지목받는 미남, 미녀 또는 특정 인종에 대한 지독한 분노로 변질된다. 자신에 대한 증오가 밖으로 향하는 것이다. 화면 속에서 형성된 관계는 이들이 실제로 갈망하는 관계를 대신할 수 없다. 이들을 결합하는 것은 결국 이들이 공유하는 고립감이기 때문이다.

이들이 실제로 열망하는 관계는 타인의 곁에서만 가능하다. 외로움의 악순환에 갇힌 아주 많은 사람들의 경우처럼 말이다. 우리는 친밀함을 나눌 기회를 더 많이 만들어서 우리의 바람이 섹스에만 얽매이지 않게 해야 한다. 신체접촉이 그렇게 귀한 자원이 아니라서, 연애 상대만이 아니라 친구와도 수치심 없이 주고받을 수 있게 된다면 삶이 덜 비통해질 것이다. 한편 외로움을 느끼는 사람, 단지 애정을 확인하려고 만족스럽지 못한 섹스에 동의하는 사람도 줄어들 것이다. 이 책을 읽는 독자에게 친구로부터 더 많은 친밀감을 요구하는 것이 이상하게 생각될 수도 있겠지만, 그것은 경계를 어디에 그었는가의 문제일 뿐이다. 영원한 것은 없다.

신체접촉을 피하고 혼자 지내는 생활이 단기적으로는 안전하게 느껴질지 모르지만 시간이 지나면 훨씬 심각하고 이질적인 괴로움을 가져온다. 수 세기에 걸쳐 인간은 점점 더 서로로부터 멀어졌다. 불필요한 마찰을 막기 위한 목적이었음에도, 이는 터치가 더럽거나 감상적인 것 또는 음욕의 표시라는 오랜 믿음을 강화해 왔다는 뜻이기도 하다. 우리는 얼굴과 얼굴을 맞대며 다른 사람을 만나고 또 새로운 사람과 접촉하는 위험을 감수하는 일에 서툴러졌다. 화면 뒤에 앉아 고립될수록 사회가 양극화되는 것은 당연한 결과라고 지적한 사람이 내가 처음은 아니다. 우리는 우리가 공유하는 인간성의 상징으로서의 터치를 되찾음으로써 유익을 얻을 것이다. 관건은 어떻게 거기까지 갈 것인가이다.

$$* * *$$

1965년 11월 9일 늦은 오후, 뉴욕의 불빛이 꺼졌다. 10시간 동안 사람들은 텔레비전 없이 할 일을 찾아 여기저기 더듬대며 빈둥거렸다. 그리고 정확히 9개월 후, 《뉴욕타임스》에는 〈대정전 9개월 후 출산 증가〉라는 제목의 머리기사가 실렸다. 이 기사는 마운트 시나이 병원에서 치솟은 출산율 그래프를 증거로 제시했다. 정전 당시 놀거리를 빼앗긴 사람들이 미처 피임도 하지 못한 채 어떻게 그 시간을 보냈는지 명확해졌다. 이때 처음으로 '블랙아웃 베이비blackout baby' 서사가 등장한 이후, 눈 폭풍, 허리케인, 지진, 폭력 사태 등 재난이 일어날 때마다 언론에서 그에 상응하는 베이비붐을 예측하는 경향이 생겼다.[18]

그러나 블랙아웃 베이비는 속설이었다. 종종 출산율이 눈에 띄게 증가하면 사람들은 그 수치에 관심을 기울이고 평소라면 의미 없을 일시적 변화에 목적과 의미를 부여한다. 물론 예외도 있다. 가장 주목할 만한 사건은 1995년 오클라호마시티 폭탄 테러인데 오클라호마 대학교 심리학자 조지프 리 로저스 Joseph Lee Rodgers는 그 사건 이후 도시에서 베이비붐이 일었다는 것을 발견했다.[19] 그러나 이 경우에 '붐'은 의식적인 결정이었던 것 같다. 목숨을 잃을지도 모른다는 두려움에 사람들은 마치 보험을 들듯 출산을 선택했다. 로저스는 충격적인 사건을 겪으면 사람들이 평소보다 전통적이고 보수적인 사고를 택하게 된다고 주장한다. 매사가 호르몬에 의해서 결정되는 것은 아니지만, 그럼에도 도시 괴담의 존재는 우리 인간에 대한 중요한 사실을 알려준다. 우리는 이동이 불가능하고 일상생활을 하지 못할 때 서로에게 매달리게 된다고 생각하고 싶어 한다.

뉴저지주 몽클레어 출신의 기업가 애덤 리핀Adam Lippin은 에이즈 공포가 만연하던 1980년대 뉴욕에서 겪은 삶의 공황을 떠올렸다. 전화 인터뷰에서 리핀은 당시 사람들 사이에서 목격한 촉각적 행동에 영감을 받아 커들리스트를 창업하게 된 과정을 말했다. 리핀은 당시 20대였고 마침 게이로 커밍아웃한 참이었다. 그는 자신의 새로운 정체성이 편치 않았고 정체성이 알려지면 따돌림을 당할까 봐 걱정했다. 리핀은 이성애자 친구들이 청소년기에 여자아이들과 어울리며 친밀한 관계의 경험을 쌓는 것을 보았다. 그렇게 성인이 되었을 때 친구들은 있는 그대로의 모습으로 충분히 편안해 보였다. 리핀과 다른 게이 남성들은 나이를 먹은 채 처음부터 시작해야 했다. 그는 혼자 지내보기도 하고, 잃어버린 시간을 보충하고자 성에 몰두하기도 했지만 어느 쪽도 만족스럽지 않았다.

이미 터치에 온 신경이 빼앗겨 있었지만 동료들이 아프고 죽어가는 모습을 보자 리핀의 마음은 더욱 복잡해졌다. 꼭 성적인 것이 아니더라도 애착을 나눌 기회가 있었다면 평안을 찾았을지도 모르지만, 동료들의 애착 트라우마는 오히려 더 악화되었다. 서로를 완전히 기피하거나 위험하고 만족스럽지 못한 섹스에 몸을 던졌고 관계를 유지하려고 애쓸 때조차 그 노력에 양가감정을 느꼈다. 어렴풋한 두려움 때문에 만족스러웠을 수도 있었을 사회적 유대에서 멀어지는 쪽을 선택했다. 일부는 자신이 어떤 식의 도움을 원하는지 또는 그것을 어떻게 요청해야 하는지조차 모르는 것 같았다.

"단지 마음을 터놓고 얘기하는 것 이상으로 사람 사이에서 실재적인 상호작용이 바탕이 된 느낌을 느껴보고 싶다고 일기장에 쓰곤 했습니다. 외롭다는 게 어떤 건지 아니까요." 리펀이 당시의 심경을 털어놓았다.

에이즈 치료법이 개선되고 에이즈에 걸린 사람들이 이를 사형선고로 여기지 않고 살아갈 수 있게 되면서 리펀은 서서히 그 충격적인 시간에서 회복되었다. 프랜차이즈 치킨집을 창업하고 성공적으로 운영하면서 뉴저지로 이사했다. 그곳에서 마침내 자신이 원하던 지속적인 관계를 찾았지만 자신과 친구들이 겪었던 일을 잊지 않았고, 그중 많은 이들이 여러 해가 지나도 신체적으로나 정서적으로 제자리걸음인 모습을 보았다. 50대가 되면서 좀 더 의미 있는 일을 하고 싶어졌을 때 그는 바로 사람들이 몸에 대한 인식을 제고하도록 돕는 일을 떠올렸다.

리펀은 과거에 즐겨 찾곤 했던 커들 파티cuddle party에서 자신이 받았던 도움을 어떻게 하면 다른 이들과 나눌 수 있을지 생각했다. 그는 섹스를 염두에 두지 않고 안거나 안기는 것을 좋아했다. 결혼 이후에도 플라토닉한 신체접촉이 여전히 자신을 둘러싼 사람들과 친밀해질 기회를 주었던 것을 상기했다. 다방면으로 알아본 결과 그는 전문 커들러가 되고 싶은 사람들이 정식으로 훈련을 받을 수 있는 통로가 없다는 것을 알게 됐다. 한때 기업가였던 그는 신입 커들러들을 위한 프로그램을 제작하기 시작했다.

처음에는 주변에서 그의 발상에 고개를 저으며 불안해했다. 돈을 주고 사람을 끌어안는다는 것이 이상하게 보이는 것도 당연했다. 그러나 문화가 빠르게 변화하고 있었다. 그는 과거 미국에서 초밥이나 성인용 점프슈트처럼 처음에는 손가락질을 받았으나 서서히 정상이 되어간 것들을 보아왔다. 커들리스트를 창업하고 교육 플랫폼이 자리를 잡자 커뮤니티가 유기적으로 성장하며 사람들이 전문 커들리에게 마음을 열기 시작했다. 지금까지 1000명 이상이 교육을 받았고, 수백 명이 고객으로 웹사이트에 가입했다. 현재 커들리스트는 세계에서 가장 규모가 큰 커들러 네트워크이다. 이런 현상이 리핀에게는 사회문화를 자극하여 촉각적 구속에서 벗어나 서로에게 마음을 열 필요가 있다고 외치는 것처럼 보였다.

"저는 자신의 내면에 갇혀 있는 모든 남성을 생각했습니다. 어떻게 하면 그들을 변화시킬 수 있을까요?" 리핀이 물었다. "충격적인 상황에 빠뜨리는 겁니다. 망설이면 문제를 해결할 수 없어요. 문제의 원인이 망설임이니까요."

나는 그에게 혹시 고객들이 커들링을 가짜라고 느끼지는 않는지 물었다. 그는 내게 솔직하게 털어놓았다. 그들에게는 다른 대안이 없다고 했다. 신체접촉이 흔하지 않은 환경에서 사회적 자본이나 신체적 매력이 없고 다른 사람 앞에서 어색하게 행동하는 사람이라면 소외될 가능성이 높다. 우리 사회는 사람들이 보살핌받는 기분을 느끼지 못하고, 또 설사 접촉 자체는 늘었더라도 여전히 그것을 경험하지 못하는 사람들이 있는 다양한 문화적 상황을 만들어 왔다. 예컨대 수많은 원룸 아파트와 엄격한 사회규범이 있는 대도시에서 정신없이 일만 하며 사는 삶처럼 말이다. 자본주의 문화에서 경제적 여유가 있는 사람들이 자신의 결핍을 채울 가장 확실한 방법은 돈을 지불하는 것이다. 그렇다고 다른 사람과의 교류가 의미 없다는 뜻은 절대 아니다.

"저는 문화가 지체되지 않고 모든 사람이 자신에게 필요한 것을 누렸으면 좋겠습니다." 리펀이 말했다. "그러나 지금 우리 사회는 그렇지 못하죠. 커들러들의 스킨십에 과연 진정한 의미가 있을까요? 그것이 진짜일까요? 나와 이야기를 나눈 사람들은 진짜 경험이라고 말합니다."

리펀 자신은 전문 커들러가 아니다. 나는 커들리스트를 통해 훈련받은 전문 커들러들을 만난 자리에서 고객과의 상호작용에 관해 비슷한 질문을 던졌다. "돈을 주고 산 신체접촉에서 사람들이 정말 얻어 가는 게 있을까요?"인디고 던은 정곡을 찔렀는데, 내 질문에 사적인 관계에서 주고받는 신체접촉이 직업인이 제공하는 것보다 순수하다는 전제가 깔려 있다는 것이었다. 그에게 그것은 부당한 구분이었다. 왜냐하면 모든 관계에는 거래의 요소가 있기 때문이다. 상대가 당장 메시지에 답하길 기대하거나 통신비를 나눠 내길 바라는 것처럼 말이다. 요금은 단지 다른 형태의 교환일 뿐이며 오히려 다른 기대에 얽매이지 않은 채 순수하게 신체접촉을 제공받을 수 있는 방법이다. "이상하게 생각하는 이들이 많겠지만 모두 같은 선상에 있어요." 내 질문에 대한 던의 대답이었다.

사람들은 성노동 뒤에 있는 욕구는 어느 정도 받아들이면서도 비(非)성적 신체접촉을 파는 것에는 더 엄격한 잣대를 들이댄다. 섹스 없는 신체접촉을 사적인 영역에 두고 그것이 자본주의에 의해 더럽혀진다는 생각에 반기지 않는 것이다. 그러나 진실은 이런 상호작용이 일종의 거래라는 이유로 덜 중요해지거나 덜 즐거워지는 것은 아니라는 데 있다. 단지 커들러 서비스는 통상 이런 행위와 연관되는 장기적인 일부일처의 관계로 이어지지 않으며, 친밀한 접촉을 주고받는 적절한 관계를 정의하는 우세한 사회적 각본을 밀어내는 것뿐이다. 바로 그런 사고가 우리를 스킨십에 굶주린 상태로 머무르게 한다. 던은 커들링이 비록 직업상의 신체접촉이긴 해도 그 과정에서 낯선 사람과 빨리 친구가 되고 진정한 관계가 형성된다고 했다.

돈 생크스가 끼어들더니 단지 돈이 오간다고 해서 커들러가 고객이 원하는 무엇이든 하는 것은 아니라고 강조했다. 커들러들은 고객과 자신이 모두 편안함을 느끼는 장소를 찾으려고 노력한다. 한번은 온라인으로 접촉해 온 한 남성을 만나러 생크스가 호텔에 간 적이 있었다. 생크스는 로비에서 커들링이 어떤 것인지, 어디까지 가능한지 설명했다. 그러나 방에 들어가자 고객의 태도가 달라졌다. 생크스는 고객이 자신에게 몸을 비비며 거칠게 숨을 몰아쉬었다고 했다. 그가 스스로 진정하도록 길고 긴 2분을 기다리다가 마침내 생크스는 불편하다고 말했다. 자세를 바꾼 뒤에도 거친 숨소리가 계속되자 생크스는 긴장했다. 당장 방에서 나와야 할 상황이었지만 그는 세션 내내 이를 악물고 참았다. 이 고객을 다시 볼 생각은 없었고, 다행히 그도 다시는 연락하지 않았다.

같은 고객과의 만남을 유지하는 것은 선택이다. 생크스는 고객과 상호적인 관계를 형성한다. 커들러를 고용하는 것은 자신처럼 한계와 자기만의 욕구가 있는 또 다른 사람을 상대한다는 뜻이다. 세션 초반에 생크스는 고객에게 "그건 안 됩니다"라는 말을 커들러로부터 듣는 것은 나쁜 일이 아니라고 먼저 말한다. 왜냐하면 그런 소통을 통해 좀 더 바람직한 협업이 가능하기 때문이다. 대부분의 고객은 거부 사항을 잘 받아들인다. 그러나 이런 측면이 터치의 미래에 또 다른 우려를 불러오는데, 쓸 만한 대안이 나타난다면 사람들이 아예 사람 자체를 원하지 않게 될 수도 있기 때문이다. 거절이란 옵션이 장착된 인간 대신 제한도 없고 기대도 품지 않고 자신의 판타지에 마냥 순응하는 기술이 있다면 그쪽을 더 원할 수도 있지 않겠는가. 마침내 섹스 로봇, 그리고 터치 로봇이 혼자 지내길 원하거나 파트너와 떨어져 있는 사람들이 받아들일 만한 배출구가 되리라고 믿는 미래학자도 있다. 이 기술의 호소력은 분명하다. 삶의 가장 혼란스러운 측면을 마침내 완전히 통제할 수 있게 되는 셈이기 때문이다.

하지만 아무런 제한 없이 자신의 이기적인 욕구를 행사하게 되면 어떤 일이 벌어질까? 자신을 남에게 노출하는 일을 철저히 피한다면 그토록 원하는 종류의 보살핌을 받는 것이 가능할까? 기계가 아닌 제 욕구와 기호가 있는 사람만이 진정한 충족감을 줄 수 있을지도 모른다. 어느 것이 진실인지는 아직 모른다. 그러나 인간 본성은 무언가를 자유롭게 사용할 수 있게 되면 (그것이 로봇이 주는 무한한 보살핌일지라도) 이내 그것이 아닌 다른 것을 원하게 마련이다. 《뉴욕타임스》에 따르면 중산층까지 첨단기술을 누리는 세상이 되자 이제 상류층이 기술이 아닌 사람과의 경험에 돈을 쓰기 시작했다고 한다. 이들은 디지털 생활에서 벗어나기 위해 탈기술tech-free 학교와 값비싼 스파 치료를 찾는다. 로봇이 주는 스킨십이 표준이 되는 날이 오면 아마 모두 다시 서로의 품으로 돌아가려고 발버둥을 치게 될 것이다.[20]

소설가 코트니 마움Courtney Maum은 2017년작 『터치』에서 사적인 신체접촉을 다시 선택하는 가상의 세계를 창조했다. 주인공 슬로언은 가족과 왕래하지 않고 섹스리스 파트너와 사는 "주변 환경에 스펀지처럼 예민한" 트렌드 예측가로, 자발적으로 아이를 갖지 않는 사람들이 늘어나는 사회에 잘 팔릴 제품과 서비스를 기획하게 되었다. 슬로언은 과제를 수행하면서 실제로 미래 사회가 염원하는 것이 정반대임을 깨달았다. 사람들이 친밀감과 가족을 열망하고 있었던 것이다. 슬로언은 시류에 반하여 퍼소니즘personism(인간성 또는 개인적 특질을 다루는 윤리학—옮긴이)을 선택했다. 그러고는 하루에 얼마나 다른 사람과 신체접촉을 했는지 측정하는 시스템, 돈을 내고 사람을 끌어안는 살롱, 하루 동안 아이를 대여하는 앱을 제안한다.[21]

어느 방향으로 흘러가든(커들러들이 제안하는 인간 중심의 스킨십이든 로봇 버전의 커들러든) 터치의 상업화는 암울한 미래로 보일 수 있다. 그러나 사실 이것은 이미 산업혁명 이후 진행된 트렌드이다. 사람들이 서로 소원해지고 시각이 감각의 풍경을 지배할 때 소비문화는 그 대체품으로 개입해 왔다. 물론 그것이 접촉 결핍에 대한 진정한 해결책인지는 알 수 없지만 말이다. 커들러는 다른 곳에서 받지 못하는 신체접촉을 시장에서 찾는 방법일 뿐 세상에는 다른 방법이 더 있다.

7장
기업이 촉감을 파는 방법

노스캐롤라이나 주립대학교 섬유대학의 보호복 연구소 부소장인 에밀 덴하토그Emiel DenHartog가 연구소 현관 안으로 나를 안내했다. 거기에는 최근에 이 연구소에서 검사한 하키 유니폼, 러닝 반바지, 병원 수술복 등이 전시되어 있었다. 속옷 같은 일상복에서 고성능 장비까지 각종 의류가 이 연구소로 실려와 촉감을 평가받는다. 소방관이나 산업 노동자가 사용하는 특수 직물은 열을 견디거나 극도의 마모와 찢김을 견디면서도 쉽게 움직이는 특수 기능을 수행해야 하므로 착용감을 면밀히 살피는 것이 특히 중요하다.

연구소 직원 중 하나가 낙하산용 사각형 직물 견본을 가져와 천을 판판하게 잡아주는 기계 위에 올렸다. 직물 조직의 특성을 확인하기 위해 고리 모양의 탐촉자가 그 위를 가볍게 쓸면서 움직이는 데 필요한 힘을 측정했다. 이 테스트는 사람들이 천을 만질 때 느끼는 촉감을 직물의 기계적 성질과 짝짓는 가와바타 측정 시스템을 비롯한 수많은 테스트 중의 하나이다. 가와바타 시스템은 1980년대 초반에 일본의 가와바타 다케오라는 화학자가 개발한 것으로 표면의 질감뿐 아니라 인장(늘어나는 정도), 전단응력(틀어지는 정도), 유연성, 압축성 등도 측정한다. 섬유가 열이나 물을 증발시키는 속도처럼 온도와 관련된 특징을 평가하는 별개의 테스트도 있다.

기계는 측정치로 가득한 표를 뱉어내는데, 그 수치가 브랜드에 대단한 가치가 있다. 업계는 요가팬츠의 수분 흡수력, 침대 시트의 냉각 효과, 티셔츠의 촉감을 유지하면서 자외선 차단 기능만 추가하는 나노코팅 등 재료를 개선하려는 시도를 지속한다. 이것이 직물을 평가하는 방식이다. 덴하토그가 하는 일은 감각 평가의 한 사례로, 감각 평가는 제품이 어떻게 더 잘 보이고 들리고 냄새와 맛이 느껴지게 만들지를 연구하는 과학이며 산업계가 최근 몇십 년 동안 감각을 상품화하는 데 일조한 방식이다. 이런 연구가 섬유산업의 전유물은 아니다. 촉감은 다양한 제품군에서 설계되고 육성되는 분야로서, 예컨대 직물은 착용감으로, 칩은 바삭함으로 평가되고 샴푸는 머리를 감을 때 두피가 시원하도록 디자인된다.

촉감을 평가한다는 것은 여느 감각과 비할 수 없는 복잡한 일이다. 덴하토그도 기계가 읽어내는 수치만으로는 제품의 착용감에 대해 말할 수 있는 게 많지 않다고 인정한다. 사람이 입어보고 내린 평가가 기계의 테스트 결과와 완전히 다를 수 있기 때문이다. 이는 제품에 대한 선호도가 옷을 입고 몸을 움직일 때의 느낌처럼 현재의 기술로는 측정할 수 없는 요인으로 결정되기 때문이다. 사람의 평가는 물리학 기준을 따르지 않는다. 청바지에 기대하는 질감은 잠옷에 기대하는 것과 다르고, 사람들이 저마다 원하는 바는 수년의 경험을 통해 결정된다. 우리는 착용감이 기대와 일치할 때 더 확신을 느끼고 그럴수록 더 편안함을 느낀다. 주관적일 수밖에 없는 기준이다. 마침내 저 숫자들로 모든 일을 다 해낼 수 있게 된다면 좋겠지만 생리학, 과거의 경험, 개인적인 호불호가 혼합된 소비자의 선택 코드를 해독하기까지는 오랜 시간이 걸릴 것이다.

그렇다면 이런 의문이 들 수밖에 없다. 저 불완전한 데이터들을 어디에 쓰려는 것일까? 정작 텐하토그 자신은 쇼핑할 때 옷이나 시트의 느낌을 크게 따지지 않는 편이다. 우리가 일상에서 사용하는 제품 대부분은 기분 좋은 촉감으로 만들기가 그다지 어렵지 않다. 방법은 마케팅이다. 텐하토그와 나는 다시 요가팬츠로 돌아갔다. 최근에 나는 땀을 잘 배출한다고 광고하는 사악한 가격의 요가팬츠를 샀다. 텐하트고의 표정을 보니 내가 엄청난 호구가 된 것 같았다. 물론 내가 산 팬츠가 다른 팬츠보다 땀에 덜 젖을지는 모르지만 그래서 구매한 것은 아니라고 그는 말했다. 마케터들은 습기를 날리는 천이라는 콘셉트를 소비자에게 판매하는 데 성공했고 이제 남들 앞에서 좀 더 세련되어 보이고 싶은 사람이라면 이런 소재의 옷을 입는다는 기대가 형성되었다. 내가 저 팬츠를 입어서 기분이 좋았다면 그건 땀이 날아간 뽀송뽀송한 느낌보다 세련된 사람들의 일부가 되었다는 느낌에 더 좌우되었을 것이다.

"평범한 운동을 하는 보통 사람에게 착용감은 아마 극히 작은 요소에 불과할 겁니다." 덴하토그가 말했다. "만약 사회의 기대치가 운동 후에 얼마나 땀을 많이 흘렸는지 보여주는 쪽으로 바뀐다면, 그때는 다시 면으로 돌아갈 거예요. 이런 게 제가 늘 생각하는 일입니다."

다시 말해 사람들이 겉으로는 촉각에 신경 쓰는 것처럼 보이지만 실제로는 시각, 다른 사람과 섞이고자 하는 욕망에 의해 움직인다는 뜻이다. 감각 평가라는 분야가 있다는 것 자체가 마침내 그동안 촉각처럼 천대받던 감각의 중요성이 인정받게 되었다는 암시일 수 있지만, 실제로는 그리 간단하지 않다. 감각을 최적화하는 방식이 시각의 우월성에 대한 편견을 반영하는 경우는 수없이 많다. 촉각에 어필하는 여러 제품과 서비스를 훑어보면서 나는 여전히 감각의 서열이 온전히 유지되고 있음을 반복해서 깨닫게 되었다.

* * *

감각 평가가 가장 정교하게 이루어지는 곳은 아마 스위스의 네슬레 연구소일 것이다. 예스러운 자갈 도로와 잘 손질된 정원이 돋보이는 이 연구소는, 주위에 양들이 한가로이 풀을 뜯고 여기저기 흩어진 단정한 작은 빨간 지붕 집들 사이로 민들레 홀씨가 빙글빙글 날아다니는 언덕의 풍경과 아주 잘 어우러진다. 핫포켓Hot Pocket과 구버Goobers가 유래한 곳이자 전 세계 먹거리에 엄청난 힘을 행사하는 곳임에도, 마치 디즈니랜드 같아 보였다. 거대 식품회사를 창립한 어느 장인의 고향처럼 보이고 싶었겠지만 말이다. 나는 식감, 또는 내가 '입의 촉각'이라고 즐겨 부르는 것에 대해 배우고자 이곳을 찾았다.

이곳에서 행동 지각 연구팀을 이끄는 나탈리 마틴Nathalie Martin 그리고 그녀의 동료인 뱅자맹 르 레버렌드Benjamin Le Révérend를 비롯한 팀원들과 함께 회의실에 모였다. 마틴은 햇볕에 그을린 피부에 통기성이 좋아 보이는 실크 블라우스를 입었다. 르 레버렌드는 소년 같은 이미지와 해리포터 안경 탓에 올빼미처럼 보였다. 그가 입은 빳빳한 셔츠가 괴짜 같은 면모를 더욱 돋보이게 했다. 연구팀은 마틴이 소프트 사이언스를, 르 레버렌드가 하드 사이언스를 각각 맡아 잘 운영해 왔다. 마틴은 즐거움의 지각을 연구하고 르 레버렌드는 기계적 측정으로 마틴의 결과를 뒷받침한다. 식감은 식품의 다른 성질에 비해 특히 연구하기 어렵다는 게 마틴의 설명이었다. 혀, 입, 뇌에서 제시하는 다양한 평가 요소가 관여하기 때문이다. 더 달콤하게 하려면 설탕이나 감미료를 더 넣으면 된다. 그러나 식감은 그렇게 간단히 해결되지 않는다. 사람들이 좋아하는 특성, 예를 들어 크림 같은 느낌, 부드러움, 바스러짐 등은 확실한 식감이지만 쉽게 조작할 수 있는 것들은 아니다.

"이런 상호작용에는 아름다움과 복잡함이 있습니다." 마틴이 설명했다. "사람들의 경험은 단순합니다. 하지만 어떻게 그런 해석을 내리게 되었는지 파악하려면 입 안에서 제품과의 물리적, 화학적 상호작용이 어떻게 일어나는지 알아야 합니다."

이해를 돕기 위해 마틴은 감각 통합, 즉 감각 간 상호작용에 관한 연구의 일부를 소개했다. 그녀가 처음 입사했을 때 회사에서는 실제 요거트 농도는 높이지 않고 되직한 식감으로 만들 방법을 찾으라고 했다. 실제로 요거트를 진하게 만드는 것은 공장 파이프를 통해 재료가 이동할 때 들어가는 압력이 달라져야 한다는 뜻이다. 그러려면 예측이 불가한 온갖 복잡한 문제를 끌어들이게 되기 때문에 마틴에게는 차라리 소비자의 마음을 속이는 편이 훨씬 해볼 만한 도박으로 보였다. 그녀의 말에 따르면 사람들은 제품을 굉장히 까다롭게 고르지만 왜 그런 결정을 내렸는지는 잘 알지 못한다. 그것을 알아내는 것이 마틴의 일이다.

마틴은 요거트에 증점제(점도를 높이는 약품—옮긴이)를 넣자 맛이 덜하게 느껴졌다는 종전 연구 결과를 읽었다. 그러나 증점제는 맛을 내는 화합물에 영향을 주거나 그것들을 용기에 붙잡아 두지 않으므로 맛이 덜할 물리적 이유는 없었다. 이 효과는 어디까지나 맛보는 사람의 마음에서 비롯된 착각 같았다. 과거에 먹었던 음식에 대한 경험이 요거트의 점도에서 지방을 연상하게 한 것이다. 지방이 극단적인 단맛이나 매운맛을 부드럽게 한다는 것을 알고 있으므로, 점도가 높아지자 자연스럽게 맛이 떨어졌다고 느낀 것이었다. 그렇다면 그 반대도 가능하지 않을까. 요거트의 맛이 밍밍해지면 사람들은 지방이 더 많이 들어갔다고 가정하고 더 진하다고 느끼지 않을까?

이 가설을 시험하기 위해 연구팀은 점도가 다른 두 요거트를 만들고 다양한 후각 화합물을 넣었다.[1] 우리가 음식의 맛이라고 생각하는 것들이 실제로는 향에서 오는 경우가 꽤 많기 때문이다. 연구팀은 16명의 연구소 직원에게 시식을 부탁했다. 그 결과 사람들은 여러가지 재료가 들어가 풍부한 자연 향을 풍기는 요거트보다 에틸 브티레이트처럼 밍밍하고 희미한 딸기 향이 나는 한 가지 화학물질만 첨가했을 때 요거트의 점도가 더 높다고 평가했다. 마틴의 가설이 옳았다. 향의 종류도 식감에 영향을 주었다. 버터나 코코넛 향이 들어간 요거트는 점도가 더 높게 느껴졌는데, 아마도 이 향에서 느끼한 음식을 연상하기 때문일 것이다. 이 연구는 식감과 향만으로도 음식이 기름지다는 인상을 줄 수 있음을 보여주었다.

요거트 연구 후에 마틴은 또 다른 감각 통합 사례를 연구했다. 이번에는 레시피를 바꾸지 않고 초콜릿 바를 개선해 달라는 요청을 받았다. 그녀는 초콜릿 모양이 식감에 영향을 준다는 생각으로 시작했다. 돔 모양의 초콜릿은 녹으면서 혀에 더 넓게 노출되므로 사람들이 더 부드럽다고 느낀다. 마틴은 직사각형, 삼각형, 돛 모양, 새의 날개 모양, 타원형, 사다리꼴, 달걀형 등 크기는 비슷하고 모양이 다른 10개의 초콜릿 조각을 준비했다. 연구팀은 각각의 주형으로 여러 묶음을 만들었고 45명의 훈련된 테스터에게 맛을 보게 했다.[2]

이번에도 마틴의 가설은 성공적으로 검증되었지만 뜻밖의 결과가 나왔다. 테스터들이 둥근 모양이 더 잘 녹는다고 하면서도 초콜릿 특유의 향은 덜 난다고 평가한 것이다. 표면적이 증가하는 바람에 향기가 입 안에서 충분히 감돌면서 코까지 올라갈 공간이 줄었기 때문이다. 연구팀은 초콜릿의 향과 식감을 둘 다 개선할 타협안을 찾았다. 각 조각을 사다리꼴로 만들되 볼록한 곡선을 주어 녹는 표면적을 넓히면서도 입 안에서 공기가 돌 충분한 공간을 남긴 것이다. 그 결과로 탄생한 초콜릿 바가 스위스에서 출시되었다.

네슬레에서 진행되는 식감 연구는 시리얼의 바삭함이 먹다 보면 질척한 덩어리가 되는 방식에서부터, 매트한 종이 포장재가 어떻게 플라스틱 마감재보다 제품을 더 자연스럽게 보이게 하는지, 제품을 씹는 데 걸리는 시간이 어떻게 포만감에 영향을 주는지에 이르기까지 다양했다. 마틴의 연구는 일반인은 물론이고 음식의 특징을 잘 감지하도록 훈련된 전문가 패널과도 함께 진행된다. 그러나 전문가를 모집하려면 비용이 많이 들고 또 기본적으로 사람의 감각이란 숙련도와 상관없이 모두 믿을 만하지 않다. 사람들은 바삭함과 아삭함, 크림의 맛과 식감을 구분하는 데 능숙하지 않다. 또 우리 입은 어떤 감각에는 잘 대응하면서 어떤 감각은 깡그리 무시한다. 그리고 음식을 어떻게 느끼고 싶은지가 그것의 맛까지 바꾼다.

이것이 저런 특징들을 물리적, 화학적 성질로 전환하는 게 유용한 이유이고, 이러한 전환이 르 레버렌드의 역할이다. 그는 피험자를 대상으로 언어치료사가 사용하는 도구를 사용한다. 예를 들어 그는 관자놀이, 귀 뒤 뼈, 턱, 입에 전극을 설치하여 치아가 맞물릴 때 근육이 생성하는 전기 활성을 기록한다. 초콜릿 연구 후에 그는 연구소 직원 몇몇에게 새로운 기구를 코에 착용하게 했다. 다양한 모양의 초콜릿이 혀에서 녹을 때 방출되는 향을 측정하는 특수 고글이었다. 이 고글이 읽어낸 수치가 마틴의 결과를 검증했다. 둥근 모양은 확실히 초콜릿 향을 덜 발산했다. 이는 촉각 경험을 측정 가능한 수치로 바꾼 희귀한 사례 가운데 하나였다.

"입을 하나의 기계로 이해하는 것은 큰 도전입니다. 입에 어떤 종류의 센서가 장착되었는지, 또 입에서 지각된 식감과 실제 음식의 물리적 구조에 어떤 관계가 있는지 이해하려는 것이죠. 근본적인 생리현상이 여전히 새로 밝혀지고 있기 때문에 이 분야는 정말 환상적입니다. 아직 시작에 불과하죠." 르 레버렌드의 설명이다.

음식에 대한 감각 평가는 생각보다 역사가 짧은 편이다.

마틴에 따르면 맨 처음 음료의 식감을 연구한 것은 1930년대 맥주 제조업자들이라고 한다. 이들은 포만감, 점도, 떫기, 거품 등의 평가 요소를 제시해 소비자가 자신에게 끌리는 음료를 선택하게 도왔다. 이런 구체적인 용어는 와인 산업이 내세운 '체리의 기운', '숯 향' 등의 표현보다 훨씬 구체적이고 많은 정보를 주었다. 저런 표현들은 시적이기는 했으나 정확성이 떨어졌기 때문이다. 이 분야는 제2차 세계대전 이후로 식품업계가 새로운 접근을 시도하면서 괄목할 만한 성장을 보였다. 군대에서 식량을 오래 보존하기 위해 사용하던 방법을 식료품점에서 쉽게 찾아볼 수 있게 되었고, 업계는 식품의 구성이 사람들에게 매력적이고 또 일관되도록 하는 데 주력했다.

식감을 결정하는 정확한 매개변수는 원활한 대량생산에 가장 중요한 요소였다. 왜냐하면 대량으로 생산되는 식품은 점성 있는 덩어리의 형태로 공장의 대형 파이프를 통과하기 때문이다. 또한 사람들이 먹고 싶어 할 수준으로 점도를 맞춰야 했다. 소비자가 이성을 저버리고 자신에게 필요하지 않은 것을 사게 유혹하는 것이 목표였으므로 촉각, 후각, 미각 등 소위 가장 저급한 감각에 초점이 맞춰졌다.[3] 이는 한 식품의 물리적 특성이 먹는 사람의 심리적 경험과 연관된다는 전제가 있어야 했다. 그렇다면 문제는 질김, 부드러움, 바삭함, 아삭함 등의 주관적 판단을 객관적인 척도로 바꾸는 일이었다.

대중의 입을 즐겁게 하는 일에 처음으로 직관이 아닌 과학이 동원되었고, 새로운 연구 프로토콜이 필요해졌다. 실험실에서는 감각을 최대한 객관적으로 측정할 방법을 찾는 데 매진했다. 한편 19세기에 기술 발전, 빠른 산업화와 함께 객관성이 현재와 같이 정의되기 시작했고,[4] 사진술이 광범위하게 사용되면서 인간의 눈으로는 관찰할 수 없었던 빠르고 미세한 순간이 처음으로 포착되었다. 학계에서는 기계처럼 정확하고 비간섭적 연구를 목표로 삼는 새로운 흐름이 시작되었는데, 그 바람에 이미지와 상관없는 분야에서조차 개인의 해석을 덧붙이지 못하게 하는 새로운 관행이 적용되었다.

식품업계 역시 객관성이라는 목표를 좇아 질감을 측정하는 기계 입을 제작했다. 연구자와 연구 대상을 분리하기 위한 방책이었다. 그런 기기 중 하나가 틀니형 측정기로, 이 기기는 움직이는 알루미늄 턱에 틀니가 부착되어 음식의 무르기를 측정했다. 기업들은 인간의 입보다 기계를 신뢰하고 싶었지만 한계가 있었다. 먹는 행위는 복잡하고 동적인 과정이며, 사람의 입은 음식을 양옆으로 이리저리 움직이며 치아의 다양한 부분으로 씹고 거기에 침까지 첨가해 변형시킨다. 이 기능을 모두 따라 할 만큼 정교한 기계는 없다. 또한 기계는 먹는 동안 인간의 뇌가 수행하는 주관적인 판단도 할 수 없다. 현재 감각 평가 분야에서 많은 연구가 인간을 테스터로 삼고 그 결과를 기계로 확인하는 이유가 여기에 있다. 그러나 이런 평가 방식에는 또 다른 어려움이 따른다.

르 레버렌드는 테스터가 어떤 식감을 다른 식감보다 선호하는 이유를 측정하기 어려운 경우가 많다고 말했다. 지각이 사실에만 기반하지 않기 때문이다. 그가 나를 회사 카페로 안내했는데 거기에는 내가 살면서 본 가장 훌륭한 카푸치노 메이커가 있었다. 그는 반농담조로 소형 자동차 값 정도 되는 제품이라고 했다. 작은 종이컵에 담긴 커피를 한 모금 마시자 그가 내 입 안에서 어떤 일이 일어나는지 설명했다. 커피에는 강한 향이 있는데 그 향을 내는 화합물은 물에 섞이는 걸 좋아하지 않는 탓에 컵 밖으로 빠져나간다. 이 화합물은 대신 지방을 좋아한다. 따라서 우유를 추가하면 컵 안에서 더 오래 머물며 향이 그윽하게 퍼지게 한다. 우유 특유의 '지방 맛'도 더해진다. 르 레버렌드가 질문을 던졌다. "그렇다면 커피의 맛은 그대로 유지하면서 저지방 버전으로 만들려면 어떻게 하면 될까요?"

앞서 요거트 연구가 가르쳐 준 바를 적용하자면 지방을 추가하지 않으면서도 향을 줄여 사람들이 실제보다 우유가 많이 들었다고 착각하게 할 방법을 찾아야 했다. 그는 회사 연구원들도 같은 생각이었다고 했다. 이 가설을 확인하기 위해 르 레버렌드는 사람들의 코를 막고 다양한 양의 우유로 희석한 커피를 마시게 했다. 그러나 예상 밖의 결과가 나왔다. 혀의 센서는 더없이 예민하여 기계가 구별하지 못한 점도의 차이를 구분한 것이다. 이 연구는 모든 식품마다 촉각 지각의 규칙을 완전히 달리 적용해야 함을 보였다.

우리는 몸이 어딘가에 접촉할 때마다 그 느낌의 신체적, 정서적 요소를 동시에 평가한다. 그러나 과학자들은 이렇듯 엉망진창인 개인의 판단이 개입하는 것을 좋아하지 않는다. 선택을 내리게 하는 주관적 요소를 무시하는 대신 그 아래에서 작동하는 논리를 찾으려고 애쓴다. 물론 이것은 실행 가능한 실험을 고안하는 데 유용한 방법이다. 그러나 결국 개별 연구는 한 가지 작은 진실만 밝힐 뿐이며 거기에는 언제나 예외가 존재한다. 과학자들은 우리가 어떤 촉감을 다른 것보다 선호하는 감정적 이유를 무시함으로써 자신들이 이해하고자 하는 바의 핵심을 제거한다. 특정 자극과 인간의 반응을 이어주는 양적 관계를 찾고 싶어 하지만 그것이 우리가 감각을 느끼는 방식이라는 진짜 증거는 없다.

감각 평가는 음식에서 시작했지만 화장품, 의류, 심지어 자동차까지 빠르게 퍼졌다. 우리가 경험하는 거의 모든 즐거운 질감들은 몸과 뇌 사이의 미묘한 상호작용을 고심하는 과학자들이 개발해 낸 것이며 모든 산업에 비슷한 퍼즐이 존재한다. 그러나 결국 도달하는 결론은 객관성에 한계가 있다는 사실이다. 객관성이라는 말 자체가 눈과 직접적인 연관성이 있고, 원격감각(시각과 청각처럼 자극원이 멀리 떨어져 있을 때 느끼는 감각이다. 반면 근접감각에는 미각, 후각 그리고 촉각이 포함된다―옮긴이), 특히 시각이 우월한 지각을 제공한다는 믿음에 그 뿌리가 있다. 촉각은 주관적이며 가까이에서만 온전히 이해할 수 있는 탓에 아직까지 과학 연구에서 촉각에 대한 온전한 이해를 가능하게 하는 보편적인 접근법은 없다.

* * *

　대형 산업에 사용되는 감각 과학이 현대 문화가 촉각을 기리는 동시에 소외시키는 유일한 사례는 아니다. 현대 생활의 디자인 전체가 각 감각을 경험하려면 별개의 공간이 필요하다는 듯이 인체의 감각을 서로 분리시킨다. 우리는 콘서트장에서 음악을 듣고 식당에서 밥을 먹고 마사지샵에서 안마를 받고 체육관에서 운동을 한다. 일상의 온전한 감각 경험이 제한되면서 생긴 일이다. 점점 더 많은 시간을 실내의 컴퓨터 앞에 앉아 사람들과 소통 없이 보내게 되면서, 우리가 느낌을 되찾을 수 있는 장소는 의도적으로 계획된 공간들뿐이다.[5]

　의학보다 이런 변화가 두드러지는 분야는 없다. 수 세기 전 의사들은 촉각을 포함해 환자가 노출된 감각의 종류가 질병의 원인이라고 믿었으므로 치료에도 그 감각을 포함하곤 했다. 예를 들어 고대 그리스에서는 건강을 유지하려면 뜨거움, 차가움, 축축함, 건조함의 네 가지 주요한 촉각적 성질이 균형을 유지해야 한다고 믿었다. 늪 가까이 살아 습기가 많으면, 그것을 상쇄하기 위해 식단, 기분 좋은 향, 살뜰한 손길 등 감각을 이용했다. 꿀은 온기를 품고 있고 장미의 시원한 향기는 여름에 제격이었다. 색깔이 몸을 구성하는 요소에 영향을 준다는 믿음을 바탕으로 특정한 보석과 광물을 착용하라는 조언이 나돌았다. 이와 비슷한 관습이 전 세계에 존재했다.

도미닉 부자스틱Dominik Wujastyk은 1998년에 인도의 전통 의료체계에 관해서 쓴 《아유르베다의 뿌리: 산스크리트 의학서 발췌본The Roots of Ayurveda: Selections from Sanskrit Medical Writings》에서 다음과 같이 말했다. "여기에 피로를 덜어주는 것들이 있으니, 샤워와 스프링클러의 시원한 바람, 야자수 잎이나 연잎 부채에서 나오는 넓고 부드럽게 부는 바람, 녹나무와 재스민 화환, 노란 센달나무로 만든 진주, 한낮에 들리는 어린 구관조와 앵무새의 기분 좋은 재잘거림이 그것이다."[6]

질병을 이해하는 데 핵심적인 역할을 한 것 못지않게 감각은 초기 의사들이 진단을 내리는 주요한 수단이기도 했다. 치료사는 환자의 얼굴, 신체 부위의 색을 포함해 다양한 각도에서 몸의 겉모습을 살폈다. 또한 살냄새를 맡고, 숨소리를 듣고, 소변을 맛보았으며 촉각을 통해 각 장기의 긴장과 이완을 감지했다. 맥박을 짚으려면 손의 감각이 극도로 예민해야 했다. 손가락은 심장이 뛰는 속도, 강도, 규칙성, 리듬을 확인하는 데 사용되었다. 마사지는 환자를 간호하는 자연스러운 방법의 하나였다. 여러 문화권에서 촉각은 치유에 무엇보다 중요한 감각이었다.

감각에 대한 인식 전환은 근대 이전에 기독교의 영향으로 일어나기 시작했다. 16세기, 17세기 의학은 질병에 대해 과거와 동일한 이론에 기초하고 있었지만 느낌에 대한 견해가 달라졌다. 마사지나 설탕(한때는 소화가 쉬워 건강에 좋다고 여겨졌다)처럼 즐거움을 주는 치료의 인기가 떨어졌다. 종교는 도덕성을 타락

시키는 감각적 쾌락이 건강에 좋을 리 없다고 가르쳤다. 몸에 좋은 약은 쓰다는 믿음이 만연했고, 사람들이 신체접촉을 불편해하면서 촉각을 사용하는 검진 기술은 인기가 없어졌다. 환자는 의사가 가까이 오는 것보다 자신이 증상을 보고하는 방식을 선호하게 되었다.

19세기부터는 의사가 현미경, 체온계, 청진기를 사용했는데 그 이유는 이 도구들이 유용해서가 아니었다. 예컨대 체온계는 이미 17세기 이후에 등장했지만, 의사들이 신이 내려준 자신들의 감각이 더 뛰어나다고 확신했으므로 처음에는 잘 쓰이지 않았다. 마침내 도구를 손에 들게 만든 것은 문화적 변화였다. 의사와 환자가 거리를 유지하는 진료가 선호되었고 이 도구들이 그것을 가능하게 해주었기 때문이다. 환자의 몸에서 떨어져 진찰해야 하는 필요와 함께 새로운 관행이 늘어났고, 그렇게 의학에서 시각이 촉각을 대체하며 주도적인 감각이 되었다. 시각은 이미 대부분의 과학에서 일차적인 감각이었으므로 손을 대지 않는 것이 곧 전문화의 상징이 되었다. 이 새 시대에 의사들은 지금도 그러하듯 환자를 만질 때는 불가피한 이유가 있음을 환자에게 설명해야 했다.

1900년대 초 의사 악셀 문테Axel Munthe는 다음과 같이 썼다. "성공의 비결이 무엇인가? 자신감을 불어넣는 것이다. 자신감은 무엇인가? 누군가에게는 태어날 때부터 주어지고 누군가에게는 그렇지 않은 마법의 선물이다."

오늘날 의사를 방문하는 일에는 감각이 끼어들 여지가 별로 없다. 병원 환경에는 별다른 특징이 없다. 벽은 희고 평평하며 소독약 냄새가 진동한다. 음식은 지독할 정도로 맛과 향이 없다. 병원의 목표는 환자의 예민함을 되도록 자극하지 않는 것이다. 병원에서는 언제나 기다리다가 시간이 다 간다. 의사가 준비될 때까지, 혈액 검사가 완료될 때까지, 촬영이 끝날 때까지, 결과가 전달될 때까지. 간호사들조차 베개를 조정하거나 욕창을 예방하는 정도의 형식적인 수준에서만 환자와 접촉한다. 기분 좋은 향, 소리, 느낌 등 감각을 이용한 치유의 형식은 완전히 사라졌다. 지금껏 우리는 이런 규범에 잘 적응해 왔지만, 과거의 더 근원적 형태의 돌봄에 대한 열망이 여전히 남아 있다는 증거들이 있다.

일상생활에서 사라진 감각이 새로운 소비 트렌드로 다시 등장했다. 대체의학의 인기를 보면 알 수 있다. 사람들은 마른 붓으로 피부를 자극하거나 열탕에 몸을 담그거나 기공(氣功), 아유르베다 의학, 침술처럼 육신에 중점을 둔 치료를 받을 때 이내 회복된 느낌을 받곤 한다. 아야와스카^{Ayahuasca}(아마존 원주민들이 전통 의식에 사용하던 물약으로 향정신성 물질을 함유하고 있어 복용자는 환각을 경험한다—옮긴이) 수행에서 사람들은 감각의 통합을 경험하며 고통에서 벗어난다. 많은 전문가가 이런 의료 행위를 돌팔이라고 무시하지만 대체의학의 인기는 치유의 미학적 요소가 우리에게 얼마나 중요한지를 보여준다. 서양의학이 진단과 치료에는 더 뛰어날지 모르지만 건강해진다는 충만함을 주지는 못한다.

이런 식으로 안도감을 찾은 회의론자들의 이야기는 끝이 없지만 그중 하나만 소개하겠다. 브루클린에 자리 잡은 명랑하고 표정이 풍부한 물리치료사 메그 프리랜드Meg Freeland는 학생이던 2002년에 갑자기 시작된 목 통증에 관해 이야기했다. 통증은 어깨뼈 아래에서 시작해 머리 아래까지 퍼졌는데, 엑스레이로 척추 위쪽의 디스크 하나가 튀어나온 것을 확인했지만 원인을 알 수 없어 달리 치료를 하지 못했다. 의사는 그저 아프면 쉬고 목에 무리를 주지 말라고만 했다. 그러나 바쁘게 살다 보니 쉴 틈이 없었고, 고역스러운 생활은 끝나지 않았다. 어느덧 통증과 함께 사는 것에 익숙해졌으나 증상은 더 빈번하고 격렬하게 나타났다. 몇 주에 한 번씩 통증이 시작되면 며칠 동안 꼼짝도 할 수 없을 정도였다.

프리랜드는 대학을 졸업하고 마침내 유명 병원의 물리치료사가 되었지만 교대 업무를 하는 것이 힘들어졌다. 가끔은 숨쉬기조차 힘들 정도로 통증이 심했다. 신경의학 전문의와 물리치료사를 만나 도움을 청했지만 소용이 없었다. 긴장된 목 부위에 국소마취를 시도해도 통증은 나날이 악화되기만 했다. 마사지를 받아도 더 심해지지 않을 뿐 달리 차도가 없었다. 고생하는 그녀를 보고 두개천골요법을 배우고 있던 한 동료가 치료를 받으러 와보라고 했다. 이 요법은 두개골에 가벼운 압력을 가해 통증을 관리하는 방법으로 굉장히 인기 있지만 과학적으로 증명되지는 않은 치료법이다.

프리랜드는 두개천골요법을 알고 있었지만 신뢰하지는 않

았다. 이 요법은 1900년대 초 당시 정골요법을 배우던 대학생 윌리엄 가너 서덜랜드William Garner Sutherland가 개발했다. 그는 학교에서 성인의 두개골은 관절이 완전히 붙어 있기 때문에 움직이지 않는다고 배웠다. 그러나 환자의 뼈를 직접 만져보자 뼈가 파동 패턴으로 미세하게 진동하는 것이 느껴졌다. 그는 자신이 느낀 움직임을 조직의 호흡, 또는 생명력이라고 믿었고 그 리듬을 통해 조직의 긴장을 감지하고 완화할 수 있다는 이론을 발전시켰다. 기존 의학계는 서덜랜드가 주장하는 종류의 움직임은 입증할 수 없다며 그를 완전히 무시했다. 그러나 그가 제안한 치료법은 오늘날까지 유행하고 있으며 현재는 두개골뿐만 아니라 엉치뼈와 꼬리뼈도 치료에 활용된다.

참을 수 없는 통증을 겪은 직후라 프리랜드는 무엇이든 시도할 준비가 되어 있었다. 극심한 고통 속에 두개천골요법 치료를 받으러 갔고 침대에 반듯이 눕는 데까지 딱 30분이 걸렸다. 치료사가 그녀에게 엉덩이를 들게 하더니 다시 자신의 손 위에 내려놓게 하면서 그사이에 살짝씩 그녀의 몸을 조정했다. 치료사는 느낌을 알려달라고 했다. 어떨 때는 왼쪽 귀가 뜨거워졌고 어떨 때는 머리가 따끔거렸다. 나중에는 팔에 피가 쏠리는 기분도 들었다. 약 1시간 반 정도 치료를 받자, 통증이 남아 있긴 했어도 감당할 수 있을 정도로 현저히 줄었다. 프리랜드는 2주마다 정기적으로 치료를 받았고 통증은 몇 달 만에 극적으로 감소했다.

"정말 효과가 있더라고요." 프리랜드가 말했다.

이런 이야기에 과학적 설명을 기대하기는 어렵다. 대체요법에 대한 연구는 제한적인데, 치료사 개인의 주의를 요하는 치료는 연구 방법을 획일적으로 적용하기도 어렵고 알약만큼 큰 수익을 기대할 수도 없어 경제적인 유인이 적다. 이 요법들에 효과가 있는 이유도 아마 제각각일 것이다. 그건 치료사들이 주장하는 치유의 원리 때문이기도 하겠지만, 그 외에 실체는 없어도 건강에 폭넓게 영향을 주는 방식 역시 중요한 원동력일 수 있다. 괜찮아질 거라고 말하는 치료사의 여유로운 손길은 환자의 기분을 좋게 한다. 좋은 기분으로 치료실을 나설 수 있고, 밖으로 나가면 상태가 훨씬 더 나아지기도 한다.

모든 치료에 실패하여 희망이 사라진 순간 대체요법 치료사의 손을 통해 안도감을 찾았다고 말하는 사람들이 그저 운이 좋았던 것은 아니다. 우리 대부분은 자신의 전반적인 건강에 세심한 주의를 기울여 주는 사람이 있는 것에 감사해한다. 그러나 이런 부가적인 치료에 돈을 지불할 수 있는 사람은 소수이다. 안타까운 사실은 어깨를 감싸주거나 아픔에 공감해 줄 사람의 존재처럼 가장 단순한 돌봄조차 대다수는 받지 못한다는 것이다. 여기에서 찾을 수 있는 교훈은 환자와 의사 간의 유대가 지닌 가치와, 원초적인 치유 방식으로 돌아갈 필요성이다. 그러나 현재의 의료 시스템은 의사가 의학의 감성적 측면을 실천하도록 허락하지 않으며 아직 변화의 징후도 없다.

　　　　　　　　　　　　　* * *

　　어느 새해 전날, 파티 대신 친구와 한밤의 요가 클래스에
갔다. 요가 매트마다 제각각 다른 색의 라이크라^{Lycra}를 입은
사람들로 가득했다. 모두 같은 생각으로 모인 이들이었다. 희
미한 불빛 속에 우리는 1시간 반 동안 다양한 자세로 부드럽
게 몸을 비틀었다. 쌀쌀한 샌프란시스코 겨울밤이었지만 난방
기 하나 틀지 않은 방이 몸을 움직이는 수많은 사람들로 후
끈거렸다. 고통스러운 스트레칭으로 근육이 떨릴 때 강사가
사람의 마음에는 일을 처리하고 문제를 해결하는 훌륭한 능력
이 있지만 이 마음을 잘 끊어내지 못하면 감옥이 될 수도 있다
는 말을 했다. 순간의 고통을 끌어안고 몸의 느낌에 집중하면
경쟁적인 생각에서 벗어나 현재의 순간을 살 수 있다고. 그러고
는 수강생들에게 몸을 더 주욱 늘려 느껴보라고 했다. 인간은
외부에서 오는 지속적인 혼란에 취약하므로 촉각으로 돌아갈
때 비로소 신체적 현실과 감정 안에 머무를 수 있다는 과학적
가르침의 뉴에이지 버전 그 자체였다.

　　자정이 다가오자 강사는 모든 수강생을 방 한가운데로
불러 모으고 손을 옆 사람의 등에 올려 불완전하게나마 만다
라 형상을 만들어 보자고 했다. 우리는 30분 동안 멈추지 않
고 '오오오오오옴'을 발성하면서 사이사이에 길게 호흡했다.
땀을 흘리는 많은 사람이 서로에게 밀착하자 방은 더욱 축축

해졌다. 후두의 진동은 공기 입자를 흔들어 에너지 구체(球體)로 우리를 둘러쌌다. 마침내 소리를 멈추고 침묵의 시간이 오자 내가 깊은 곳에서 느낀 모두의 한숨처럼 진동이 멈추고 고요가 돌아왔다. 끝나고 나가면서 "너도 느꼈니?" 하고 묻자 친구는 고개를 끄덕였다. 활력이 되살아났고 새해를 맞이할 준비가 되었다고 느꼈다. 그러나 막상 밖으로 나오자 이 새해맞이 의식을 어떻게 생각해야 할지 알 수 없었다.

어떤 면에서는 아름다운 상징과 집단 예식의 밤이었다. 우리의 행위는 일시적인 유행을 넘어섰다. 운동은 가장 단순하고 가장 추상적이지 않은 방식으로 인간의 뇌에 합선을 일으킨다. 특히 종교적 관습이 발달하지 않은 문화에서 단체 운동은 타인과 하나가 된다고 느낄 수 있는 한 방법이다. 몸을 일제히 움직이면 한 공간에서 공유하는 에너지가 생성되는 느낌을 받는다. 명상, 신체 단련, 그리고 단식은 오랫동안 전 세계 종교들의 일부가 되어왔고 건강을 관리하는 방법으로도 각광받았다. 그러나 다른 시각으로 보면 나는 전형적인 밀레니얼 세대였다. 이 고대의 영적인 행위를 온전히 누리는 특권을 위해서 80달러 이상을 요가 장비에 지불했기 때문이다. 식민지화와 억압에 대한 진부한 논쟁이 있지만, 우리가 요가를 활용하는 방식이 어떻게 촉각에 대한 오랜 인종적 편견을 강화하는지에 대해서도 할 말은 있다.

사실 우리 몸에 더 잘 어울리는 것을 찾기 위해 굳이 외부의 다른 더 오래되고 순수한 문화를 찾아 헤맬 필요는 없다.

충분히 포용할 수 있는 고대 서양의 관례도 얼마든지 있다. 그러나 우리는 눈을 밖으로 돌림으로써 다른 문화의 원시적인 사람들은 열등한 감각에 익숙하다고 주장하며 시각 중심 문화에 우월감을 느낀다. 몸을 중시하는 문화를 존경한다고 말하면서도 가장 소중한 도구인 마음을 차단하려고 다른 문화에 의지하는 것이다. 중국의 괄사(혈액순환을 위해 피부를 격렬하게 문지르는 요법—옮긴이)를 광고하는 스파, 아메리카 원주민들이 오두막에서 땀을 흘리던 것을 모방한 사우나 치료와 마찬가지로 인도의 요가 또한 과거에 반복적으로 보아왔던 인종적 편견의 연속선상에 있을 뿐이다. 촉각에 대한 감정은 늘 그랬듯 갈등 속을 헤맨다.[8]

　감각적 탐닉을 허락받은 사람들도 깊은 선입견에 사로잡혀 있기는 마찬가지이다. 오직 소수만이 자신의 안락을 걱정할 자격이 있다는 사회적 기대가 존재한다. 누군가는 정신적 삶을 살고 누군가는 삶의 거친 면을 견디며 살 운명이라고 말이다. 세상은 한 사람의 성별, 인종, 사회적 지위에 따라 다르게 감각되어 왔다. 촉각을 강조한 상품의 지루한 설명에서 가장 혜택을 보는 사람은 백인 여성일 것이다. 한편 남성은 자신을 강하게 만드는 것에서 뿌듯함을 느낀다. 소외계층은 이런 촉각 서비스가 자신들과는 상관없다고 생각한다. 우리는 지금까지 개인 간의 신체접촉을 사용해 온 것과 똑같은 방식으로 상업을 이용해 계층구조를 유지한다.

　버지니아 대학교의 사회학자 조지프 E. 데이비스Joseph E. Davis

는 에세이 〈자기의 상업화The Commodification of Self〉에서 "다른 사회적 정체성이 남아 있기는 하지만, 모두 소비자라는 정체성으로 변질되면서 차츰 소비 패턴에 따라 형성되고 또 길들여지고 있다. 우리는 시장에서 판매되는 이미지, 패션, 생활 방식에서의 선택에 따라 자신을 정체화한다. 그 정체성은 곧 다른 사람과 자기 자신을 지각하는 수단이 된다"라고 썼다.9

한 친구가 내게 특별한 스파 치료를 권했다. 그 안에 있으면 모든 감각을 상실하게 되는 일종의 부양 탱크 치료였다. 더 생각할 것도 없이 해보겠다고 했다. 몇 주가 지난 어느 날, 나는 탱크에 들어가기 전에 유의 사항을 듣고 있었다. 시설 주인이 그곳을 찾은 이유를 물었다. 책에 쓰려고 왔지만 사실 감각을 잃는 것이 어떤 느낌일지 알고 싶기도 하다고 대답했다. 그는 자신의 삶을 바꾼 경험을 이야기하면서 그때 처음으로 이른바 "자아 소멸"을 겪었다고 말했다. 그는 아무 느낌 없이 자신의 몸에서 빠져나왔고 마침내 오로지 영혼으로만 존재한다는 것이 어떤 것인지 이해하게 되었다. 그 이후로는 자신의 소멸을 덜 두려워하게 되었다. "서양 사람들은 죽음을 지나치게 두려워합니다." 그가 말했다. "우리는 동양 사람들처럼 죽음과 함께 살지 않습니다." 나는 동양 문화권의 많은 사람들도 죽음을 그렇게 황홀해하지는 않는다고 말해주었다.

나는 어두운 방에서 엡솜 소금을 넣고 체온에 맞춰진 욕조 속 물 위에 떠 있었다. 방이 어두운 것은 공중에 떠 있는 인상을 주기 위함이었다. 내 몸과의 연결을 완전히 잃게 될 거라는 말을 들었지만, 실제로는 반대였다. 오히려 몸을 지나치게 인식하게 된 것이다. 물에 젖은 피부의 축축함이 느껴졌고 물을 타고 퍼져가는 숨소리도 느꼈다. 미세한 부분에 민감해지자 온통 거기에 집중하게 되었다. 그래서 나는 내가 감지할 수 없는 것들을 애써 생각하기 시작했다. 목근육이 긴장하고 있는지 아니면 완전히 이완된 것인지 알 수 없었다. 몸을 붙들고 있는 것이 근육인지 소금물인지도 알 수 없었다. 그저 생각을 되풀이할 뿐이었다.

그러다가 다시 한번 나 자신을 내려놓아 보았다. 그렇게 몸을 물에 담근 채 잠시 더 있었더니 어느새 내 손가락의 끝이 어디이고 어디부터 물인지도 알 수 없게 되었다. 힘을 전혀 들이지 않고도 몸이 지탱되어 그 어떤 짐스러움도 느껴지지 않았다. 희미한 소리나 느낌에 신경 쓰지 않으니 새로운 생각이 크게 들려왔다. 몇 주, 몇 달 동안 쌓아둔 문제들을 해결하기 시작했다. 작업 중이던 문단을 어떻게 다시 시작할까, 뉴욕에 얼마나 더 살아야 할까, 앞으로 10년 동안 나는 무엇을 하고 싶은 걸까. 시간의 흐름에 대해서도, 내 몸이 주는 느낌에 대해서도 아무런 정보 없이 내 마음은 달려나갔다. 주어진 시간이 벌써 끝났다는 것을 믿을 수가 없었다. 숙련된 명상가가 오르는 경지가 이런 걸까. 육신의 바깥에 떠올라 위에서 자신을 내려다보는 느낌 말이다.

시간이 다 되어 바깥으로 나오자마자 불과 몇 분 만에 다시 불안이 엄습했다. 스마트폰 진동벨이 울리는 소리가 들리자

벌써 하루가 다 갔는데 아무것도 한 게 없다는 생각이 들었다. 머릿속에 적어둔 오늘의 할 일 목록을 훑었다. 과연 부양 탱크 체험이 가치 있는 것이었을까? 그저 그 순간을 즐기는 것으로 그만이었을까 아니면 적어도 몇 주 동안은 효과가 지속될 거라고 기대했던 것일까? 촉각이 주는 즐거움을 삶의 구석으로 밀어내고 나면 서비스가 끝났을 때 그것을 두고 나와야 한다. 이것이 바로 감각들이 서로 완전히 구분되며, 각각을 경험하려면 특별한 서비스가 필요하다는 오랜 믿음의 결점이다. 이 복잡한 의례적 행위에 대안이 있을까, 그것이 중요한 질문이다. 물론 대안은 있다. 몸을 움직이고 몸을 쓰는 일을 하고 구체화된 대인관계를 수용하며 시간을 보내는 것이다.

* * *

내게는 인조 모피 코트가 있다. 버건디와 핫핑크를 섞어 놓은 색인데 너무 얇아서 하나도 따뜻하지 않다. 이 코트를 입으면 화려함과 사악함이 동시에 느껴지는데, 그 이유가 내게는 대단히 명확하다. 이 코트는 착용감과 호화로움이 주는 매력은 물론이고 허영심으로 추정되는 부분까지, 촉각을 통해 느끼는 기분을 내가 어떻게 받아들이도록 배워왔는지 고스란히 드러낸다. 모피는 역사적으로 부자들만 소유할 수 있었고,

남편에 비해 실질적인 권위가 없던 부유한 여성에게는 자신이 권력 가까이에 있음을 드러내는 수단이었다. 우리는 여성의 지배력을 왜곡된 렌즈를 통해서 본다. 따라서 『모피를 입은 비너스Venus in Furs』의 완다에서 크루엘라 드 빌(디즈니 애니메이션 〈101마리 달마시안 개〉에 모피를 입고 등장하는 주요 악역 캐릭터—옮긴이)까지 모피가 가장 변태적이고 비난받는 캐릭터의 상징이 된 것은 놀랄 일이 아니다. 모피는 동물학대 예방 캠페인에서 금기시하기 전부터 이미 비난의 대상이었다.

모피의 문화적 역사를 공부한 적은 없지만 이 코트를 입었을 때 내가 무엇을 느껴야 하는지는 정확히 알고 있다. 모피를 입는 사람에 대한 이미지부터, 모피에 대한 세간의 시선, 그리고 내가 모피를 사기까지의 과정이 주는 모든 메시지를 받아들여 왔기 때문이다.[10] 같은 방식으로, 내가 만지는 모든 것에도 수많은 가치관과 신념이 내포되어 있다. 몸의 편안함을 얼마나 신경 써야 하는지, 지나친 탐닉에 대해 언제 죄책감을 느껴야 하는지에 관한 것들 말이다. 우리는 촉각에 대한 과거의 경험이 현재의 우리에게 얼마나 영향을 주는지 인식하지 못한다. 그러나 오늘날 촉각의 소외는 우리가 오랜 세월 무의식적으로 받아들여 온 것들의 결과이다. 우리가 접촉하는 것들이 미처 알아채지 못하는 순간에도 끊임없이 우리를 빚어내고 있다.

내 경험을 공유하는 이유는 촉각을 삶에 통합하려고 애쓸 때조차 오랜 사고방식에서 벗어날 수 없게 만드는 과정이 있음을 보여주고 싶어서이다. 어떤 이론가는 우리가 감각적 진화의 한복판에 있다고 말할 것이다. 플러그를 뽑고 싶은 마음, 시장의 과잉, 전문 커들러의 등장을 추동한 것이 모두 같은 욕망이었다. 나를 둘러싼 것들 속에서 제 위치를 실감하고 싶은 욕망 말이다. 이런 성향을 두고 힙스터들의 유행이라거나 뉴에이지라고 비웃기는 쉽다. 그러나 무조건 냉소적으로 보는 대신 현재에 대한 비판으로 보는 것이 더 유용할 듯싶다. 문화와 기술은 우리를 몸 밖으로 끌어내려고 공모하고, 사람들은 만족스럽지 못한 스킨십에 대한 갈망을 깨닫는다. 많은 이들이 감각에 균형을 되찾고자 애쓰고 있지만 오래된 사회적 각본을 흔들기는 역부족이다.

촉각에 어필하는 방법이 다양해지고 있다. 감각의 공백을 채워주는 제품과 서비스가 많아졌다. 몸을 어루만지는 시트, 안아주는 셔츠, 마음을 달래주는 안마 의자가 출시되었고, 가중 담요weighted blanket와 피젯 스피너fidget spinner는 마음을 진정시킨다. 반려동물처럼 짖고 가르릉거리지만 손이 많이 가거나 집 안을 난장판으로 만들지 않는 반려 로봇도 있다. 산업계가 감각 마케팅에 주력한 이후 우리는 자연스럽게 경험하는 감각보다 소비제품에서 받는 느낌에 더 익숙해졌다. 그러나 이런 느낌이 반드시 우리를 충동하는 것은 아니다. 저 아이디어들이 마음에 들긴 하지만 그저 마케팅에 반응하는 것일 수도 있다. 우리는 더 이상 물건을 가게에 가서 만져보고 사지 않는다. 대신 시각 자료에 의존해 온라인으로 구매한다.

지난 10년 동안 몸에 중점을 둔 서비스가 크게 늘었다.

요가와 태극권은 피부와 근육의 땅김, 그리고 입으로 들이쉬고 내쉬는 느린 호흡을 느끼게 한다. 이 훈련들은 머리에서 벗어나 몸에서 일어나는 일을 성찰하고 인식하도록 권장한다. 2017년 조사에 따르면 스파 산업은 한 해에 약 175억 달러의 가치가 있다. 우리는 인간의 상호작용에서 사라진 육체와의 결합을 느낄 방법들을 대단히 공들여 만들고 있다. 그 방법의 기원, 그리고 누가 이것들을 사고 파는지는 촉각에 대한 오늘날의 태도를 시사한다.

점점 많은 이들이 저장 음식 만들기, 목공, 정원 가꾸기, 뜨개질, 술 빚기 등 조부모 세대가 보다 실질적인 목적으로 했던 활동에 눈을 돌리고 있다. 메이커 운동Maker Movement(직접 만들고 수리할 권리를 주장하며, 다른 사람과의 교류를 통해 이와 관련된 지식과 경험을 공유하는 문화운동—옮긴이)은 온라인 학습과 모던한 디자인 등을 통한 현대적 접근뿐 아니라 미국의 유구한 자립정신에 기반을 둔다. 이는 촉각으로 돌아가는 과정이기도 하다. LP 레코드판이나 타자기와 같은 구식 기술의 유행은 물리적 공간으로 돌아가 살고 싶은 욕망을 나타낸다. 공장에서 찍어내는 제품이 늘어나는 것처럼 수제품을 사거나 지역 농산물을 사용하는 덜 기계화된 식당을 찾는 사람이 늘고 있다. 우리는 사람이 직접 손으로 만든 상품을 쓰며 살기를 원한다. 그러나 이는 대량생산된 저가의 제품을 쓰며 살아가는 일상에서 직접 경험이 부족해지는 것을 보완하는 작은 대안일 뿐이다. 과거는 돌아오지 않을 것 같다.

미미하게나마 변화가 일어나고 있지만 감각에 대한 과거의 태도가 여전히 남아 있는 것이 사실이다. 제품과 서비스 과잉은 우리가 마침내 '가장 열등한 감각'의 가치를 알아보고 과거의 잘못을 바로잡는 것처럼 보이지만, 다른 관점에서 보면, 새로운 방식으로 여전히 촉각을 소외시키는 것이기도 하다. 건강 수련회에 가든, 부양 탱크를 찾든, 감각에 기반한 제품을 사든, 모두 현실에서 사라진 감각들로 일시적인 기분 전환을 할 뿐이다. 하지만 아직 우리가 살펴보지 않은 곳이 있다. 촉각을 복원하기 위해 노력하고 있는 산업계이다. 이 분야의 잠재력은 무궁무진하다.

8장
기술에 촉각을 입히다

폭스바겐사 햅틱스 연구팀을 이끄는 인고 쾰러Ingo Koehler는 촉각 예술가이다. 그가 폭스바겐에서 제작하는 모든 자동차의 버튼과 다이얼의 터치감을 고심하는 과정을 묘사할 때, 적어도 내게는 그렇게 보였다. 쾰러 연구팀은 소위 스토리텔러들로서, 자동차의 외관이나 로고가 그러하듯 운전자가 에어컨 온도를 조절하거나 라디오 채널을 돌리면서도 폭스바겐이라는 브랜드를 느끼게 하는 일을 한다. 그는 내게 폭스바겐 그룹이 소유한 다양한 브랜드를 보여주며 비교해 보게 했다.

"저마다 사용된 햅틱 기술이 달라요." 쾰러가 설명했다. "아우디는 클릭, 즉 음향에 가깝습니다. 좀 더 기술적인 사운딩이죠. 포르쉐는 스포티합니다. 버튼을 누를 때 좀 더 힘을 줘야

해요. 폭스바겐은 편안함을 추구합니다. 햅틱 기술에 소리보다 느낌을 더 강조하죠."

퀼러의 말이 옳았다. 터치감이 놀라울 정도로 달랐다. 몇 번 작동해 보니 나중에는 보지 않고도 어느 회사 것인지 맞힐 수 있었다. 그는 동료들을 대상으로 설문하여 이런 햅틱 기술에 도달하게 되었다. 사용할 때 드는 힘이 다른 다양한 재료로 샘플을 만들어 테스트했고, 최종적으로 선택된 샘플에 대해서는 터치감을 똑같이 재현할 수 있도록 조작에 필요한 압력 곡선을 포함해 구체적인 지시 사항을 제조업체에 보냈다. 그에게 이 컬렉션 중에서 제일 좋아하는 것이 있는지 물었다.

"아뇨, 어떤 게 제일 좋다고는 말할 수 없어요. 이게 1등이고 저게 2등이다? 그런 것은 없습니다." 퀼러가 대답했다. "소비자가 브랜드에 기대하는 느낌을 그대로 줄 수 있다면 그게 바로 훌륭한 햅틱 기술이죠."

그는 오늘날 폭스바겐 차를 특별하게 만든 것은 햅틱 기술처럼 크게 드러나지 않는 부분의 개선 덕분이라고 생각한다. 어차피 성능과 안전 면에서는 모든 자동차 회사가 적정 수준에 도달했기 때문이다. 물론 소비자가 버튼 하나를 보고 차를 고를 거라고 확신할 수는 없다. 그러나 2001년, 처음으로 버튼과 다이얼 공정이 모두 통일된 제품이 출시되었을 때 그 영향력은 작지 않았다. 그때까지는 햅틱 측면에서 구체적인 지시가 정해지지 않았기 때문에 제작된 부품의 터치감이 하청업체별로 제각각이었다.

"골프7은 새로운 햅틱 기술을 처음으로 선보인 차였습니다." 쾰러가 설명을 이어갔다. "질적인 측면에서 엄청난 도약이었죠. 신문과 자동차 잡지에서 엄청 떠들어 댔어요. 이 차에 사용된 햅틱 기술에 대해 따로 소개하지 않았지만 분명 우리 팀이 크게 기여했다고 생각해요. 시트나 대시보드의 재료는 달라진 게 없고 오직 햅틱 기술만 바뀌었거든요. 모든 조작 장치가 일관되고 조화로웠어요. 사람들은 차이를 기가 막히게 잘 찾아내지만 그렇다고 이 버튼은 3뉴턴이고 저건 4뉴턴이라고 말하진 않죠. '이것은 좀 허접하고 저것은 느낌이 괜찮네' 하겠죠. 이 차가 그들에게 더 나은 느낌을 주었던 겁니다."

몇 년에 걸쳐 새로운 모델이 나올 때마다 컨트롤 패널을 개선해 온 쾰러 연구팀은 새로운 도전을 맞이했다. 유행에 따라 컨트롤 패널을 터치스크린으로 바꿔야 했던 것이다. 터치스크린은 더 이상 소비자가 최신 전자제품에만 기대하는 기술이 아니었다. 과거에는 3차원 조작 장치가 있던 곳에 이제는 평평한 스크린 하나가 자리 잡았다. 대부분의 햅틱 효과가 사라졌다는 뜻이다. 이는 안전 운행에 심각한 위협을 줄 수 있다. 촉각이 주는 피드백이 없으니 눈으로 확인하지 않으면 버튼을 제대로 눌렀는지 알 수 없기 때문이다. 따라서 연구팀은 운전자가 도로에서 눈을 떼지 않도록 터치스크린에 촉감을 재현할 방법을 모색 중이다.

쾰러가 나를 어느 방으로 데려가자 연구팀이 무역 박람회에서 선보인 장비를 보여주었다. 여느 구식 터치스크린처럼 생겼지만 그림이 표시되어 있었다. 그림을 누르자 뭔가 움직이는 느낌이 들었는데 정작 눈에는 아무것도 보이지 않았다.

"어떤 느낌이 드느냐고요?" 내가 쾰러에게 물었다. "실제로 움직이는 거예요?"

"화면이 진짜 움직이는지는 중요하지 않습니다." 쾰러가 뽐내듯 말했다. "사용자가 뭘 느꼈는지가 중요하죠."

무엇이었는지 말해달라고 조르면서 몇 가지를 추측해 보았다. 2차원 평면 스크린으로 3차원처럼 움직이는 인상을 준 것이 아우디의 구식 햅틱 기술에서처럼 클릭하는 소리였을까. 어쩌면 내 뇌가 화면의 미세한 진동을 클릭으로 해석했는지도 모른다. 아무튼 그는 아직 개발 중인 버튼이라면서 입을 열지 않았다. 그러나 그것만으로 촉각 공학이라는 새로운 세계에 대한 흥미를 자극하기에는 충분했다.

삶에서 사라진 촉감을 제품이 대체하는 방법 중에 가장 흥미로운 것이 기술이다. 인간의 감각으로부터 인간 자신을 소외시킨 주범으로 가장 많이 비난받은 것도 바로 기술이기 때문이다. 지금까지 우리가 사용해 온 기기는 주로 시각과 청각을 자극했다. 그러나 여기에 촉각을 통합함으로써 현대인의 문화에 물성을 돌려줄 수 있다. "빠르게 성장 중인 햅틱 기술 분야에 오신 것을 환영합니다." 폭스바겐 엔지니어들이 도와주지 않았어도, 나는 어디에서 답을 구해야 할지 잘 알고 있었다.

* * *

　노스웨스턴 대학교에서 열린 연례 세계 햅틱스 학회에 갔을 때 그 대학 기계공학과 교수인 에드 콜게이트Ed Colgate가 내게 말했다. "눈을 위한 텔레비전과 컴퓨터 디스플레이, 그리고 귀를 위한 스피커를 생각해 보십시오. 햅틱 인터페이스는 손을 위해 그와 같은 일을 합니다. 햅틱 공학자는 사용자가 조작할 때 촉감을 느끼도록 프로그램된 장비를 개발합니다."

　콜게이트는 햅틱 공학 분야에서 사랑을 한 몸에 받고 있는 친근한 스타일의 지도자이다. 그는 최초의 세계 햅틱스 심포지엄을 이끌었는데 이 심포지엄은 이후 세계 햅틱스 학회의 일부가 되었다. 또한 콜게이트는 최신 햅틱 기술을 다루는 《IEEE 트랜잭션 온 햅틱스Transactions on Haptics》 저널의 창립 편집장이었다. 그는 울리는 소리, 피부에 가해지는 압력, 근육의 긴장 같은 작은 느낌이 망치에서 자동차까지 우리가 기술을 정확히 조작하고 있는지 단서를 제공한다고 설명한다. 그런데 이런 신호가 (컨트롤러로 비디오게임에서 차의 속도를 조절하거나 원격으로 로봇을 조작하는 등의) 가상 인터페이스에서는 사라지고 있다. 이런 인터페이스는 화면에 더 집중해야 하므로 눈을 피로하게 한다. 햅틱 공학자들은 이처럼 유용한 감각들을 재현하기 위해 고군분투한다.

　콜게이트와 함께 나는 넓은 홀에서 참신한 촉각 기술들을 체험해 보았다. 사용자가 상대방에게 심장박동과 같은 진동 패턴을 보낼 수 있는 스마트폰 있었고, 드릴로 치아를 뚫는 느낌을 꽤나 실감 나게 모방한 치과 시뮬레이션도 있었다. 많은 발표자가 아직 개발이 완료되지 않았지만 언젠가 구현하고자 하는 작은 햅틱 트릭들을 공개했다. 어떤 블록은 실제 재질에는 변함이 없으면서 오로지 특정 진동 패턴만으로 끈적거림에서 매끄러움까지 촉감이 변하는 느낌을 주었다. 한 발표자가 나에게 벨트 하나를 차보라며 건넸는데 그 벨트는 옆구리에 진동 자극을 주어 반사적으로 허리를 돌리게 했다.

포스터 게시판에는 〈공중 초음파 햅틱 홀로그램이 만들어내는 능동적 촉감 지각〉, 〈햅틱 질감 진동이 사용자의 힘과 속도에 반응해야 하는가?〉, 〈조종 손잡이의 강직도가 원격조종 과제에 미치는 영향〉, 〈제동이 경도 지각에 미치는 영향〉과 같은 제목들이 붙어 있었다.

콜게이트에 따르면 햅틱 공학은 1940년대에 시작했다. 시카고 인근 아르곤 국립 연구소에서 원자로를 설계한 레이 괴르츠Ray Goertz는 방사능 재료를 다루는 작업이 연구소 직원에게 얼마나 위험한지 알게 되었다. 괴르츠는 마스터/슬레이브 원격 조종기를 제작했는데, 그 덕분에 이 한 쌍의 로봇 팔이 위험한 재료를 운반하는 동안 사람은 납으로 된 보호벽 뒤에 안전하게 대기할 수 있게 되었다. 이 원격조종기는 사람이 조작하는 마스터, 실제 위험한 재료를 다루는 슬레이브가 압봉을 통해 서로 기계적으로 연결되어 있다. 보호벽에 되도록 구멍을 뚫지 않기 위해서는 로봇이 물체를 제대로 잡았는지, 물체가 얼마나 무거운지 등 기본적인 햅틱 정보를 사람에게 전달할 촉각 피드백이 필요했다. 그는 마스터와 슬레이브에 모터를 설치하고 전류를 연결해 햅틱 효과를 주었다. 이 햅틱 효과는 작업자가 정밀하게 조종할 수 있도록 촉각 정보를 제공했다.[1]

괴르츠 모델은 산업 전반에서 비슷한 발전을 이끌었다. 기계가 반복과 힘을 요하는 일을 점점 더 대체했고, 사람은 기계를 조작하는 데 햅틱 효과를 활용했다. 시간이 지나면서 산업 현장뿐만 아니라 대학 연구소에서도 햅틱 효과를 사용하기 시작했다. 1980년대 후반 컴퓨터과학자 프레드 브룩스Fred Brooks는 로봇 팔로 단백질 분자가 약물에 반응할 때 분자 간에 상호작용하는 힘과 회전력을 읽는 프로그램을 개발했다. 그 결과 생화학자들이 과거에는 감지할 수 없었던 화학반응을 이해하며 훨씬 효과적인 약물을 설계할 수 있게 되었다. 이후 탄력, 굴곡, 경도, 점도는 물론이고 얼음이 든 양동이를 막대로 젓는 느낌까지 햅틱 착각을 일으키는 인터페이스가 개발되었다. 햅틱 기술은 수전증으로 인한 파킨슨병과 다발성 경화증 환자의 의도치 않은 움직임을 상쇄함으로써 조이스틱 조작을 돕는 데도 사용된다.

빠른 성장에도 불구하고 한동안 햅틱 실험은 공학의 하위 분야로 무시되었다. 몇 년 전 애플이 맥북에 '포스 터치force touch'를 도입하며 마침내 '햅틱스'라는 단어가 대세가 될 때까지 말이다. 포스 터치는 트랙패드에 장착된 압력 감지 센서가 아래로 가해지는 힘을 느끼면 모터가 미세하게 진동하여 손가락에 클릭하는 느낌을 주는 기능이다. 손가락은 마치 표면이 눌렸다가 올라오는 느낌을 받지만 실제로 표면상에서는 아무 변화가 없다(폭스바겐의 차들도 비슷한 메커니즘을 사용할 것이다). 이 패드는 또한 다양한 터치에 반응한다. 사용하는 손가락 수와 손가락이 움직이는 방식에 따라 화면의 크기를 변경하고, 페이지를 위 아래로 움직이거나, 화면 사이를 오갈 수 있다.[2]

손가락의 다양한 움직임으로 화면과 상호작용하는 트랙패드 기술은 사용자가 촉각을 사용하는 방법에 전혀 다른 방식으로 접근하면서 이 분야의 가능성을 열었다. 예를 들어 공학자들은 이미지를 뒤섞거나 2차원 평면에서 페이지를 넘기는 등 3차원적 동작을 흉내 내는 새로운 촉각 언어를 개발하고 있다. 당연한 말이지만 가장 어려운 점은 실감이 나게 하는 것이다. 햅틱 공학자들은 이런 촉각적 신호들이 생각보다 훨씬 더 의미 있다고 믿는다. 그들은 과거에 레버, 스위치, 게이지를 조작하여 손으로 기계와 소통하던 시절을 그리워하며 그때의 감각을 되찾을 수 있기를 바라고 있다.

새로운 도전 과제들이 해결되어 가면서 햅틱 분야의 황금기가 눈앞에 있다고 믿는 사람들도 있다. 그러나 햅틱 기술은 여전히 아주 기초적인 단계에 머물러 있다. 상대적으로 시각과 청각의 거리감은 미디어로 쉽게 구현된다. 평면 TV 화면은 고양이의 이미지를 선명하게 보여주고 스피커는 야옹거리는 소리를 실감 나게 들려줄 수 있다. 그러나 고양이가 숨을 쉬며 그

르렁거릴 때의 촉감은 공학자들이 아무리 애를 써도 움직임이 제한된 2차원 표면에 완벽하게 구현하기가 불가능하다.

"햅틱스는 접촉의 감각입니다." 콜게이트가 말했다. "실제로 피부에 닿는 것이 중요하지요. 고양이가 아닌데 고양이 털과 똑같은 자극을 주기는 정말 어렵습니다."

학회에서 가장 신났던 행사는 콜게이트가 운영하는 실험실 투어였다. 그의 실험실에서는 표면 햅틱스, 즉 스마트폰이나 태블릿에 터치 피드백을 사용해 새로운 효과를 만드는 것이 중점 과제였다. 다음 날, 나는 스무 명 이상의 터치 전문가들과 함께 그곳으로 향했다. 콜게이트는 테이블마다 소수의 대학원생을 배치해 다양한 기술을 전시하며 방문객에게 설명하게 했다. 한 가지 아쉬운 건 개인별로 직접 시험하면서 햅틱 효과를 느껴야 하기 때문에 줄을 서서 오래 기다려야 했다는 점이다. 그렇지만 줄은 꾸준히 앞으로 움직였다.

첫 번째 테이블에서는 학생 몇몇이 티패드Tpad라는 특별한 터치식 태블릿을 보여주었다. 태블릿을 열자 흑백의 다양한 도형이 그려진 페이지가 나왔다. 꼭대기에는 커다란 사각형에 동심원들이 들어 있었고 그 아래에 벌집 형상의 검은 점이 보였다. 밑바닥에는 그물처럼 조밀한 격자무늬가 있었다. 손가락을 대고 미끄러지듯 움직였더니 마치 유리에 새겨 넣은 그림을 만지는 기분이 들었다. 이 트릭은 손가락이 어디에 접촉하는지에 따라 화면 위아래로 진동 속도를 바꾸면서 일어난다. 피부와 화면 사이의 공기량을 조절하며 손가락에 느껴지는 마찰의 정도를 바꿈으로써 윤곽선이 있는 인상을 주는 것이다.

학생 하나가 이 프로젝트의 재밌는 뒷이야기를 들려주었다. 실험실 동료 하나가 타이드 버즈Tide Buzz라는 얼룩 제거 펜을 들고 나타난 것이 시작이었다. 타이드 버즈는 초음파 진동을 이용해 옷에 묻은 먼지를 떨어내는 기구인데, 펜이 작동할 때면 손잡이가 유독 미끄럽게, 심지어 젖은 것처럼 느껴지는 게 아닌가. 당시 콜게이트 실험실에서는 움직이는 물체와 피부 사이에서 발생하는 일과 뇌가 정보를 해석해 지각을 생성하는 과정을 알아보던 참이라 이 현상에서 좋은 연구 기회를 엿보았다. 이 일을 계기로 콜게이트 실험실에서는 여러 지식을 사용해 착각의 라이브러리를 채우고 있다.

티패드는 뱀가죽의 오돌토돌함부터 사포의 거친 알갱이까지 다양한 느낌을 재현할 수 있다. 여기까지 성공하자 오목함과 볼록함 같은 3차원 효과까지 가능해졌다. 우리는 표면의 경사나 우묵함을 마찰의 변화로 지각한다. 손가락을 움직일 때 화면의 마찰이 서서히 줄면 사용자는 마치 손가락이 낮은 구멍 속으로 떨어지는 듯한 느낌을 받는다. 이 느낌은 납작한 질감을 주는 데 사용되는 상하 운동에 왼쪽에서 오른쪽으로 가는 진동을 추가하여 생성된다.

다른 테이블로 가니 어떤 학생이 초음파 모터를 전시하고 있었다. 모터에 전압을 가하면 모터가 설치된 황동판을 가로지르는 물결 패턴이 만들어지는데, 그러면 한 방향으로만 마찰이 증가하기 때문에 손가락은 반대 방향으로 밀려난다. 이런 특성이 여러 가지 강력한 착각을 만들어 내는 데 사용된다. 예를 들어 사용자가 손가락으로 구불구불한 선을 따라가다 방향을 틀면 손가락을 다시 끌어당기는데, 그것이 마치 소용돌이 아래로 빨려 내려가는 느낌을 주어 구멍이 있는 듯한 착각을 키운다. 저쪽에서는 다른 학생들이 티패드 스크린에 이 효과를 사용한 조명 스위치 이미지를 선보였다. 스위치를 켰다 끌 때마다 진짜 스위치처럼 딸깍하고 제자리로 돌아가면서 저항하는 느낌이 들었다.

전시품들의 설득력에는 수준 차이가 있어서 구멍 착각은 큰 감흥이 없었던 반면 조명 스위치는 꽤 그럴듯했다. 그러나 햅틱 공학자들도 끝내 완벽하게 구현할 수는 없다는 것을 알고 있다. 진짜 사물의 느낌을 그대로 복제하지는 못할 것이다. 그저 최선을 다해 가장 비슷하게 되도록 노력할 뿐. 이 연구들을 통해 그들은 생물학만으로는 알 수 없는 방식으로 촉각에 대해 배운다. 현실세계에서는 무엇에 접촉하든 수많은 촉각수용기가 동시에 점화된다. 따라서 각 수용기가 전체적인 촉각 인식에 어떻게 기여하는지 알아내기 힘들다. 그러나 화면상에서는 진동이나 마찰 중 한 번에 한 종류만 자극할 수 있다. 따라서 각 자극이 모양에 대한 인상에 어떻게 기여하고 어떻게 행동을 유발하는 정보를 제공하는지 볼 수 있다.

햅틱 과학은 그 자체로 매혹적이지만 연구가 더 발전하려면 이 기술의 사용가치를 증명해야 한다. 앞으로 표면 햅틱 기술은 온라인몰에서 캐시미어 스웨터의 질감을 느껴보게 하고,

가상현실 디스플레이 장비의 현실감을 개선하고, 종이의 질감을 모방해 스마트폰에 글씨를 쓰거나 그림 그리기를 용이하게 하는 쪽으로 개발될 것이다. 그러나 그중에서 완전하게 달성할 수 있는 목표는 아직 없다. 그럼에도 콜게이트 실험실의 대학원생들은 현재 보유한 능력을 활용해 앞서 소개한 여러 착각 기술의 상용화가 가능하다는 것을 보여주려 애쓰고 있다.

이들이 스스로에게 던지는 질문은 다음과 같다. 촉각이 어떻게 인간과 기계의 관계를 변화시킬 것인가? 이 기술이 인간이 기계를 사용하는 방식에 어떤 식으로 영향을 미칠 것인가? 어떤 종류의 애플리케이션이 이 기술의 잠재력을 보여줄 것인가? 이것은 만만찮은 디자인적 과업이다. 촉각에는 그림이나 음악, 향수, 요리처럼 명확히 정의된 예술의 형태가 없다. 마사지나 춤을 예로 들 수도 있겠지만 둘 중 어느 것도 완전하게 의미가 부합하지는 않는다. 오롯이 촉각에만 의존하는 미적 형태를 고안하기 어려운 이유는 촉각이 몸 전체에 자리 잡은 감각이기 때문이다. 그 능력을 제한된 표면에 고스란히 옮기기는 쉽지 않다. 작업할 수 있는 햅틱 수단의 폭이 좁다는 사실은 이 문제를 더욱 어렵게 한다.

콜게이트 연구진은 이런 난제와 혼자서 씨름할 필요가 없다고 보고, 아이디어를 모으기 위해 '티패드 태블릿 프로젝트'를 시작했다.[3] 연구진은 철물점 등에서 구입한 도구로 집에서 태블릿을 만들 수 있는 설명서를 웹사이트에 올리며 사람들이 각자 티패드 프로그램을 만들어 보게 장려했다. 심지어 이른바 햅틱 마라톤까지 개최했는데, 여기 참가한 단체들은 가상 자극을 사용한 시각장애인용 안내 시스템, 아동 도서의 촉감 디스플레이, 촉감이 느껴지는 사진을 전송하는 애플리케이션 등을 만들었다.

내게 기회가 주어진다면 무엇을 만들지 생각하다 보니 나에게도 기회가 있을 것 같았다. 나는 이들이 개발한 커플 티패드를 집에 가져가서 햅틱 기술의 활용을 고민해 보아도 좋을지 물었고 연구진은 기꺼이 동의했다. 그러나 커플 티패드는 이미 대여된 상태라 몇 달을 기다려야 했다. 그동안 나는 이 문제를 다방면으로 접근해 보았다.

* * *

이 모든 화면상의 햅틱은 착촉 현상tactile illusion, 즉 촉각적 착각으로 인해 가능하다는 것이 파리 지능 시스템 및 로보틱스 연구소 빈센트 헤이워드Vincent Hayward 교수의 설명이다. 사람들에게 보다 익숙한 착시처럼 착촉 역시 뇌가 오류를 일으키는 바람에 발생한다. 햅틱 정보가 강물처럼 **빠르게** 뇌로 흘러들어 간다고 상상해 보자. 이 정보 중에는 유용하고 재밌는 것들도 많지만 무시해야 할 것들도 널려 있다. 뇌가 이 정보의 강을 센티미터마다 훑으며 어떤 정보를 집어 들지 결정할 수 없으므로 과거에 본 적 있는 패턴을 떠올려 가장 그럴듯한 짐작을 시도한다. 다분히 융통성 있는 과정이므로 효율성의 측면에서도 현명한 전략이다. 디자인이 다른 문손잡이를 본질적으로 같은 물체로 인지하는 것도 그래서이다. 뇌는 일반화에 의존하기 때문에 필연적으로 문제에 봉착한다. 선택되지 않은 정보를 대충 넘어가거나 중요한 정보를 무시하기 때문이다.

한때 비틀스 때문에 유행했던 몹톱moptop 헤어스타일에 체형이 호리호리한 헤이워드는 정신 나간 과학자 같은 괴상한 분위기를 풍겼다. 사무실은 수많은 햅틱 착각의 예시들로 가득했는데 그는 그것들을 바탕으로 자신만의 촉각 기술을 개발한다. 헤이워드가 세 개의 블록을 크기 순서로 늘어놓더니 나더러 각각 들어보고 무거운 순서대로 말해보라고 했다. 가장 큰 것을 집어보자 생각보다 무거워서 놀랐다. 보기엔 가벼운 나무로 만들었는데 안에 무거운 금속이 있는 게 분명했다. 다음으로 중간 블록을 집어 들었는데 그것은 훨씬 더 무거웠다. 그리고 가장 작은 것은 그보다도 더 무거웠다. 나는 자신 있게 대답했다. 그는 으스대며 서랍에서 작은 저울을 하나 꺼내더니 하나씩 블록을 올려놓았다. 모두 120그램 정도였다.

"실제로는 무게가 모두 같죠." 빨간 둥근 테 안경 너머의 얼굴이 나를 놀리는 표정이었다.

"정말 이상하네요." 내가 하나씩 다시 들어보면서 말했다. "분명 가장 작은 게 제일 무거웠는데."

헤이워드에 따르면 이 착촉 현상은 1800년대에 발견된 것으로 시각장애인도 속아 넘어간다고 한다. 이런 착각의 원인이 정확히 밝혀진 것은 아니지만, 헤이워드의 설명은 다음과 같다. 사람들은 보통 작은 물체와 큰 물체가 같은 재료로 만들어 졌을 때 당연히 작은 것이 더 가벼울 거라고 예상한다. 그러다 자신의 생각이 틀렸다고 밝혀지는 순간 뇌가 사실을 과잉 수정 하면서 작은 것이 훨씬 더 무겁다고 인지하는 것이다. 사실을 알게 된 다음에도 뇌는 계속해서 그렇게 느낀다.

모두 한 번쯤 가로, 세로의 길이가 같은 대문자 T의 착시 를 본 적이 있을 것이다. 아무리 봐도 수직인 선이 더 길어 보 인다. 사람의 뇌는 수직선의 길이를 더 길게 보는 경향이 있다. 특히 고층 빌딩이 많은 도시 환경에서 자란 사람은 더욱 그렇 다. 한편 분할된 선은 더 짧아 보이게 마련이다. 헤이워드는 이 런 착각이 촉각에도 똑같이 적용됨을 보여주었다. 그는 같은 길이의 나무막대 두 개로 T자를 만든 다음 눈을 감고 만져보 라고 했다. 수직선이 더 길게 느껴졌다. 이는 촉각과 시각이 동 일하게 작동하는 한 가지 사례이다.

다음으로 그는 집게손가락과 가운뎃손가락으로 펜을 만 져보라고 했다. 별로 특별할 게 없었다. 이번에는 이 두 손가락 을 엇갈린 채로 펜을 만져보라고 했다. 그랬더니 마치 펜이 하 나가 아닌 두 개처럼 느껴지는 게 아닌가. 손을 한 가지 방식 으로 사용하는 데 익숙해져서 그 방법을 아주 조금만 달리해 도 뇌가 혼란스러워하는 것이다.

헤이워드가 몇 가지 다른 테스트를 제안했다. 팔을 앞으로 뻗고 고개를 돌려 다른 쪽을 보고 있는 상태로 다른 사람이 팔뚝 주변을 세 번 두드리고 다시 손목 주변을 세 번 두드리면 서로 떨어진 두 지점을 두드렸다는 느낌 대신 마치 작은 생물이 천천히 팔을 기어 내려가는 듯한 느낌을 받게 된다. 피부 토끼cutaneous rabbit라고 부르는 착촉 현상인데, 이 현상은 심지어 두 지점 사이가 마취되었을 때도 일어난다. 뇌는 피부가 느끼지 못할 때도 정보를 대신 채운다. 팔을 따라 내려가는 움직임의 특정한 패턴을 예상하도록 학습했기 때문에 실제로는 없는 자극을 있다고 확신하게 되는 것이다.

고유감각과 관련된 또 다른 인기 있는 착각이 있다. 먼저 한 손으로 코끝을 만진다. 그다음 진동식 마사지 기계를 그쪽 팔의 이두박근에 대면 진동은 근육의 신장수용기stretch receptor를 활성화시키며 팔이 움직이는 것처럼 속여 마치 코가 자라는 듯한 감각을 준다. 이것을 피노키오 착각이라고 부른다. 사람마다 이 느낌을 받아들이는 정도는 다양하다. 시각적 착각처럼 촉각적 착각도 사람마다 효과가 다르게 나타난다.

이런 착각은 감각 정보가 뇌 쪽으로 향하는 상향식 처리 과정의 결함이다. 다시 말해 정보의 강이 위쪽으로 흐르고 뇌는 그중에서 취사선택한다는 뜻이다. 이런 오류 탓에 뇌가 촉각 신호를 수동적으로만 받아들이는 것처럼 보이지만, 사실 뇌에는 그보다 훨씬 더 강력한 영향력이 있다. 하향식 과정에서는 애초부터 뇌가 특정 종류의 정보만 올라오도록 허락하면서 더 많은 착각을 일으킨다. 실제로 뇌가 "통증을 참아라" 하고

말하면 신경은 그 말을 듣는다.[4]

아마 모두에게 이런 경험이 있을 것이다. 빳빳한 새 구두를 신고 중요한 면접에 간다. 면접관은 친절하고 모든 것이 순조롭다. 건물을 나서는 순간, 갑자기 발이 쓰라려 온다. 새 구두를 신은 발에는 일찌감치 물집이 잡혀 있었으나 이제야 몸이 그것을 느끼게 허락한 것이다. 중요한 일들 앞에서 뇌는 알아서 통증을 숨긴다. 그리고 여유가 생기고 나서야 그 결과에 대처하게 한다.

뇌가 통증만 차단하는 것은 아니다. 팔에 물체가 스칠 때처럼 감각이 수동적으로 유입될 때는 능동적으로 집중할 때보다 반응을 억제할 수 있다. 그래서 강아지가 팔 위를 뛰어갈 때와 의도적으로 강아지에게 코를 비벼댈 때의 촉감이 다른 것이다. 하향식 신호는 스스로 몸을 간지럽히지 못하는 이유이기도 하다. 손가락이 피부에 닿기 전에 이미 뇌가 간지러운 감각을 무디게 한다. 남성 이성애자는 같은 스킨십도 남성이 하는 것이라고 믿을 때 덜 강렬하고 덜 부드럽다고 느낀다. 이때 실제로 누가 스킨십을 하는지는 중요하지 않다는 사실에 주목하자. 여성 이성애자가 남성의 신체접촉에 더 반응하는 것도 같은 메커니즘일 것이다.

요약하자면 우리는 몸이 주변 세계와 상호작용하며 절대적 현실을 경험한다는 마음 편한 환상을 가지고 있으나 촉각역시 다른 감각만큼이나 진실하지 않다. 다음에 개미가 팔 위를 기어가거나 척추를 타고 내려가는 느낌이 들 때 잘 기억하기 바란다. 우리가 촉각으로 경험하는 것은 수년에 걸쳐 학습된 편견에 기반하여 뇌가 판단하는 주관적 진실이다. 그리고 이런 촉각 시스템의 오판은 공학자에게 풍부한 재료가 된다.

"무(無)에서도 감각이 생길 수 있습니다." 헤이워드의 말이다.

헤이워드는 참신성은 둘째 치더라도 어떻게 하면 뇌의 결함을 이용해 기술을 보다 잘 사용할 수 있을지 궁금해한다. 제시된 몇 가지 단서가 있다. 햅틱 기술이 비디오게임을 할 때 감정을 북돋우거나 전자책을 읽을 때 좀 더 몰입하게 해준다는 일부 연구 결과가 있다.[5] 감각적 요소를 추가하면 평소에는 정신적 활동에 관여하지 않던 뇌의 구역을 자극할 수 있다. 이것은 평면 스크린의 사용성에 도움이 되는 부분이다. 그러나 감각 요소를 추가할 때 아직 완전히 탐구되지 않은 새로운 기술을 고려하기보다는 과거의 사물에서 무엇이 사라졌는지를 알아보는 것이 바람직하다.

* * *

기술은 그 어느 때보다 발전했지만 디지털 도구와 함께 성장한 세대가 이제 아날로그에서 새로운 가치를 보고 있다. 신구 기술이 가장 많이 비교연구된 사례인 책을 예로 들어보자. 전자책을 읽으며 내용을 이해하는 방식은 종이책을 읽을 때와 다르다는 다수의 연구 결과가 있다. 이런 차이는 대부분 책의 물성과 연관되어 있다. 독서는 대뇌에서 일어나는 추상적 활동일 것 같지만 실제로 뇌에서는 독서를 우리가 물리적 경관을 가로지를 때와 비슷하게 처리한다. 책에는 왼쪽 페이지와 오른쪽 페이지가 있고, 우리는 페이지를 한 장 한 장 넘기며 이쪽의 두께가 줄고 반대쪽이 두꺼워지는 느낌을 통해 책을 얼마나 읽었는지 알 수 있다.[6]

촉각적 세부 사항은 책을 읽을 때도 중요하다. 사람들은 전자책보다 종이책을 읽을 때 내용을 더 확실하게 파악한다. 책의 내용이 운동 기억motor memory에 저장되는 것이 한 가지 원인이다. 운동 기억은 예컨대 중요한 글귀나 장면의 대략적인 위치를 떠올리는 능력이 더 뛰어나다. 한 단락만 읽고 질문을 받아도 종이책을 넘겨보면 더 빨리 핵심 내용을 찾을 수 있다. 디지털 자료에서는 앞으로 나아가는 감각이 또렷하지 않다. 화면 바닥에 있는 진행 바와 퍼센트 수치로만 진행 상황을 알 수 있기 때문이다. 또한 내용의 이곳저곳을 쉽게 뒤져볼 수 없는 점도 디지털 자료가 종이책보다 부담스러운 이유이다.[7]

많은 사람들이 종이책을 읽는 경험을 선호한다고 말한다. 『그는 당신에게 반하지 않았다』와 『율리시스』의 책장을 손으로 넘기면서 각각 기대되는 스타일과 무게감이 있는데, 우리 뇌는 실제 느낌이 예상에서 벗어나는 것을 즐긴다. 반면 킨들Kindle은 모든 책을 똑같이 느끼게 만든다. 종잇장에 인쇄된 잉크의 영속성과 전자책 이미지의 덧없음이 주는 차이 또한 인쇄

물을 읽을 때의 독서 경험을 무의식적으로 좀 더 진지하게 만들어 복잡한 문단이 나올 때면 뒤로 돌아가 다시 읽는 정성을 기울일 가능성이 커진다. 실물 책에는 줄을 긋거나 페이지 귀퉁이를 접거나 가장자리에 메모를 적으며 읽기도 더 쉽다. 그 덕분에 이 자료를 통해 나만의 독특한 경험을 하고 있다는 느낌을 강하게 받는다.[8]

글쓰기는 아날로그와 디지털이 현저하게 다른 또 하나의 사례이다. 종이에 펜을 올리는 행위에는 명상적인 측면이 있다. 손가락을 오므려 펜을 꽉 쥐는 것, 매끄러운 종이에 금속이 미끄러지듯 움직이는 것 모두 감각적 경험이다. 쓰기는 사람을 느긋하게 만들고 생각까지 몸의 속도에 묶어둔다. 읽기와 마찬가지로 쓰기는 경사지거나 구불구불하고 울퉁불퉁한 길을 따라 움직이는 것과 같다. 우리는 아주 어려서부터 글씨를 써왔기 때문에 글자를 생각하면서 쓸 필요가 없다. 이런 반복 행동은 통찰력을 끌어내는 데 필요한 리듬과 흐름을 제공하며 단어를 하나씩 쏟아낼 수 있는 정신 상태에 머물게 한다.

아직 읽고 쓰기를 배우지 않은 아이들을 연구한 결과를 보면, 새로운 글자를 컴퓨터 화면으로 노출시키거나 점선을 따라 그리게 했을 때보다 직접 마음껏 쓰게 했을 때 아이들이 나중에 그 글자를 더 정확히 식별했다.[9] 학생들은 강의 노트를 타자로 칠 때보다 손으로 쓸 때 정보를 더 오래 기억했다. 심리학자들이 종종 말하는 아는 것과 행동하는 것의 차이가 바로 이와 같은 차이를 설명한다. 행동이 더 어려운 이유는 물리적 노력을 들여 새로운 아이디어를 실행해야 하기 때문이다. 하지만 그 결과가 더 오래 남을 가능성도 크다.

사람들이 여전히 옛날식 물건을 선호하는 이유는 단지 향수나 유행 때문만이 아니다. 우리는 촉각에 자연스레 끌린다. 평소에 물체를 만지면서 간지러움이나 요철을 의식하지 못할 수도 있다. 그러나 그것들은 눈에 띄지 않게 사고방식에 큰 영향을 미치는데, 행동과 연관된 마음을 활성화시켜서 사물과 새롭고 보다 깊은 관계를 맺게 하기 때문이다. 스마트폰이나 컴퓨터에 촉각을 입히는 것도 같은 맥락이다. 우리가 기기와 더 연결되어 있다고 느끼게 하고, 더 나아가 기기로 할 수 있는 일의 가능성을 확장시킬 수도 있다.

여기까지가 내가 세계 햅틱스 학회에 다녀와 몇 달 동안 생각한 것들이다. 그러나 마침내 새로 이사한 버지니아 프레더릭스버그의 집에 도착한 티패드를 받았을 때 든 생각은 좀 달랐다. 그때까지 몇 주 동안 내 삶에 큰 변화가 있었고 나는 정신없이 바빴다. 대학에서 저널리즘을 가르치는 일을 시작해 워싱턴 D.C. 남쪽으로 이사했다. 직장을 옮기면서 연애 전선에 문제가 생겼다. 당시만 해도 아직 남자친구였던 카르틱은 이직을 전폭적으로 지지했지만 이사 날짜가 가까워져 오면서 자신도 함께 가는 것에 의구심을 품기 시작했다. 그는 이 결정이 자신의 경력에 어떤 영향을 줄지 걱정했지만 우리는 그 부분을 함께 의논하는 대신 서로에게 수동적인 공격을 가하며 여러 차례 다투었고 결국 헤어졌다. 그러다가 내가 떠나기 며칠 전 극적으로 화해하고 약혼했다.

　기본적인 가구만 갖춰진 삭막한 학교 사택에 혼자 앉아 나는 우리 사이에 일어난 일들을 곱씹었다. 너무 빨리 결정한 건 아닐까. 혹시 카르틱이 압박을 느끼지는 않았을까. 아주 큰 실수를 한 건지도 모른다. 그러나 이런 생각들을 그에게는 일절 내비치지 않았고, 대신 새로운 동료와 학생 들을 알게 되어 즐겁다는 이야기와 결혼식 준비로 찾아본 웹페이지 이야기를 했다. 전화로는 진심을 털어놓기가 쉽지 않았다. 이런 상황에서 티패드를 받자 우리 둘 사이의 찜찜한 부분을 미뤄두고 함께 할 수 있는 일을 찾게 된 것 같아 신났다. 그때까지 고민했던 공학적 문제 해결은 관심 밖으로 사라지고 어떻게 촉각을 통한 소통으로 그와 나의 거리를 좁힐 수 있을지만 골몰했다.

　한 주 뒤 카르틱을 만나러 뉴욕에 간 나는 그에게 티패드 중 한 대를 주고 함께 실험을 하게 될 거라고 말했다. 며칠 동안 햅틱 메시지를 주고받음으로써 그는 촉각이 기술에 기여하는 바를 탐색하는 내 프로젝트에 도움을 주기로 했다. 티패드에 햅틱 이미지를 보내는 프로그램이 깔려 있어서 우리가 선택한 흑백 이미지를 명암에 기초한 촉감 패턴으로 전환할 수 있었다. 첫 주에 나는 카르틱으로부터 원목 책상의 나뭇결과 그의 손에 난 주름 이미지를 받았다. 이미지의 촉감을 느끼니 마냥 신기했다. 내가 보낸 것 중 그가 가장 좋아한 것은 흑백의 눈송이 무늬가 있는 잠옷 이미지였다. 그가 만졌을 때 이 패턴은 화면에 부드러운 촉감을 만들어 냈다.

"저 이미지들을 만지니까 나를 좀 더 가까이 느끼는 데 도움이 되던가요?" 내가 물었다.

"글쎄, 그 잠옷을 보니 당신이 생각났어요. 그게 햅틱 기술이라고는 생각하지 않지만."

나도 그 이미지들이 그다지 끌리지는 않았다. 티패드의 부피가 너무 커서 가지고 다닐 수 없었고, 서로 이미지를 주고받는 일에 시큰둥해지면서 실험은 흐지부지되었다. 실망하던 차에 우연히 새로 동료가 된 컴퓨터과학과 교수와 이 문제를 이야기하게 되었다. 나는 그와 함께 새로운 계획을 세웠다. 정적인 사진보다는 가상이더라도 실시간으로 카르틱과 접촉하는 편이 나을 것 같았다. 동료는 오스틴에 있는 자기 아들을 소개해 줬다. 역시 컴퓨터과학자인 그는 취미로 스마트폰 앱을 제작하곤 하는데 아버지의 얘기를 듣고 나와 카르틱을 위해 앱을 하나 만들어 주었다. 일주일 뒤에 동료의 아들과 나는 그 앱을 함께 시험해 보았다.

화면에 나온 손가락 이미지에 손을 대자 그쪽에서도 나를 만지려는 듯한 느낌이 들었다. 실제 사람 손가락의 감촉은 아니었지만 마치 내게 손을 뻗으려는 듯 살짝 위로 올린 것처럼 보였다. 눈으로 보았을 때는 분명 평평한 유리였기 때문에 그 위로 이리저리 움직이며 달라지는 촉감을 느끼는 것이 즐거웠다. 화면의 진동은 내 피부가 접촉한 위치에 따라 미세하게 달라졌고 내 뇌는 이런 미세한 마찰의 변화를 3차원 돌기로 해석했다. 신기한 마음에 손가락을 앞뒤로 움직이다가, 문득 지금

내가 낯선 이와 소통하고 있다는 사실을 깨닫고 깜짝 놀라 동작을 멈추었다. 그도 나만큼 당황했을 것이다.

모르는 이의 몸을 실제로 만진 것처럼 불편해졌다. 하지만 상대도 그런지 물어볼 만큼 우리가 잘 아는 사이는 아니었다. 다만 그의 목소리가 경직된 것과 내가 멈추자 손가락 이미지가 황급히 사라진 것을 보면 그도 나와 다르지 않게 느꼈다고 짐작은 할 수 있었다. 나는 진심 어린 감사를 전하고 서둘러 전화를 끊었다. 사실 우리 둘 다 거북함을 느낀 것은 좋은 징조였다. 이런 잠깐의 소통이 낯선 이와의 신체접촉에서 느껴지는 불편한 기분을 끌어냈다면 카르틱과 함께할 때도 꽤 실감 나지 않을까 하는 희망을 품었다.

곧 카르틱도 이 앱을 설치한 티패드를 다시 우편으로 받았고 우리는 테스트를 시작했다. 두 사람의 손가락이 화면 한가운데에서 만났다. 유리 스크린이 살짝 뒤틀린 듯 부푼 지점이 있었다. 우리는 그곳에서 서로의 존재가 남긴 흔적을 손가락으로 더듬었다. 나는 그가 익숙해지도록 몇 초의 시간을 준 다음 손가락을 다른 곳으로 옮겼다. 그가 쫓아왔고 나는 재빨리 달아났다. 그가 다시 나를 따라왔다. 나는 손을 멈추어 내 손가락 위에 그의 손가락이 머물게 했다. 그리고 서로를 부드럽게 어루만졌다. 이런 햅틱한 유혹이라니.

역사상 가장 위대한 러브스토리들은 부드러운 손길로 시작한다. 서로의 살이 닿는 것이 금기시될 때 그 중요성은 커지는 법이다. 제인 오스틴의 소설 『설득』에서 주인공 앤과 프레더릭은 한때 연인이었지만 가족의 반대로 파혼한다. 그들이 다시 서로의 삶에 들어가게 된 것은 그녀가 그의 손길에서 미련을 느꼈기 때문이다. "그것은 예전에 존재했던 감정의 잔재였다. 본인은 인정하지 않았지만 순수한 우정의 발로였고, 따뜻하고 다정한 마음씨를 보여주는 증거였다. 이런 생각을 하면서 그녀는 기쁨과 고통을 함께 느꼈다. 뒤섞인 감정에 휩싸여 어느 쪽이 더 강렬한지 알 수 없었다."

나중에 〈캐롤Carol〉이라는 영화로 각색된 퍼트리샤 하이스미스Patricia Highsmith의 소설 『소금의 값The Price of Salt』에서 백화점 직원 테레즈는 동성애가 금기시되던 시절에 한 연상의 여인과의 관계에 빠져든다. 우연한 스침에서 전해진 전율에서 시작된 관계였다. "테이블 위에서 손등이 스치는 순간 테레즈의 살갗은 제 몸에서 분리되어 생명을 얻은 양, 아니 아예 불에 타버린 듯했다."[11] 마거릿 애트우드Margaret Atwood의 소설 『시녀 이야기』의 디스토피아 세계에서 주인공 오프레드는 운전기사 닉과 사귀기 시작한다. 오프레드는 자신은 감히 쓸 수 없는 로션 대신 버터를 발라 피부를 보드랍게 만들면서 터치를 빼앗긴 인간의 영혼에 어떤 일이 일어나는지 생각한다. 아이리스 머독Iris Murdoch은 소설 『검은 왕자Black Prince』에서 이렇게 썼다. "누군가의 손을 특정한 방식으로 붙잡고, 그의 눈을 특정한 방식으로 바라보아라. 그러면 세상이 영원히 달라질 것이다."[12]

나와 카르틱의 햅틱한 터치가 저들의 경우와 견줄 만했다고 말할 수는 없다. 실제로 살과 살이 맞닿을 때의 친밀감은 느끼지 못했지만, 놀라울 정도로 감동적인 순간이었던 것은 사실이다. 우리는 아주 오랜만에 서로에게 연결되었다. 지난 몇 개월 간의 상황에 대한 결론을 내려야 한다는 부담을 느끼는 대신 이제 막 연애를 시작한 연인처럼 서로의 존재 자체를 즐기고 있었다. 그리고 이런 순간이 더 많이 필요하다는 것을 깨달았다. 감정이 격해지고 말이 나오지 않았을 때 다시 감정을 표현하게 한 것은 다름 아닌 살의 부대낌이었다.

우리는 실험 직후 티패드를 다시 실험실에 보내야 했다. 아쉬움이 컸다. 마치 누군가 내 스마트폰에서 카메라나 녹음기가 사라졌다고 말하는 것 같았다. 그 추가 기능은 기술이 나를 위해 할 수 있는 것에 관한 새로운 아이디어를 보여주었다. 한때 불필요한 부속물이라고 생각했던 것이 내게 필수적인 의사소통의 도구가 되었다. 그것은 우리가 사용하는 다른 기기에도 종종 일어나는 일이다. 잃어버리기 전까지 그것의 필요성을 깨닫지 못하는 것 말이다.

* * *

1932년작 『멋진 신세계』에서 올더스 허슬리Aldous Huxley는 시각 외의 감각까지 자극하는 영화를 뜻하는 '필리feely'에 관해 썼다. 한 등장인물은 화면 속에서 주인공들이 섹스하는 장면을 보면서 자기가 깔고 앉고 있던 곰 가죽 깔개의 느낌에 감탄한다. 소설 속에서 이 영화들은 선전 도구로 사용되어 사람들에게 성적이고 물질적인 문화를 세뇌한다. 반면 한 여인에게서 자연적으로 태어나 구세계 질서의 상징이 된 '야만인 존'은 처음 필리를 본 후 이런 기술이 영화에 부족한 정서적 깊이를 가리는 속임수라 생각하며 감동하지 않는다.

헉슬리는 햅틱한 미래를 예견했지만 그것을 그저 물질주의 또는 쾌락주의의 상징으로 보았고, 참신함을 좇는 소비자에게 최신 상품을 팔기 위한 싸구려 속임수로 치부했다. 헉슬리가 틀렸다. 물론 그를 깎아내리겠다는 말은 아니다. 그는 촉각에 대해 수없이 반복되어 온 믿음을 소설로 재현했을 뿐이다. 촉각이 동물적이고 육욕에 가득 찬 저급한 감각이라는 문화적 상정 말이다. 그가 제시하지 않은 것은 오늘날 우리가 이 새로운 기술에서 보고 있는 다른 가능성이다. 촉각이 인간과 기술의 보다 직관적인 상호작용에 중요한 피드백을 제공하며, 모두가 열망하는 관계를 가져다준다는 가능성 말이다.

햅틱 기술은 촉각과 무관하던 제품에 촉각을 도입함으로써 촉각이 인간의 삶에 어떻게 기여하는지 신선한 눈으로 볼 수 있게 한다. 작은 햅틱 효과들이 기계와의 상호작용을 수월하게 하여 기계를 확장된 인간의 일부로 보이게 만들었다. 수년에 걸쳐 우리는 햅틱 기술을 활용해 인체의 한계를 넘어섰고, 반복적인 청소 동작을 하고 무겁고 위험한 물체를 들어 올렸다. 햅틱 신호를 스마트폰이나 컴퓨터에 추가하면 인간과 기계의 상호작용에 비슷한 효과를 창출한다. 가장 기초적인 햅틱 기술도 정확한 글자 입력이나, 쉬운 페이지 이동 등 좀 더 정확한 화면 조작을 돕는다.[13]

그러나 이는 단지 과거에 실제로 움직이던 부품의 기능을 대체할 뿐이다. 우리는 아직 햅틱 기술이 인간과 화면의 상호작용에 어떤 새로운 영감을 줄지 알지 못한다. 이 효과를 깊이 있게 사용하면 힘과 민첩성이 필요하거나 위험한 과제를 수행하는 것은 물론이고 감정과 느낌까지 증강할 수 있을지도 모른다. 종이책을 읽고 공책에 글씨를 쓰고 레코드판으로 음악을 들을 때 느끼는 애착이 스마트폰과 컴퓨터 속 화면과 소리에 옮겨 간다면 그것들은 볼거리에 불과한 무한한 이미지가 아닌 물성이 확실한 사물로 느껴질 것이다.

기술이 어떻게 사람을 산만하게 만드는지에 대한 논의가 많이 이루어지고 있다. 새로운 언어를 배우거나 책을 읽거나 세금을 계산하는 등의 까다로운 과제에 임할 때는 완전한 집중이 요구되지만, 쉴 새 없이 알림이 뜨는 스마트폰이 옆에 있으면 그러기가 어렵다. 애초에 원래의 계획을 버리고 저를 보도록 고안된 기술이기 때문이다. 이메일을 확인하지 못하게 하거나, 해야 할 일을 완료했을 때 보상을 주는 애플리케이션까지 나와 있지만 그 감각을 어떻게 다른 방식으로 사용할 수 있을지에 대해 우리는 거의 생각하지 않는다. 신체를 사용해 사물을 탐구하는 행위가 어려운 과제 앞에서 우리를 더 몰입하게 한다는 것은 잘 알려져 있다. 스마트폰이나 태블릿에 수동 기능이 더 많이 추가되면 일에 좀 더 오래 집중하게 될 것이다.

이와 마찬가지로 이 기술이 제공하는 신체 참여 경험은 원격으로 의사소통할 때 우리를 덜 산만하게 만들 수 있다. 카르틱과의 실험이 내게 그토록 중요했던 이유 중 하나는 내가 그 시간 동안 오로지 그에게만 온전히 집중했고, 동시에 빨래를 개거나 서류를 정리하지 않았기 때문이다. 함께 참여해야 하는 과정이었으므로 둘 다 그 자리에 있어야 했고 혹시 자리를 비우면 억지로라도 돌아와야 했다. 온종일 문자 메시지를 보내고 소셜미디어에 글을 올려 소통하면서도 진정한 친밀감을 잃어버리고 있다는 인상을 받을지 모르겠다. 이런 상호작용의 느낌을 보다 풍부하게 만드는 것은 작은 햅틱 진동을 추가하는 정도의 간단한 것일 수도 있다.

카르틱과 나의 실험 이후에도 표면 햅틱스 연구는 계속해서 서서히 전진 중이다. 매년 작은 개선이 또 다른 현실감을 보탠다. 물론 가상현실에 관한 예측들처럼, 햅틱 기술이 현실세계의 감각을 재창조할 가능성이 사실 과장된 것일 수 있다. 촉각의 경우 우리 몸의 해부학적 현실 때문에 어려움이 더 크다. 그러나 제한된 수준이나마 촉각을 추가하면 우리가 얼마나 다른 방식으로 관계를 맺으며 색다른 기술을 개발할 수 있을지 생각해 보는 것은 여전히 유용하다. 그러한 변화는 우리를 새로운 방식으로 촉각에 집중하도록 함으로써, 매일 우리 곁에서 생동하는 감각들을 제대로 인식하게 할 것이다.

9장
손길이 느껴지는 의수

아프가니스탄 전쟁과 이라크 전쟁에서 절단 수술을 받은 환자들을 위한 고성능 보철물 제작을 목적으로 미국 국방부에서 주관한 인공 사지prosthetics 혁신 프로그램에 참여를 요청받았던 당시, 제럴드 로엡Gerald Loeb은 촉각을 공부한 적이 없었다. 서던캘리포니아 대학교 소속 생물의학 공학자인 로엡은 이 프로젝트에서 근골격계의 동작을 재현하는 알고리즘 개발을 책임지고 있었으나 전체 회의에서 소켓, 배터리, 모터, 제어 시스템의 착용감, 특히 느낌을 더하는 방법 등을 맡은 다른 전문가들의 이야기를 들으면서 이들 모두 감각을 대체하는 과제에 잘못 접근하고 있다는 생각을 하게 되었다.

회의 참석자들에 따르면 피부는 예민한 작은 감각점들로

뒤덮인 얇은 천 같아서 접촉하는 모든 것의 윤곽을 그려낼 수 있다는데, 로엡의 생각은 달랐다. 자신의 몸을 생각해 보았을 때, 중요한 것은 분명 피부 표면의 센서가 아닌 살 전체가 늘어나고 줄어드는 패턴이었다. 의수나 의족 같은 보철물이 접촉하는 물체의 형상을 완전히 파악하려면 센서끼리 소통하는 시스템이 장착되어 있어야 한다. 보철물 전체에 센서를 장착하면 수시로 빠지거나 손상되어 지속적으로 값비싼 수리 비용이 드는 것은 말할 것도 없었다. 그날 밤 로엡은 한 술집에서 늦게까지 친구와 머리를 맞대고 손가락이 실제로 어떻게 작동하는지를 연구했고, 냅킨 몇 장에 초기 아이디어를 스케치했다.

이것이 2년 반 동안 이어진 집요한 도전의 시작이었다. 그리고 마침내 로엡은 그날 밤 술집에서 상상했던 기계 손가락을 만들어 냈다. 이 로봇 손가락은 전극으로 코팅된 뼈 형태의 내부 코어로 구성되었다. 바깥은 증발을 막기 위해 부드러운 껍질의 소금물로 감쌌다. 이 기계 손가락은 물체의 표면을 스칠 때 피부가 변형되는 패턴을 측정하고 그 수치를 통해 구조물 전체가 진짜 손가락과 같은 방식으로 감각을 느낀다. 로엡은 대학 캠퍼스 가까이 신터치SynTouch라는 회사를 세우고 후속 모델을 제작했다. 바이오택BioTac이라는 이름의 이 로봇 손가락은 실제 사지의 감각을 재현한 최고의 복제품으로 전 세계 기업과 실험실에서 사용되고 있다.

지저분한 스트립몰 상층에 자리 잡은 사무실에서 로엡은 제자 제러미 피셸Jeremy Fishel을 최고 기술 책임자로 고용하여 함께 초기 모델을 검토하고 압력 감지 이상의 능력을 장착하여 진짜 손가락처럼 작동하도록 개선했다. 두 사람은 코어 안쪽에 작은 게이지를 설치해 진동을 측정하고 손가락 끝에 서미스터thermistor(온도에 따라 전기 저항치가 달라지는 반도체 회로 소자—옮긴이)를 추가해 열이 사라지는 시점을 측정했다. 개선할수록 프로토타입이 해부학적으로 점점 더 실제 구조에 가까워졌다. 심지어 지문까지 갖춰 진동에 예민해졌고, 손톱을 달아 손가락이 움직이는 패턴을 더 잘 찾게 했다.

"생명의 원리는 영리합니다. 우리는 생명체가 가진 모든 것을 복사해서 그 안에 집어넣었지요." 피셸이 말했다. "손가락은 커다랗고 물렁대는 피부 안에 들어 있는 아주 복잡한 구조입니다. 피부가 손톱으로 고정된다는 것과 손가락 안의 뼈가 다소 복잡한 모양이라는 점이 중요합니다."

두 사람은 내게 최신 버전의 바이오택을 소개해 주었다. 맨바깥층 피부는 제거된 상태였는데 가득 채워진 물풍선처럼 생겼고 안쪽 가운데에 있는 뼈 모양 막대기와 온도 및 압력 센서 등이 그대로 보였다. 피셸이 이 손가락이 측정하는 값을 모두 보여주는 컴퓨터 프로그램을 열었다. 프로그램을 켜둔 상태에서 바이오택으로 맥북 프로의 유리로 만든 트랙패드, 브러시드 알루미늄으로 된 몸체, 그리고 근처의 원목 표면을 쓸어보았다. 각 표면의 질감과 온도에 따라 시각화된 데이터가 극적으로 변했다. 진짜 손가락보다도 훨씬 더 민감한 것 같았다.

당연하게도 촉각을 재창조한다는 것은 단순히 신체 부위

를 모조하는 것 이상을 포함한다. 촉각이 제 기능을 하려면 동작이 필요하다. 신터치 기술자들은 사람이 어떤 식으로 물체를 만지고 또 자신이 찾아낸 성질을 얼마나 비판적으로 생각하는지 관찰해 왔다. 손가락을 어떻게 움직여야 하는가? 얼마나 많은 힘이 들어가는가? 표면 위를 얼마나 빠른 속도로 미끄러지는가? 속도가 빨라지거나 느려지는가? 이들은 이 질문에 대한 답들을 효율적으로 구성해 로봇이 수행할 수 있게 했다. 각 동작을 통해 로봇은 여러 가지 질감을 꽤 정확하게 구별할 수 있게 되었다.

신터치의 바이오택 기술은 다른 연구진들에 의해 공을 잡고 플라스틱 컵을 쌓고 컴퓨터 자판을 두드리고 그릇에 담긴 음식을 숟가락으로 옮기고 젠가 게임을 하는 등 한층 발전된 기능을 수행하는 데 사용되고 있다. 촉각과 시각 피드백을 동시에 받음으로써 바이오택은 망가지기 쉬운 물체를 보다 섬세하고 정확하게 다루고 옮길 수 있게 되었다. 아직까지는 이 민감한 신형 손가락의 동작 방식을 기계에 일일이 입력해야 하지만, 신터치에서는 언젠가 컴퓨터가 각각의 동작에 대한 개별적인 프로그램 없이도 촉각 신호를 처리해 스스로 탐구할 날이 올 것이라고 예견한다. 그때는 복잡한 과제가 주어지더라도 그것을 어떻게 해낼지 알고 또 느낄 수 있을 것이다. 그러자면 최신 로봇의 예민한 몸이 똑똑한 로봇 두뇌에 연결되어야 한다.

지금까지 손가락에 착촉을 일으키는 햅틱 기술의 일면을 살펴보았다. 그러나 다른 분야에서는 인간 대신 촉각을 느끼는 기계를 만들려는 더욱 야심 찬 시도가 진행 중이다. 지금까지 살펴본 것이 터치2.0이라면 이것은 터치3.0이다.

* * *

인류는 아직 컴퓨터가 자율적으로 행동할 수 있을 만큼 정교한 인공지능을 개발하지 못했다. 그러나 한 실험실에서 개발 중인 의수는 바이오택이 해석한 촉각 신호를 곧장 뇌에 전달하여 촉각을 느끼게 한다. 이 기술로 오를 수 있는 최고의 경지를 보여주는 사례이다.

어느 습한 가을날 나는 오하이오주 루이스 스토크스 클리블랜드 VA 메디컬 센터 소속, 더스틴 타일러Dustin Tyler의 연구실에 찾아갔다. 내가 도착했을 때 이미 이고르 스페틱Igor Spetic은 많은 대학원생에게 둘러싸여 있었다. 밝은 푸른색 폴로 티셔츠 소매를 걷은 자리에는 의수에 연결되어 팔 밖으로 삐져나온 전선이 드러났다. 시스템이 모두 자리 잡으면 스페틱이 장착한 의수의 바이오택 손가락들이 물체를 만지고 질감을 감지할 때마다 그에 해당하는 전기 파동 패턴이 절단된 팔의 신경 주변부에 이식된 전극으로 전달될 것이다. 즉, 스페틱의 몸에서 마치 잃어버린 손이 보내는 촉각처럼 감각을 받아들인다는 뜻이다.

프랑켄슈타인 박사의 괴물을 떠올리게 하는 광경 속에서,

스페틱은 사람들이 만질 수 있도록 팔을 주욱 뻗고는 그날의 사고를 담담하게 이야기했다. 단조 해머 작동자였던 그는 사고가 있던 날도 평소와 다름없이 인공 고관절과 군사 장비에 사용되는 금속판을 기계로 두드려 펴는 일을 하고 있었다. 그러다가 옷이 걸렸는지, 아니면 기계가 오작동했는지는 모르겠지만 손이 기계에 끼이며 으스러지고 말았다. 어차피 손이 다시 돌아올 것도 아니라는 생각에 그는 원인을 자세히 파헤치지 않았다. 굳이 과거에 얽매이고 싶지 않았기 때문이다.

그보다 스페틱은 자신의 미래에 대해, 그리고 이 연구에 참여함으로써 어떻게 다른 이들을 도울 수 있을지에 대해 생각했다. 스페틱은 손의 민감한 능력이 얼마나 중요한지 일찌감치 알았던 사람이다. 사고 전에 그는 수십 년 동안 공장에서 기계 조작 업무를 하면서 자신이 하는 일의 물리적 성격에 큰 자부심을 느꼈다. 비싼 등록금 때문에 중도에 대학을 그만두어야 했지만 그가 보기에는 학교에서 책으로 배우는 지식보다 중요한 기술이 필요한 일이었다. 그의 자존감은 세심하게 다뤄야 하는 기계와 함께 형성되었다. 많은 이들이 언어를 더 편하게 생각하지만, 그는 주로 몸으로 자신을 표현하는 방법을 익혀 왔다. 그는 이 능력을 되찾고 싶었고 그래서 매주 타일러의 연구실을 다시 찾았다.

프로젝트가 아직 초기 단계라 현재까지 시험용 의수가 제공할 수 있는 것은 연구진이 스페틱의 신경에 다양한 전기자극을 실험하여 발견한 몇 가지 제한된 감각뿐이다. 압력 그리고 솜뭉치, 물줄기, 사포의 느낌 정도를 구분할 수 있을 뿐 자연스러운 느낌을 모두 재현하지는 못한다. 연구진은 스페틱에게 필요한 감각 라이브러리를 구축하기 위해 촉각 신경과학을 연구하는 다른 전문가들과 협업하고 있었다. 이 연구 과정을 통해 연구진은 의수에 다양한 감각을 추가함으로써 스페틱이 의수를 더 잘 활용할 방법을 알아내고 싶어 했다. 당시 연구진은 가장 중요한 실험을 준비 중이었다. 처음으로 스페틱이 이 의수를 집에서도 사용해 보게 하는 것이었다.

그가 모든 장비를 착용하자 학생들이 테스트를 시작했다. 눈을 가리고 백색소음이 들리는 헤드폰을 씌워서 오직 자신의 느낌에 의존해 손을 조작하게 했다. 그런 다음 푹신한 것에서 빳빳한 것까지 밀도가 다른 세 가지 폼블럭을 집어 들게 하고 의수의 촉각 자극을 켰을 때와 껐을 때를 각각 실험했다. 자극이 켜져 있을 때는 스페틱이 블록에 가하는 압력을 의수가 감지할 수 있었다. 다음 테스트에서 그는 빨래집게를 선반에서 떼어낸 다음 금속 막대 위에 줄을 세우면서 동시에 자신이 아는 과일이나 채소의 이름을 끊임없이 말해야 했다. 과제를 수행하면서 스페틱은 침착하게 강단을 발휘했다. 그가 딸기, 산딸기, 체리, 토마토 등을 말할 때 나도 머릿속으로 그를 따라 했으나 말도 안 되게 버벅거렸다. 과제를 마칠 무렵 연구소 직원들은 모두 한마음으로 감명받았다.

"당신은 진짜 최고예요." 모두가 그를 격려했다.

그러나 두 실험의 결과는 그가 촉각 자극을 되찾아도 특별히 좋은 점이 없을지도 모른다는 사실을 보여주었다. 나는 실험실 누구도 그 사실에 동요하지 않았다는 점에 더 놀랐다. 예전에는 그들도 신경이 쓰였다고 했다. 그러나 시간이 지나면서 촉각의 이점이 반드시 연구실에서 진행되는 실험으로 드러나는 것은 아님을 알게 되었다. 엔지니어들은 보철물의 촉각이 도울 수 있는 영역을 두 가지로 보았는데, 하나는 섬세한 물건을 다루는 능력이고, 다른 하나는 한 번에 하나의 과제에만 지나치게 집중하지 않아도 되는 멀티태스킹 능력이었다. 유튜브에서도 유명해진 한 테스트는 스페틱이 눈을 가리고 헤드폰을 쓴 채 체리의 꼭지를 따는 것이다. 촉각이 없을 때 그는 계속해서 체리를 뭉개버렸지만, 촉각이 있을 때는 적당한 압력을 가할 수 있었다.[1]

촉각이 있는 의수의 예기치 못한 장점은 바로 스페틱의 환상지 통증이 신기할 정도로 사라졌다는 사실이다. 과거에 그는 팔에 극심한 통증을 느꼈다. 하지만 의수를 시험한 첫날부터 통증이 잦아들기 시작했다. 의수를 통해 전달된 자극이 그의 뇌에 잃어버린 손이 정보를 보냈다는 신호를 주기 때문이다. 이 의수를 착용하기 전까지 스페틱의 뇌는 그가 손을 잃던 순간, 즉 기계에 깔려 주먹이 으스러지던 순간에서 기억을 멈춘 상태였다. 그래서 그 손에서 다시 정상적인 감각을 받기 전까지 그 기억을 놓지 못했던 것이다. 거울을 사용하는 방법처럼 환상지 통증을 완화하는 좀 더 간단한 방법도 있지만, 이 결과는 촉각이 있는 의수가 보통 의수가 하지 못한 방식으로 스페틱에게 손이 생겼다는 느낌을 주었음을 확실히 보여주었다.

실제로 스페틱이 미약하게나마 촉각을 가지게 되어 가장 좋은 점은 실험실에서 양적으로 수치화할 수 없는 부분이었다. 그는 손을 되찾아서 기분이 좋았다. 이는 손의 기능이 아니라 체화의 문제였다. 실험 중간중간에 엔지니어들은 그가 테이블 주위로 손을 이리저리 움직이며 즐거워하는 모습을 보았다. 자극이 켜져 있을 때 오히려 과제를 해결하는 데 시간이 더 걸리는 이유는 그가 자신이 감지하는 것에 더 많은 주의를 기울였기 때문이다. 그는 촉각에서 오는 피드백 덕분에 동작에 더 자신감이 생겼다. 이 의수를 사용한다고 해서 다른 사람처럼 진짜 촉각을 느끼는 것은 아니었다. 그러나 아무리 기초적인 수준이더라도 스페틱에게는 큰 의미가 있었다.

"촉각은 곧 연결입니다. 세상을 탐험하는 방법이지요." 타일러가 그 의미를 설명했다. "촉각은 사람들이 자신의 환경에 소속감을 느끼게 하는 데에 큰 역할을 합니다. 엔지니어인 우리들은 심리학적 측면을 과소평가하는 경향이 있지만 결코 이를 무시해서는 안 됩니다."

타일러가 이런 취지의 의견을 내면 다른 과학자들은 회의적으로 반응하는 편이다. 이 의수가 보급되면 각 사용자에게 맞춤으로 제작되어야 하므로 수만 달러의 비용이 들 것이다. 보험회사가 비용의 일부라도 지원하게 하려면 이 기술이 사람들을 더 빨리, 혹은 더 많은 능력을 되찾아 일터로 돌아가게 해준다는 확신을 주어야 한다. 환자에게 수술로 기계를 이식하는 것보다 간단한 방법도 있다. 예를 들어 신터치 연구소에서 진행한 어느 실험에서는 바이오택이 보내는 정보가 신경이 아닌 절단 수술을 받은 사람의 팔뚝으로 전달되었는데, 촉각을 복원하지는 못했지만 동작의 정확성을 어느 정도 개선할 수 있는 정도의 감각은 충분히 제공했다. 그러나 이런 대안이 사용자에게 의수에 대한 애착을 주지는 못했다. "감각을 돌려받는다는 사실에는 양적으로 치환하거나 다른 사람들이 납득하기 어려운 이점이 있습니다." 타일러가 말했다.

실험실에서의 하루를 마감하며 연구팀 전체가 스페틱과 함께 주차장까지 걸어 나왔다. 타일러는 새로 구매한 DSLR 카메라를 들고 와서는 마치 자식을 프롬(고등학교 졸업 때 열리는 댄스 파티—옮긴이)에 보내며 뿌듯해하는 아버지처럼 스페틱에게 연구소 복도와 주차장에서 포즈를 부탁했다. 실험실 환경이 아닌 집에서 시험해 봄으로써 이 기술이 그를 어떻게 도울지 훨씬 명확한 비전을 주리라는 생각에 다들 들떴지만, 이 중요한 테스트를 준비하느라 늦게까지 일한 바람에 지쳐 보였다. 하지만 스페틱만큼은 전혀 힘든 기색이 없었다. 예전에 그는 실험실에 의수를 두고 갈 때마다 속상한 마음에 흐느껴 울기도 했다. 이제 그에게는 당장 시험하고 싶은 한 가지가 있었다.

"이 손으로 아내의 손을 잡고 느껴보고 싶어요. 제 의수를 잡은 손의 무게만이 아니라요." 스페틱이 바람을 내비쳤다. "손가락을 느낄 수 있다면 좋을 것 같아요. 아내의 살갗을 제대로 느끼지는 못할 거라는 걸 압니다. 하지만 그런 인간적인 접촉은 정말 멋질 것 같아요. 팔불출이라고들 하겠지만요."

집에서 시험해 본 이후의 전화 통화에서 그는 감각이 있는 의수를 사용할 때 분명한 차이점이 있었다고 했다. 예전에 사용하던 의수는 공원에서 사람들이 휴지를 주울 때 사용하는 금속 집게 같았지만 이 의수는 제 몸의 일부처럼 느껴졌다. 장을 보러 가서는 의식하지 않고 손을 뻗어 선반에서 통조림을 꺼냈고 집에서 채소를 자를 때도 마찬가지였다. 평소와 달리 손가락으로 채소의 부드러운 살을 뭉개지 않을까 걱정하거나 조심하지 않아도 됐다. 스페틱이 말했다. "처음엔 제가 그걸 하고 있는 줄도 몰랐어요. 생각 없이 하니까 더 쉽더라고요."

안타깝게도 몇 가지 작은 문제가 발생했고 그 바람에 한번은 일주일이나 감각을 꺼두어야 했다. 비록 아내의 손은 만지지 못했지만 기다리는 시간도 행복했다. 그는 레이크랜드 커뮤니티 칼리지에서 기계공학을 전공하는데, 강의실에 이 손을 끼고 갔더니 교수와 학생들이 주위에 몰려들어 그가 의수를 작동하는 모습을 구경하고, 돌아가면서 그에게 악수를 청했다. 예전에는 혹시 상대의 손을 꽉 쥐어 아프게 할까 봐 그저 손을 벌린 채 상대가 알아서 잡게 했지만, 촉각이 있는 의수로는 사정이 완전히 달랐다. 상대의 손을 쥐면서도 정확히 언제 멈춰야 할지 느껴졌으므로 주체적일 수 있었고 자존감도 느꼈다. 연구가 더 진행되면서 스페틱은 마침내 아내의 손길을 느낄 수 있었고 그 순간은 상상했던 만큼 뜻깊었다. "자신감이 커졌어요." 그가 말했다. "훨씬, 아주 훨씬 더 많이요."

　　　　　＊＊＊

　스페틱의 이야기는 우리가 의지를 표현하기 위해 자연스럽게 몸을 사용할 수 있는 것은 촉각, 특히 손의 감각 덕분임을 알려준다. 손과 뇌의 연결이 가장 인간다운 특성 가운데 하나라고 보는 인류학자도 있다. 찰스 다윈은 두 번째 저서 『인간의 유래와 성선택』에서 아프리카 유인원과 인간의 진화상 밀접한 관계를 증명하기 위해 인간의 해부학적 특성과 행동을 검토했다. 그가 던진 가장 큰 질문은 "무엇이 영장류와의 공통 조상으로부터 인간을 차별화했는가"이다. 그가 찾은 답은 두 발로 걷는 것이었다. 다윈은 "목숨을 부지하는 방법, 또는 원래 살던 지역의 여건이 달라지면서" 영장류 일부가 땅으로 내려와 두 발로 걷게 되었다고 가정했다.[2]

　이때 우리 선조는 이미 큰 뇌를 갖고 있었고 막대기로 나무줄기에 숨은 곤충을 파 먹거나 적에게 돌을 던지는 수준으로 아주 단순하게 도구를 사용했다. 두 발로 걷는 생활로 손이 자유로워지면서 손을 더욱 지혜롭게 사용할 수 있었다. 이들은 더 발전된 도구를 만들어 자원이 부족하고 포식자가 득실거리는 환경에서 요긴하게 사용했다. 이후 이 도구는 고기나 생선 같은 새로운 먹거리를 가져다주었고, 음식을 익혀 먹게 해주었으며 더 많은 양분을 얻게 했다. 다윈의 진화론에 따르면 뇌는 우리에게 손을 능숙하게 사용하는 이점을 주었고 그로 인해 한 종으로 번성하게 했다.

당시 다윈의 이론은 어디까지나 추측일 뿐이었다. 두발걷기가 대대적인 변화를 가져왔다는 가설을 검증할 뼈 화석 같은 물리적 증거가 없었기 때문이다. 그러나 수년 뒤인 1924년, 타웅 아이Taung Child라는 별칭이 붙은 240만 년 된 화석이 발견되었다. 이 화석은 인간이 두 발로 걷게 된 후에 뇌가 커졌을 가능성을 암시했다. 인간의 진화에 손을 중심으로 한 새로운 연대표가 설정되었다. 뇌가 발달하면서 인간이 도구를 만들게 된 것이 아니라 그 반대였다. 손을 사용해 도구를 제작한 것을 포함해 위험한 환경에서 사는 데 필요했던 기술이 인간 지능의 발전에 도움을 준 셈이다.3

이 가설을 뒷받침하는 화석 증거가 더 많이 나타났다. 지금까지 발견된 가장 오래된 석기 도구는 약 260만 년 전의 것이며 호미닌hominin(현생인류의 조상과 그 밖의 근연종을 통칭하는 말 —옮긴이)의 뇌는 200만 년 전부터 급격하게 커지기 시작했다. 이는 우리 조상이 자연에서 발견한 원재료를 이리저리 가공하려고 머리를 굴리면서 지능의 기반을 다졌을 가능성을 제시했다. 물론 이것은 인간을 현재의 모습으로 이끈 여러 변화 가운데 하나일 뿐이다. 식단을 포함해 정신 발달에 기여한 다른 요인들이 있다. 그러나 손과 뇌가 합심해서 이루어 낸 유산은 여전히 우리와 함께 있다. 자세히 살핀다면 그것을 직접 확인할 수 있을 것이다.

뇌 영상 연구를 보면 우리가 손을 사용할 때 피부의 촉각

수용기 밀도와 뇌의 감각운동 영역이 증가한다. 맥마스터 대학교 심리학과 부교수인 대니얼 골드리치Daniel Goldreich에 따르면 누구나 집에서 이를 직접 실험해 볼 수 있다. 족집게 같은 도구로 손바닥에서 몇 센티미터 간격의 두 지점을 건드리면서 느껴보아라. 그다음에 간격을 좁혀가며 시도해 보면 두 지점이 하나처럼 느껴지는 순간이 올 것이다. 이 과제를 반복해서 수행하라. 그러면 두 점을 감지하는 데 15분이 걸리더라도 실제로 능력을 개선할 수 있다. 이는 뇌에서 촉각 처리를 관장하는 영역이 극도로 유연함을 보여준다.[4]

점자를 읽거나 전문적으로 바이올린을 연주하는 등 몸의 특정 부분을 반복적으로 사용하는 사람들의 경우, 손으로 미묘한 차이를 지각하는 부분이 뇌에서 더 많은 영역을 차지하는 것은 우연이 아니다. 신체 활동이 실제로 뇌 구조에 변화를 일으키는 것이다. 이런 신경가소성이야말로 손 사용이 지성에 큰 변화를 가져온 메커니즘일 수도 있다. 손의 미세한 움직임뿐 아니라 말을 할 때 혀의 동작을 담당하는 뇌의 브로카 영역Broca's area이 도구 제작과 언어 발달 사이의 밀접한 정신적 연관성을 드러낸다는 이론도 있다.

브로카 영역에는 다른 사람을 관찰하고 흉내 낼 때 활성화되는 거울신경이 풍부하다. 거울신경은 약 250만 년 전에 발달하기 시작했는데, 이때 이미 인간은 석기를 사용하고 있었지만 아직 뇌의 크기가 급격히 성장하기 전이었다. 아마 고대 인간이 도구와 복제품을 만들 때 필요한 몸동작을 배우는 데 거울신경이 일조했을 것이다. 마찬가지로 인간이 상대의 말을 해석하고 그것을 반복하며 말하는 법을 배울 때에도 거울신경이 큰 역할을 했을지 모른다.

손과 언어 능력이 그런 식으로만 연관된 건 아니다. 영국의 동물학자이자 작가인 로빈 던바Robin Dunbar는 영장류의 털 고르기가 언어의 전신이라는 주장을 했다.[5] 동물원에 가면 원숭이들이 서로의 털을 빗질하고 입으로 털 속 피부에 있는 기생충을 제거하는 등의 활동에 몰입하는 것을 볼 수 있다. 이는 엔도르핀의 방출을 촉진하는 효과적인 방법인데, 엔도르핀은 사람을 어지럽고 멍하며 서로를 편안하게 느끼게 만드는 일종의 아편제이다. 털 고르기는 이들이 깨어 있는 시간의 20퍼센트를 사용하는 집중된 행동인 만큼 그 중요성이 크다. 생존에 필수적인 동료 간의 연합을 공고히 하는 방법이기 때문이다.

던바에 따르면 신구 대륙 원숭이의 조상에서 갈라져 나와 오랑우탄과 고릴라로 진화하면서 영장류의 집단생활이 활발해졌다. 인간과 가장 가까운 영장류, 즉 침팬지와 보노보를 비롯한 유인원은 약 50마리로 이루어진 커다란 사회적 집단을 형성해 서로 몇 시간씩 털 고르기를 하며 하루를 보낸다. 어느 시점이 되면 다른 이의 털을 골라줄 시간이 부족해지는데, 그것이 집단의 크기가 제한되어야 하는 이유이다. 더 큰 공동체를 형성하려면 서로에게 친밀감을 보여줄 더 효율적인 방법이 필요하다. 이때 인류에게는 언어라는 유용한 방법이 있다. 언어는 많은 사람이 동시에 유대감을 가질 수 있는 방법이다. 자연스럽게 나온 웃음이 노래의 발달로, 더 나아가 단어와 문법을 갖춘 성문화된 시스템으로 이어졌을지도 모른다.

이제는 주로 언어를 사용하고 있지만 인간은 여전히 영장류와 동일한 목적으로, 즉 관계를 형성하고 대인관계의 어려움을 극복하고 단합을 유지하는 데 수시로 터치를 사용한다. 가장 취약하고 말이 힘을 잃기 시작할 때 신체접촉은 의사소통의 중요한 형태가 된다. 우리는 우리의 감정이 육체적이며 손은 그것을 표현할 가장 강력한 방법임을 기억한다. 던바는 『털 고르기, 뒷담화 그리고 언어의 진화Grooming, Gossip and the Evolution of Language』에서 있는 그대로의 감정을 표현하는 방법으로서의 언어의 한계를 말한다. "언어는 정보를 단도직입적으로 전달하기에 뛰어난 발명품이지만, 저 밑바닥에 있는 영혼의 깊은 속내를 표현하는 데는 대부분 실패한다. (⋯) 삶의 중요한 시점에서 털 고르기가 (우리가 영장류 조상에게서 물려받은 모든 것들 중에서) 유대감을 강화할 방법으로 다시 부상한다."[6]

과학 이론은 차치하더라도 손과 뇌의 연결이 남긴 유산은 예술가, 운동선수, 공예가처럼 손으로 일하는 사람들이 가장 온전히 느낀다. 『손: 손의 사용이 어떻게 두뇌와 언어와 인간의 문화를 형성했는가The Hand: How Its Use Shapes the Brain, Language, and Human Culture』에서 프랭크 R. 윌슨Frank R. Wilson은 감각운동적 지향이 자신의 정체성을 형성했다고 말하는 여러 전문가를 소개한다. 그들은 손으로 하는 작업이 자신의 밖을 돌아보게 하고 점토, 활과 화살, 자동차 엔진, 첼로 등 사물의 물성을 알게 한다고 말한다. 목표를 성취하려면 기술은 물론이고 재료의 한계까지 파헤쳐야 하는데 그 과정에서 공감과 타협을 배운다는 것이다. 육체노동에서 얻는 만족감은 정신적인 작업만으로는 느낄 수 없는 엄청난 자부심을 가져다준다. 윌슨은 이런 경험이 현대의 많은 직업에서 사라지고 있다며 한탄한다.[7]

기타리스트 패트릭 오브라이언Patrick O'Brien은 부상을 입어 악기를 다시 익혀야 했던 자신과 비슷한 처지에 있는 사람들을 꾸준히 도왔다. 그는 이렇게 말했다. "사물을 지각하거나 다음에 무슨 일이 일어날지 예측하는 종류의 일에는 특정한 감정적 요소가 관여한다. 그것은 당신의 손안에 있는 아주 작은 세상이다. 당신의 손이 무엇을 할 수 있든, 그것은 큰 세계와는 달리 감당할 만한 작은 세계를 준다."[8]

이런 배경을 고려하면 촉각이 있는 의수가 스페틱처럼 늘 자신의 손으로 일하는 것이 매우 중요했던 사람에게 왜 그토록 큰 의미가 있는지 쉽게 이해가 간다. 우리는 촉각 기술이 이런 환자를 위해 무엇을 할 수 있을지 고심할 때 지나치게 논리적으로만 접근한다. 그러나 이것은 단지 물체를 움직일 수 있고 없고의 문제만이 아니다. 손의 진화 과정을 돌아보면 손의 민감성은 곧 인간의 정체성을 구성한 요소임을 알 수 있다. 뇌와 몸 사이에 피드백 고리가 있고 원하는 대로 행동할 수 있을 때 비로소 우리는 자신이 온전하다고 느낀다.

* * *

    촉각 기술이 다른 사람들에게는 어떤 의미가 있을까? 현재
는 보철물에만 사용되는 바로 그 기술이 결국에는 주류로 자
리매김하는 때가 올 것이다. 감각을 원격으로 전달할 수 있으
므로 심해에서 용접을 하거나 위험한 일터에서 안전하게 장비
를 사용할 수 있게 될 것이다. 이 기술을 통해 우리는 몸의 한
계를 확장할 수 있는데, 이는 로봇이 더 이상 단순한 도구가
아니라 몸의 일부가 된다는 뜻이다. 더 나아가 기계 작동을 수
월하게 만드는 햅틱 기술은 아예 조작할 필요가 없는 민감한
촉각을 갖춘 로봇 등 완전한 자동화로 가는 과정에서 거치는
단순한 임시방편으로 여겨질 것이다. 완전히 자동화되면 로봇
이 획일적인 움직임뿐만 아니라 섬세한 조건과 재료에 대한 융
통성이 필요한 복잡한 과제까지 수행할 수 있을 것이다.

    로봇은 점차 옷을 꿰매거나, 작은 나사를 돌리거나, 섬세
함이 요구되는 예술과 공예품을 만드는 데 필요한 기술을 축
적할 것이다. 무인자동차는 여느 택시 기사 못지않은 운전 솜
씨로 과속방지턱을 넘을 것이고 심지어 로봇이 수술이나 병간
호 같은 섬세한 일에 투입될 수도 있다. 로봇에게 그 수준의
섬세함을 주는 것이 얼마나 큰 진보가 될지는 굳이 강조하지
않아도 알 수 있다. 기계 학습machine learning은 빠르게 발전하고
있다. 로봇은 체스 게임에서 인간을 이길 수 있고 인간의 얼굴

을 식별할 수 있으며 사람을 속일 만큼 의미 있는, 심지어 로맨틱한 대화에 참여할 수 있다. 그러나 무엇이 부족한지 아는가? 저 로봇들은 촉각을 감지하지 못한다. 보지 않고는 주머니를 뒤지거나 잡동사니 속에서 열쇠 꾸러미를 찾을 수 없으며 정확히 버튼을 눌러서 문을 열 수도 없다. 모두 우리가 진가를 알지 못했던 정교한 형태의 지능들이다.

기계에 촉각을 추가했을 때 인간에게 어떤 영향을 미칠지 생각해 보아야 한다. 그동안 보철물을 통해 촉각의 가치를 배운 것이 큰 도움이 될 것이다. 왜냐하면 우리는 자동화된 로봇이 할 일에 관해서도 지나치게 실용적인 측면만 따지기 때문이다. 대부분은 사람이 하는 일 가운데 기계가 무엇을 따라 할 수 있을지만 생각한다. 물론 사람이 하던 일을 로봇이 하게 될 미래는 반드시 예측해야 한다. 로봇에게 일자리를 빼앗긴 사람들을 직업훈련이나 기본소득 등을 통해 보호할 방법에 관해서 말이다. 그러지 않고 오직 새로운 수입원을 찾는 데에만 혈안이 된다면 로봇에 대한 왜곡된 인식이 생길 수 있다. 로봇과의 관계가 어떻게 변화할지, 그리고 그것이 촉각을 사용하는 방식에 어떤 영향을 줄 것인지 고심할 필요가 있다.

나는 20년 후를 상상한다. 머리가 희끗희끗해진 나는 새로 오픈한 동네 카페에 가서 기계가 건넨 라테를 받아 마시면서 로봇과 젠가 게임을 즐긴다. 로봇과 나는 탑의 블록을 번갈아 제거하면서 어떤 것이 쉽게 흔들려 무너질지 궁리한다. 아무래도 공장에서 수개월 동안 게임만 하면서 전문적인 물리 지식을 갖춘 로봇의 승률이 더 높지 않겠는가. 로봇의 손과 손가락은 내가 할 수 없는 수준으로 정밀하게 움직일 것이다. 내가 "잘했네" 하고 칭찬할지, 묘한 경쟁심을 느낄지, 아니면 사람과의 게임보다 더 재미를 느낄지 궁금하다.

반응하는 로봇이라면 공간을 공유하며 함께 생활하기에 더 안전할 테고, 우리는 사람과 하듯 로봇과 소통하며 그들을 믿고 그들의 섬세함을 인정할 수밖에 없을 것이다. 로봇이 멍청한 노예가 아니라 파트너이자 협력자가 될 수도 있다는 뜻이다. 인간에게 체화의 기분을 주는 것이 감각이라면 기계역시 비슷한 감각을 심어줌으로써 일종의 지각 시스템을 갖출 수도 있을 것이다. 혹은 로봇은 금속과 전선으로 이루어진 물체이므로 인간관계에서와 같은 세부적인 지침들을 그대로 따를 필요는 없을지도 모른다. 다만 인간이 로봇을 존중하지 않고로봇도 인간에게 크게 기대하는 바가 없다면 그 관계에서 우리가 기본적인 친절이나 공감을 연습할 기회는 적어질 것이다.

로봇에 대한 태도는 우리가 어떤 사람이 될 것인지의 문제이다. 어떤 로봇을 원할지 잘 생각해 봐야 한다. 마찰을 일으키지 않는 존재? 아니면 인간의 기분을 잘 맞춰주는 존재? 우리 자신에게도 질문해야 한다. 로봇이 잘하는 것은 무엇이고, 우리가 잘하는 것은 무엇인가? 그것이 시각인가 촉각인가? 앞으로 우리는 인간의 지적 능력에 더 높은 가치를 부여하면서로봇에게 촉각이 필요한 작업을 외주할 수 있다. 그 반대도 가능하다. 그렇게 되면 역사상 처음으로 감각에 대한 이해가 뒤집히는 결과가 나타날 것이다. 창작하고 요리하고 병자를 돌보는 것에서 더 많은 충족감을 찾을 수도 있다. 모두 과거에는 인간의 발달과 상호 관계에서 너무나도 중요했던 활동들이다. 다시 사람들과 얼굴을 마주하고 싶은 생각이 들지도 모른다. 감각 능력이 지적 능력보다 더 중요해질 수도 있다. 이것은 아마도 우리에게 중요한 기로가 될 것이다.

촉각을 포용하자는 주장은 대부분 스크린 사용과 관련된 수사로, 눈이 과도하게 자극을 받을 때 뇌에 주는 영향에 더 관심이 있을 뿐 손의 사용을 중요시하는 것은 아니다. 우리는 스크린이 어떻게 수면장애를 일으키고, 집중력을 떨어뜨리는 도파민 중독에 빠지게 하며, 살이 찌게 하는지 얘기한다. 한마디로 우리 몸에 조절 장애가 일어나면서 자연스러운 신체 리듬과 본능이 당면한 문제에 관심을 기울이게 되었다는 뜻이다. 이러한 부작용이 어른에게는 단지 불편한 정도일지 몰라도 뇌가 한창 발달하는 아이들에게는 특히 큰 영향을 미친다. 요약하면 촉각을 사용하는 것이 건강에 더 좋다는 것이다.

심리학자들은 공을 던지고 그림을 그리고 색칠하는 법을 가상으로 배운 아이들은 실생활에서 똑같이 재현할 수 없다고 말한다. 물리적 공간에서 상자를 자르고 퍼즐을 맞추고 공을 던지고 장난감을 가지고 놀고 친구와 싸우면서 상호작용할 때 아이들은 비로소 자신의 존재를 느끼고, 주변 환경이 항상 제 뜻대로 되는 것은 아님을 배운다. 또한 자신이 지켜야 할 경계가 어디까지이고 원하는 것을 달성하려면 어떻게 창의적인 방법을 발휘해야 하는지를 이해하게 된다. 비디오게임을 하느라 이 중요한 교훈들을 배우지 못한 아이들은 인내심이 부족해지고 적응과 타협에 어려움을 겪을 수 있다.

교실에서 손을 많이 쓰게 하는 교수법을 지지하는 교육자들이 있다. 악기로 코드를 연주하는 방법을 익히고 그림에서 깊이를 고려하는 것은 수업 자료를 외우는 것보다 훨씬 어려운 도전이지만 그만큼 더 보람되다. 시험 점수가 아니라 진짜 결과물을 볼 수 있기 때문이다. 그리고 훈련 과정에서 배운 교훈과 세상에 들고 나갈 새로운 능력은 고스란히 남는다. 반복 훈련으로 숙달하면 곧 힘들이지 않고도 움직일 수 있는 정신 상태, 즉 흔히 말하는 '흐름'이 생긴다. 우리 사회는 텍스트 기반의 시각 중심적 접근을 통해 아이들에게 실용적인 지식을 전달하는 것에 집중하고 있지만, 평생학습으로 이어지는 신체 기술을 익히는 것의 중요성은 깨닫지 못하고 있다.

인류의 전 역사에 걸쳐 인간의 뇌는 우리가 입력한 환경 정보에 기초해 스스로 패턴을 만들어 왔다. 인간의 진화 과정을 역추적하다 보면 손의 민감성이 얼마나 중요한지 깨달아 다시금 손을 더 활용할 방법을 찾게 될 것이다. 물건을 조작하고 만드는 것은 언제나 우리가 지적인 영역에서 직면한 더 큰 문제를 해결하는 데에 지름길이 되어왔다. 반면 계속해서 시각에 집중하여 결국 뇌가 완전히 다르게 작동하게 할 새로운 종류의 정보를 받아들일 수도 있다. 일과 삶을 재정의할 새로운 방식의 시각적 능력을 개발하고 이를 바탕으로 더 진화하고 다시 진보하게 될지도 모른다. 하나 그렇다고 하더라도 그 과정에서 우리의 정체성을 형성하는 중요한 요소가 사라질 가능성까지 부인할 수는 없다.

닫힌 사회에서 열린 손으로

이 책의 편집을 마쳤을 때 세계인의 삶은 코로나19 팬데믹으로 크게 영향받았고 신체접촉에는 즉각적인 위험이 따랐다. 처음에는 사람들이 서로에게 접촉할 새로운 방법을 실험했다. 악수는 주먹 인사와 팔꿈치 맞대기로 대체되었다. 문자를 보내는 대신 더 자주 전화하기 시작했다. 생판 남이지만 나이 많은 어른이나 바이러스에 취약한 사람을 위해 대신 장을 봐주는 이들도 있었다. 사람들은 집에서 나와 바깥을 산책했다. 이런 '뉴노멀'에는 대부분이 담대하게 받아들일 만한 참신함이 있었다. 많은 이들이 그 전에는 시간이 없어서 못 했던 촉각 중심의 활동을 시작했다. 가령 저녁 시간에 안무가 있는 춤을 추거나 사워도우로 빵을 굽는 일처럼 말이다. 우리는 서로 거리를 둠으로써 함께 이 시기를 견디고 있음을 기념했다.

고립이 길어지면서 우리 사회는 칸막이가 사회적 단절을 야기한다고 두려워하던 사회에서 다른 사람과 어울리는 행위를 무책임한 것으로 간주하는 사회로 달라졌고, 칸막이는 삶의 일부가 되었다. 우리는 어쩔 수 없이 집 안에 머무른다. 식당에 음식을 주문하면 대문 앞까지 배달된다. 업무 요청, 여행, 학회, 공연, 결혼식이 취소되거나 화상으로 대체되었다. 종교 의식은 방송으로 진행되었고 드라이브 스루로 축복을 빌었다. 여성들은 스마트폰으로 출산 안내를 받았다. 환자들은 병원에서 텔레비전을 벗 삼아 지내다가 세상을 떠났다. 평온이 사라졌고, 대신 공포가 밀려왔다.

함께 사는 이들을 제외하면 다른 사람들과 가까이 지내는 것이 어려워졌으므로 접촉 결핍에 대처할 더 영구적인 방법을 찾아야 했다. 화목한 가정은 함께 격리된 채 서로를 더 꽉 껴안았다. 그들은 방해받지 않고 가족들과 더 많은 시간을 보냈다. 불행했던 사람들은 더 불행해졌다. 가정폭력도 증가했다. 확진자 또는 자가격리자들은 특히 스킨십 부족에 취약해졌고 일부는 그런 상황에 더 많이 영향받았다. 유독 외로움을 타는 사람들에게 데이트는 더 이상 해결책이 될 수 없었다. 재난 상황이 늘 사람들을 더 가깝게 하는 것은 아니었다. 사람마다 자신만의 다양한 방식으로 관계를 맺었다. 타인에게 더 다가가거나 스스로를 고립시켰고, 외로움을 어떤 이들은 부정적으로 다른 어떤 이들은 생산적으로 승화시켰다. 스킨십은 원래 그랬던 것보다 더 계층화되었다.

코로나 바이러스는 마침내 공공기관이 우리를 보호할 수 없으며, 오히려 기관이 일부 사람들을 적극적으로 억눌러 왔다는 사실을 깨닫게 했다. 우리는 이런 위기의 시기가 지역사회의 소외계층은 물론이고 환자와 그 가족, 필수 인력, 실직자 들에게 얼마나 영향을 주는지 보았다. 이들 가운데 일부는 자신들을 향한 폭력에 대응하여 시위를 하거나 집단행동에 들어갔다. 연애할 기회와 조건을 포함해 사람들 사이의 더 미묘한 불평등이 드러났다. 신체접촉에 대한 혐오는 이미 만연했던 현상이므로 꼭 코로나 탓에 사람들 간의 신체접촉이 줄어든 것은 아닐 수도 있다. 그러나 적어도 터치가 적극적으로 차단된 시점에 우리는 그 부재를 보다 절실히 느끼게 되었다.

이제 우리에게는 신체접촉의 방식을 포함해 우리 삶의 모습에 관해 많은 것을 다시 생각해 볼 기회가 생겼다. 낯선 이와 포옹하고 악수를 청하던 시절로 다시 돌아갈 것 같지는 않다. 데이트 상대와 서로를 어루만지는 관계가 되기까지 더 많은 시간이 걸릴 것이다. 마사지 치료나 커들러 등의 서비스가 적어도 한동안은 고전할 것이다. 비대면 진료와 재택근무가 우리의 미래가 될지도 모른다. 동시에 사람 간의 신체접촉을 전보다 높이 평가하게 되리라는 약간의 희망도 있다. 트위터에는 스킨십이 얼마나 중요한지, 스킨십 없는 생활이 얼마나 고역인지 깨달았다는 사람들의 글이 올라온다. 이들은 집에서 나와 커들 파티를 열고 모르는 사람과 포옹하는 마법 같은 시간을 상상한다. 몇몇은 요리와 춤과 운동에, 그리고 느린 삶과 몸을 사용하는 경험에 전념하겠다고 다짐했다.

단기적으로는 자신의 몸을 더 많이 돌봄으로써 신체접촉에 대한 생리적 필요를 채울 수 있다. 자연에 머물면서, 취미에 몰두하면서, 집에서 안락한 생활을 즐기면서 얻는 위안이 분명 있다. 장기적으로는 건강을 위해 지역사회 및 주변 환경과의 연결을 다시 도모하고 인간관계, 일, 관습 그리고 예술에서 신체접촉을 경험할 수 있도록 현대인의 삶을 새롭게 디자인하는 방법 또한 생각해 볼 수 있다. 새로운 방식의 터치를 배워야 한다. 그러려면 최근의 봉쇄 기간에 느꼈던 불안보다 더 멀리 거슬러 올라가야 한다. 감각을 대하는 우리의 태도에는 수 세기 동안 문제가 있었다. 그러므로 감각에 대한 가장 원론적인 인식을 돌아보아야 한다. 그것이 어디에서 비롯했으며 터치에 대한 기본적인 필요를 우리가 어떻게 무시하게 되었는지 살펴보는 것이 중요하다. 촉각은 우리가 누구이고 무엇을 가치 있게 여기는지와 밀접하게 관련되어 있기 때문이다.

* * *

코로나 사태가 끝났을 때 더 많은 느낌을 받으며 살기를 진정으로 원한다면 먼저 자기 자신과 접속할 필요가 있다. 우리는 대부분 자신의 지각이 고유하다는 사실을 알지 못한 채 살아간다. 문화 인류학자들처럼 감각 민족지학을 수행한다면 개인화된 감각의 경관을 눈에 드러나게 해볼 수 있을 것이다. 아침 식사 식탁을 떠올려 보자. 가장 두드러지는 이미지가 있는가? 그 이미지는 환상인가 또는 기억에 있는 것인가? 이미지가 명확한가 아니면 흐릿한가? 색깔이 컬러 렌즈를 통해 걸러진 것처럼 보이는가 아니면 사실적인가?

소리가 들리는가? 창문에 빗방울이 부딪히는 소리일 수도, 멀리서 비행기가 날아가는 소리일 수도 있다. 냄새가 나는가? 빵을 굽는 냄새일 수도, 상한 우유의 냄새일 수도 있다. 맛이 느껴지는가? 젤리의 달콤함일 수도, 타버린 토스트의 씁쓸함일 수도 있다. 피클 주스처럼 어울리지 않는 맛이 있는가? 배경에 흐르는 음악이 있는가? 실제로 아침에 틀어놓았던 음악인가, 아니면 나중에 머릿속에서 덧입힌 디테일인가? 이제 피부의 느낌을 상기해 보자. 방의 온도는 어떤가? 선풍기 바람이 느껴지는가? 수저에는 어떤 무늬가 새겨져 있는가?

당신이 무엇을 기억하는지가 감각에 대한 당신의 본능을 이해하도록 도울 것이다. 가장 두드러진 감각뿐만 아니라 그것을 어떻게 떠올렸는지도 생각해 보자. 감각을 사용했던 경험을 다시 체험했는가? 아니면 단지 처음 떠오른 단어를 말한 것인가? 그것들을 떠올리기 위해 말을 해야 했는가, 아니면 마음속으로 그림을 그려야 했는가? 눈을 감았는가, 아니면 허공을 멍하니 보고 있었는가? 생각하는 동안 어떤 보디랭귀지를 사용했는가? 기억을 되살리기 위해 어떤 제스처를 취했는가?

빅토리아시대의 심리학자이자 박식가인 프랜시스 골턴 Francis Galton은 감각을 느끼는 사람마다 특화된 방식을 이해하기 위해 이 훈련을 처음으로 고안했다. 그는 사회계급, 성별, 인종에 따라 사람들이 마음의 눈으로 서로 다른 디테일을 떠올린다는 것을 발견했다. 아동기는 감각이 무엇이고 그것을 어떻게 사용하는지에 대한 이해가 발달하는 시기이다. 숲에서 자랐는지 부산한 도시에서 컸는지, 어려서 집안일을 했는지 방에 들어가 공부하라는 소리를 들었는지, 더운 날 스프링클러 안에서 뛰고 놀았는지 에어컨을 세게 틀어놓고 있었는지 등이 어떤 감각은 억누르고 어떤 감각은 예민하게 만든다. 자라면서 노출되는 도덕률, 이야기, 예술작품들이 감각적 편견을 더한다. 우리는 우리가 느끼는 방식대로 느끼도록 태어나지 않았다. 그렇게 느껴질지는 모르겠지만 말이다.

일단 자신이 얼마나 객관적이지 못한 존재인지 인정하면 우리를 이렇게 만든 문화적 영향력이 무엇인지 짚어내려는 노력도 할 수 있다. 아마도 언어가 훌륭한 출발선이 될 것이다. '쥐새끼 냄새를 맡다' 또는 '패배의 쓴맛' 같은 속담이나 은유 속 단어 선택은 감각에 대한 깊은 믿음을 드러낸다. 첫 번째 예시에서 냄새는 확신보다 직감, 즉 완전히 신뢰할 수는 없는 능력으로 제시된다. 그러나 안전한 먹거리를 찾기 위해 후각이 고도로 훈련되는 문화에서는 다른 의미로 사용될지도 모른다. 두 번째 예시에서 맛을 보는 행위는 부정적인 감정을 경험하는

가혹하고 육체적인 방법으로 제시되었다. 이는 시각, 청각, 후각 등의 원격감각과 달리 미각을 몸과 밀접하게 연관된 감각으로 생각하기 때문이다.

우리가 물체를 묘사하는 데 어떤 감각을 사용하는지 역시 우리가 어떤 방식의 지각을 선호하는지 알려준다. 예를 들어 혈액에 관한 일차적 감각은 보통 피의 붉은색이다. 피는 맛도 독특하지만 그 맛이 먼저 떠오르지는 않으며 나머지 감각은 훨씬 덜 중요하게 묘사된다. 그러나 아시아의 여러 전통의학에서는 맥박을 짚어 혈류가 급격한지 느린지 혹은 강한지 느끼는 것이 중요하다. 따라서 그곳 사람들은 피를 촉각을 통해 묘사하는 경향이 좀 더 두드러진다. 일본인과 러시아 토착 민족인 아이누족은 피를 냄새로 제일 먼저 묘사하는데, 피의 냄새가 영혼을 물리친다고 믿기 때문이다. 우리는 물체를 묘사할 때 본능적으로 한 가지 감각만 사용하지만, 이것은 우리가 지각의 범위를 부당하게 제한하고 있음을 방증한다.

다음으로 예술작품들에서 감각이 어떻게 나타나는지를 연구해 볼 수 있다. 서구에서는 감각마다 별개의 표현매체가 있다. 이는 우리가 감각 전반을 서로 연결된 앎의 방식이 아닌 별개의 능력으로 보기 때문이다. 그러나 다른 문화권에서는 감각이 상호작용하며, 작품의 미학적 즐거움을 창출하는 것은 여러 감각이 협동하여 이루어 낸 조화 덕분이라고 생각한다. 예를 들어 일본의 다도는 동시에 여러 아름다움을 전달한다. 벽에 걸린 족자와 꽃꽂이가 시각적 즐거움을 주고, 물이 끓는 소리는 귀를 정화한다. 차에서 맛을 느끼며 찻잔에 새겨진 무늬와 그릇의 열기는 촉각을 즐겁게 한다. 후각은 다다미 냄새와 차의 증기로 고양된다.

신화와 종교의식은 또 다른 실마리를 제공한다. 성경의 삼손과 들릴라 이야기는 시각과 촉각 사이의 대립을 보여주는 예시이다. 삼손은 블레셋으로부터 이스라엘을 구출하도록 신에게 초자연적인 힘을 부여받았다. 그러나 블레셋인들을 동정했던 아름다운 매춘부 들릴라가 삼손을 유혹하여 힘의 원천이 머리카락임을 알아냈고, 그가 자신의 무릎을 베고 자는 동안 머리를 밀어버렸다. 블레셋인은 힘을 잃은 삼손의 눈을 뽑고 노예로 만들었다. 이 이야기는 육욕에 굴복했다가는 더 중요한 시각을 잃을 수 있다고 경고한다. 시각의 우월성은 힌두교에도 존재한다. 사제가 신도에게 작은 기름 램프를 가져가면 신도는 불 위에 손을 컵처럼 오므린 다음 경건하게 눈에 가져다 댄다. 이는 영적인 깨달음을 구하는 상징적인 방법으로서, 손으로 빛의 힘을 끌어모아 생각과 가장 가까운 기관인 눈으로 끌어당기는 행위이다.

육아에 관한 관습들은 대단히 영향력이 크다. 한 사람에게 처음으로 감각에 대한 가르침을 주기 때문이다. 부모가 고수하는 믿음이 무엇인가? 아이들의 응석을 받아주어야 하는가 아니면 훈육해야 하는가, 아이를 끼고 살아야 하는가 아니면 독립적으로 자라도록 독려해야 하는가? 체벌을 허용해야 하는가? 공갈 젖꼭지를 사용하는 것은 어떤가? 무릎에 앉히거나 버릇없이 내버려 두면 안 되는 나이는 언제부터인가? 아이를 교육하면서 공원에서 노는 것, 블록을 쌓는 것, 옛날이야기를 듣는 것, 조용히 책을 읽는 것 가운데 무엇을 강조하는가? 아이들에게 올바른 행동을 가르치기 위해 어떤 감각을 사용하는가? "아이들은 눈에만 띄어야지 소리가 들려서는 안 된다(어른이 말씀하실 때 끼어들면 안 된다는 뜻—옮긴이)"라는 말을 들어보았을 것이다. 우는 아이는 씩씩해져야 한다거나 물러터졌다는 이야기를 듣는다. 여자아이와 남자아이 중에 어느 쪽이 이런 말을 더 많이 들을까?

감각에 대한 우리의 생각이 어디에서 비롯했는지를 알게 되면 그것들을 다시 생각해 볼 수 있다. 사물을 묘사할 때 한두 가지가 아닌 모든 감각을 사용하게 될지도 모른다. 또 자연에서 느끼는 즐거움이 얼마나 시각에 기반했는지 깨닫고 다른 감각으로 느껴보려고 애쓸지도 모른다. 낙엽을 집어 올려 잎맥을 만지거나 발밑의 땅을 느껴보려고 할 수도 있다. 문화적 프로그래밍에서 벗어나 눈을 감고 내면을 들여다보면서 자신이 무엇을 느끼고 있는지 떠올려 본다면 유익할 것이다.

의식적으로 촉각을 사용하도록 배우고 연습할 수도 있다. 요가를 수련하거나, 춤을 추거나, 수기 치료^{manual therapy}를 받는 것은 피부감각을 다시 깨우고 살갗 아래에 어떤 감정이 숨어 있는지 깨닫는 중요한 첫걸음이 될 수 있다. 촉각적 경험을 되찾기 위해 꼭 비싼 수업이나 치료가 필요한 것은 아니다. 걸을 때나 팔을 들어 올릴 때 몸이 평형을 유지하게 하는 신호를 느껴보는 정도로 간단한 방법도 있다. 아침에 입 안에서 씹히는 시리얼의 바삭함, 호텔 침대 시트의 사각거림, 컴퓨터 자판을 두드리는 움직임에서 오는 미묘한 즐거움을 느끼는 것만으로 얼마든지 가능하다.

손이나 다른 신체 부위를 이용하는 취미를 가져도 좋다. 텃밭을 가꾸고 미니어처를 만들고 자연에 나가 그림을 그려보자. 무언가를 한다는 것은 책을 읽는 것만으로는 학습할 수 없는 방식으로 근육의 기억이 되고 우리의 일부가 된다. 손을 쓰는 일은 집중력이 필요하므로 멀티태스킹이 어려워진다. 이 점 때문에 진동을 울리고 화면이 번쩍대는 스마트폰으로 인해 산만하게 되었을 때 특히 유용하다. 이런 신체 활동은 서서히 우리 삶의 은유가 되는데 바로 그 점이 큰 보람이다. 우리는 씨앗이 싹트는 모습을 보며 회복되는 느낌을 받는다. 산을 오르며 자신이 정복하고자 하는 추상적인 목표를 떠올릴 수도 있다. 이 외에도 감각의 사용이 우리의 세계관에 영향을 미치는 방법은 차고 넘친다.

* * *

여기까지가 내가 이 책을 쓰면서 깨달은 것들이다. 나는 내가 더 많은 신체적 활동을 원하지만 시간이 없다는 핑계를 대고 있었음을 깨달았다. 식재료를 다듬고 조리하는 대신 전자레인지를 돌려서 끼니를 해결하는 때가 생각보다 많았다. 자립하여 살아가는 사람이 되고 싶었지만 망가진 가전제품을 고칠 방법에 대해 하나도 아는 게 없었다. 문제가 생길 때마다 전화 한 통, 클릭 한 번으로 기술자를 부르면 해결되었으니까. 내 몸의 상태는 무시하며 오로지 내가 사용하는 기계 속에서 일어나는 일에만 집중하는 생활을 꾸려왔다. 심지어 열량을 적절히 섭취했는지, 운동은 충분히 했는지 같은 몸의 기본적인 기능조차 스마트폰이 대신 확인하게 해두었다.

그런 생활은 서서히 달라졌다. 카르틱과 결혼한 지 얼마 안 되어 우리는 강아지, 시기를 입양했다. 작은 7킬로그램짜리 푸들-테리어 믹스견의 털을 쓰다듬고 공을 던지며 놀아주면서 나 자신과의 관계도 변화하고 있었다. 개를 향한 외적인 몸짓들이 나 자신에게도 내적으로 긴장을 풀고 즐기는 여유를 주었다. 집에서 일하는 날이면 시기는 어김없이 내 무릎에 누워서 잔다. 나는 이 강아지의 몸을 아주 잘 알게 되어 숨소리와 행동만으로도 기분을 읽을 수 있고 어딘가 편치 않은지 알 수 있다. 나는 호흡, 어깨, 살갗의 느낌 같은 신호를 통해 나 자신의 감정도 같은 식으로 읽어보려고 노력하기 시작했다.

한편 나는 제빵에 진지해졌다. 제빵은 복잡한 생각에서 벗어날 수 있는 훌륭한 활동이다. 젖은 재료를 마른 재료에 넣고 손으로 느끼기에 적당한 질기가 될 때까지 치대고 깍지를 끼고 앉아 오븐에서 반죽이 부풀어 오르는 모습을 지켜보다 보면 다른 고상한 생각을 할 겨를이 없다. 그저 바로 내 앞에 놓인 일에 집중할 뿐. 제빵의 결과가 실패로 돌아가도 뭘 실수했는지 조리 있게 설명하기는 어렵다. 재료들이 꼭 내 말을 듣는다는 법은 없으니까. 대신 내가 재료를 이해하려고 노력해야 한다. 내 손으로 만든 작은 세계는 내가 실생활에서 문제를 해결하는 방법의 축소판이다. 나는 사람들이 내 바람대로 움직여 주길 바라지만 그건 거의 있을 수 없는 일이다. 주어진 한계 안에서 최선을 다해야 한다는 것이 내가 부엌에서 얻은, 죽을 때까지 가져갈 교훈이다.

나는 이 장, 적어도 에필로그의 초안은 손으로 썼다. 아마 학부 시절 기말고사를 치를 때 이후로 펜과 종이로 중요한 무언가를 쓴 일은 처음일 텐데, 그래서인지 쓰기가 하나의 손 기술로 느껴졌다. 생각을 기호로 전환하는 과정을 새삼 의식한다는 게 참 매력적이었고, 스웨터를 짜거나 점토를 조각하는 것처럼 공예를 하는 느낌이었다. 손으로 글씨를 쓰면서 속도가 느려지자 단어 하나하나를 더욱 세심하게 생각하게 되었다. 내 생각은 좀 더 부드럽게 흘러갔고 컴퓨터에서처럼 연신 썼다 지우기를 반복하지 않아도 되었다. 그 과정이 글의 내용뿐 아니라 경험 자체에도 깊이를 더했다.

조용한 산책길에서 나는 포장된 길을 밟는 발의 감각과 걸음걸음이 생각에 리듬을 얹는 느낌을 즐겼다. 들이쉬고 내쉬는 숨, 얼굴에 부딪히는 바람, 피부를 감싸는 청바지를 느꼈다. 비오는 날 운전 길에 내 차와 소통하는 기분을 느꼈고, 빨간 신호등에서 급히 제동할 때는 내 몸이 밀리는 것 같았다. 차가 멈추자 심장이 두근거렸다. 운전대와 좌석에서 느껴지는 감각이 모두 나와 차를 하나로 만들었다. 만약 앞차에 부딪혔다면 우리는 그 감각 안에서 함께했을 것이다. 전에는 눈치채지 못했던 이런 작은 신호들이 내 육체 안에 나를 붙잡아 두었고 주변 환경 속에서 내가 있는 자리를 알려주었다. 심지어 관심이 다른 곳을 향할 때도 이 신호들은 내면의 깊고 사적인 욕구를 꾸준히 상기시켜 주었다. 나는 이 신호들을 통해 나 자신과 다른 사람들에게 얼마나 더 섬세해질 수 있을지를 생각했다.

터치에서 단절된 결과는 개인에게는 물론이고 사회적으로도 영향을 미친다. 촉각을 무시하거나 경시하는 태도는 우리의 가장 해로운 믿음 한가운데에 있다. 날씬한 몸매에 대한 강박을 예로 들 수 있다. 우리는 자신이 어떻게 느끼는지가 아니라 남의 눈에 어떻게 보이는지를 행복의 지표로 삼도록 훈련되었다. 열량 계산은 미덕이고, 맛있는 음식을 즐기는 것은 탐닉과 나약함의 표시인 식이다. 이런 행태는 감각에 분열을 일으킨다. 우리는 시각에 지나치게 의존함으로써 자신의 이상적인 자아상에 부응할 수 없어졌으며 자신이 어떻게 느끼는지는 무시하게 되었다. 배고픔과 쾌락에 대한 내적 신호에 다시 귀를 기울이고 그것을 따를 때 비로소 제 몸과의 관계를 개선할 수 있다. 요새 '직관적 식사'가 유행하는 것도 그래서이다.

통증은 객관적으로 측정할 생물학적 표지가 없기 때문에 사회적 낙인이 심한 의학적 상태 중 하나이다. 이미 취약했던 사람들의 통증이 더 쉽게 무시된다. 역사적으로 의료계에는 흑인이 백인과 동일한 수준의 고통을 느끼지 않는다는 통념이 이어져 왔다. 흑인 환자는 백인 환자에 비해 통증 완화를 비롯한 관리를 덜 받고 있다. 마찬가지로 여성들이 더 자주, 더 높은 강도의 통증을 호소함에도 의료계가 남성보다 여성에게 덜 적극적으로 통증 치료를 하고 있으며 이들의 통증을 모두 머릿속에서 나온 것으로 치부한다는 연구 결과가 있다. 타인의 괴로움에 반응하는 우리의 방식은 달라질 필요가 있다. 각자가 느끼는 감각을 온전히 신뢰한다면 다른 사람들에 대한 불평등과 잔인한 대우를 용서하기가 어려워질 것이다.

온도가 조절되는 집과 사무실에 갇힌 채 우리는 자연환경과 단절된다. 과학을 통해 지구에 일어나는 관찰 가능하고 수치화되는 변화는 알 수 있지만, 직접 손으로 만지며 자연과의 관계를 직관적으로 이해하던 방법은 사라졌다. 우리는 계절의 변화를 온전히 경험하지 않으며, 계절이 동식물에게 미치는 영향도 관찰할 줄 모른다. 우리는 지구와의 상호적 관계를 잃어버렸다. 그 상호의존성을 느끼는 것이야말로 사람들로 하여금 우리가 처한 위기를 이해하게 하는 열쇠이다. 물에 잠긴 도시와 허리케인 소식이 아무리 늘어나도 그것을 대체할 수는 없다. 자연에서 보내는 시간은 이해심을 길러주는 활동이므로 학교에서는 특히 더 장려해야 한다.

현대 기술은 장거리 소통을 용이하게 함으로써 물리적 존재의 가치를 경시하게 만들었다. 현대 기술을 받아들이면서 사회는 더욱 분열하고 있다. 많은 사람들이 온라인 데이트에 끌리는 이유가 있다. 자신의 가장 좋은 모습만을 보여주며 상처 없이 거절당할 수 있기 때문이다. 옆집 이웃과 얼굴을 붉히느니 멀리 있어도 오랜 친구와 문자로 소통하는 것이 편하다. 의견이 다른 사람을 이해하려고 노력하기보다 온라인 밀실에 존재하는 것을 선호한다. 그러나 물리적 가까움은 살을 부대끼며 타인의 실제 느낌을 되새기게 한다. 이때 우리는 경청해야 하고, 마음을 열어야 하며, 예의를 지켜야 한다. 가족끼리만이라도 이런 소통 능력을 규칙적으로 연습한다면, 회복탄력성을 향상할 수 있고, 자기 자신에 대해 더 만족할 수 있다.

코로나로 인한 보건상의 위협이 완화되면 공적인 생활에서 이루어지는 신체접촉에 대한 금지를 재고하고 학교부터 직장에서까지 사람들에게 그들의 보디랭귀지가 다른 이에게 어떻게 받아들여지는지와, 그 차이를 좁힐 방법을 알려주는 연수 프로그램을 추진해야 한다. 사생활에서 신체접촉을 경험하지 못하는 이들이 늘어나고 있으므로 사람들이 이해심을 가지고 신체접촉을 주고받도록 장려해야 하고, 자신에게 필요한 것을 명확히 요구하는 방법을 교육해야 한다. 특히 의료기관이나 교육기관 종사자처럼 돌봄과 관련된 직업을 가진 사람들의 경우, 이들이 대하는 사람들에게 돌봄받을 기회가 달리 없을 수도 있으므로 신체접촉을 업무의 중요한 부분으로 보도록 독려해야 한다. 교사는 학생들에게 신체자각somatic awareness 교육을 해야 한다. 단, 타인에게 해가 되는 행동을 하는 사람에 대해서는 일관성 있고 합당한 처벌을 내릴 필요가 있다.

촉각에 대한 태도를 바꾸는 것은 신체접촉이 결핍된 문화 속에서 다른 곳에서는 받지 못하는 친절과 돌봄을 제공하는 간호사나 마사지 치료사 같은 전문가를 더 존중해야 한다는 뜻이기도 하다. 우리는 그들이 하는 일을 중요하게 여기지 않거나, 마사지의 경우, 역사적으로 낙인찍힌 또 다른 일인 성노동과 동일시한다. 우리는 무의식적으로 육체를 주관적 현실에 얽매이게 하는 감정의 처소로 보고 있다. 그러나 이런 사고방식에는 문제가 있다. 나쁜 일이 닥치면 우리는 아기가 되고 싶어 한다. 자신의 몸을 그때처럼 다뤄주길 바라는 것이다.

촉각을 중시하는 것은 감각 자체보다 훨씬 더 큰 무언가에 관한 것이다. 그것에 주의를 기울이기 시작할 때 우리는 내면의 욕망을 의식하게 하는 다른 수십 가지 신호를 관찰하게 된다. 이런 변화는 우리가 몸 바깥에 보이는 모든 것을 믿는 대신 자신의 관심과 이익에 접속하도록 도울 것이다. 자신이 어떻게 느끼는지를 중요시하게 되면 다른 이들에게도 더 친절해질 것이다. 공감은 먼저 자기 자신에게 해야 하는 것이기 때문이다. 나를 둘러싼 것들을 열린 태도로 받아들일 수 있을 때 비로소 가장 활기 넘치는 몸으로 살게 된다. 터치는 우리가 주변 환경과 분리되어 있는 동시에 연결되어 있다는 지속적인 확인이다. 더 다양한 느낌을 경험하며, 밝은 눈만큼이나 열린 손을 가지고 사는 문화를 목표로 삼아도 좋을 것이다.

옮긴이의 말

나는 지난 2년간 코로나 특수를 제대로 누렸다. 밖에 나가 사람 만날 일이 없어서 그저 의뢰가 들어오는 대로 일만 했기 때문이다. 프롤로그에서 저자가 "나는 대체로 일에 빠져 내 머릿속에서 살았다"라고 했을 때, 단박에 그 뜻이 이해되지 않아 애를 먹었으나 돌이켜 보니 나야말로 내 머릿속에서 살고 있었다. 저자와 달리 나는 운동 시간 알람 같은 것도 맞춰둔 적이 없다. 어쩌다 쓰레기를 버리러 나가서 보면 벚꽃이 만개해 있고 땅이 젖어 있고 나뭇잎이 물들어 있고 눈이 쌓여 있었다. 이 책 끝나면 저 책, 마감 끝나면 교정, 설거지하면서 스마트폰으로 드라마를 볼 때가 아니면 온종일 화면 앞에서 책 한 권이 한 달이고 한 계절인 생활을 했다.

그러던 어느 날 아주 모처럼 모임에 간다고 집 밖으로 나섰다. 그새 몸이 얼마나 무거워진 줄도 모르고 마음만 앞서 버스를 잡으러 뛰어가다가 길 한복판에서 보기 좋게 넘어지는 바람에 손등에 심한 상처가 났다. 이깟 상처에 병원까지 가나 싶어 며칠을 버티다 결국 가까운 동네 병원에 갔다. 병원에서 의사 선생님이 해주신 것은, 다치면 빨리 병원에 와야 한다는 잔소리와 함께 상처를 소독하고 반창고를 붙여주신 게 다였다. 근데 참 기분이 이상했다. 손을 내밀라고 하면 손을 내밀고, 바지를 걷으라고 하면 바지를 걷고 앉아 있는데, 내 손을 잡고 알코올로 씻고 약을 바르고 반창고를 잘라 꾹꾹 눌러주시는 의사 선생님의 손길이 낯설고 어색하면서도 묘하게 좋았기 때문이다(참고로 나보다 몇 살 많아 보이는 여자분이셨다). 초등학교 이후로는 이렇게 뛰다가 넘어져 다친 적도 없지만, 특히 결혼하고 아이를 낳은 후로는 항상 돌봄을 주는 쪽이지 받는 쪽은 아니었는지라 그렇게 시키는 대로 손을 내밀고 앉아, 알아서 해주려니 하고 다른 사람에게 나를 맡기는 상황이 처음이었던 것이다. 누가 내 몸을 돌봐주는 느낌이 좋아 선생님이 시키시는 대로 다음 날에도 가서 한 번 더 치료를 받고 왔다.

따뜻한 말 한마디보다 강한 것이 돌봄의 손길임을 몸소 경험하고 나니 역자 교정을 하면서는 이 책이 새삼 새로운 눈으로 읽혔다. 이 책에는 역사적으로 여러 분야에서 촉각이 힘을 잃고 시각이 지배적인 감각이 되는 과정이 잘 설명되었는데, 그 중 하나가 의학 분야이다. 이 책을 읽고서야 나는 왜 우리 이모가 정체 모를 통증 때문에 큰 병원에 가셨다가 몸에 청진기한 번 대지 않고 2주 뒤 검사 예약을 잡은 의사에게 화가 나셨는지 이해할 수 있었다.

이 책은 터치에 관한 책이다. 만지는 행위와 만졌을(또는 만져졌을) 때의 감각인 촉각을 다루고 있다. 본문에서도 터치touch라는 단어는 『옥스퍼드 영어사전』에서 항목이 가장 길게 나열되어 있다고 설명하는데, 이 책을 작업하다 보니 우리말로도 터치는 문맥에 따라 '만지기', '스킨십', '신체접촉', '손길', '터치' 등으로 옮겨야 했다. 동일한 단어를 맥락에 맞춰 다른 우리말로 번역하는 일은 종종 있지만, 한 책의 핵심어가 이렇게 다양하게 옮겨지는 경우는 처음이라 당황했다. 하지만 그것이 터치의 속성일지도 모르겠다는 생각이 든다.

가장 중요한 터치의 대상은 몸이다. 저자는 터치를 통해 결국 몸에 관해 말하고 있다. 이 책은 촉각의 과거와 현재와 미래를 다루고 있지만, 보수적인 문화에서 자란 젊은 여성이 제 머릿속에서 나와 자신의 몸을 찾아가는 과정이기도 하다. 프롤로그에서 저자가 남자친구의 손을 처음 잡았을 때 목구멍까지 전류가 흘렀다는 문장을 옮기고는, 아니 요즘 시대에 남자와 손 한 번 잡은 것으로 머리말에서 저렇게 호들갑을 떨 일인가 싶은 마음에 솔직히 선입견을 품고 작업에 들어갔다(손등에 반창고를 붙여주신 의사 선생님께 감동한 내가 할 말은 아니지만). 터치에 대해 누구보다 보수적이고 두려움이 많았던 저자는 그 원인을 문화적 각본에서 찾으려 하면서 이 책을 시작한다. 촉각이 천대받게 된 과정의 역사도 꽤나 흥미진진했지만, 이어서 소개되는 촉각을 상실한 사람의 이야기는 굉장히 충격적이었다. 그건 저자의 말대로 촉각은 단일 기관이 아닌 몸 전체에 기본적으로 장착된 배경과 같은 감각이라서 다른 감각과 달리 잃는다는 것 자체를 상상할 수 없기 때문일 것이다.

이어서 책은 촉각의 현재를 다룬다. 촉각이 처한 오늘날의 현실은 처참하다. 드라마나 영화 속 세상과 달리 우리가 마주한 지금의 현실은 모태솔로와 인셀, 고독부 장관이 상징하고, 젊은이들은 원나잇은 해도 깊은 관계가 될까 두려워 스킨십을 주저한다. 다른 문화권에서는 성(性)이 배제된 스킨십을 사고파는 커들러가 유행하는 형편이다. 동성 간의 신체접촉에서 온라인 데이트, 그리고 미투운동까지 촉각의 현재를 두루 훑은 저자는 마침내 알껍데기를 깨고 머릿속에서 벗어나 자신의 몸에 대해 알아간다. 한편 저자는 촉각의 상품화가 자동차 산업이나 식품 산업 등 기업 수준에서 어떻게 이루어지는지도 흥미롭게 설명한다. 잃어버린 촉각을 되찾으려는, 또 되찾아 주려는 사람들의 이야기는 물론이고, 아바타의 세계에서 고통스러운 몸과의 분리를 시도하는 사람들과 사물을 만지면 특정한 감정을 느끼는 촉각-감정 공감각자의 이야기도 재미를 더한다. 프롤로그에서 순진하고 소심하게만 보였던 저자가 작정하고 발로 뛰어 수집한 이야기들은 다른 어떤 감각보다 다양한 촉각의 세계를 현장감 있게 전달한다.

저자가 제시하는 인류와 촉각의 미래는 설레면서도 낯설다. 사실 우리의 정서에는 커들러도 아직은 무리일지 모른다.

하지만 위드코로나를 지나 팬데믹의 종식이 코앞에 다가온 지금, 우리는 어서 포스트코로나를 준비해야 한다. 아이들이 걱정이다. 팬데믹 시기에 초등학교에 입학한 아이들은 친구의 얼굴이 어떻게 생겼는지 친구랑 어떻게 놀고 싸우고 화해하는지 알지 못한다. 그 시기에 고등학교를 졸업하고 대학에 들어간 학생들도 제대로 된 사회생활과 소통을 경험한 적이 없기는 마찬가지이다. 수백 년에 걸쳐 이미 약해질 대로 약해진 촉각 문화가 팬데믹으로 최소한의 물리적 접촉까지 차단되면서 사회 자체가 촉각을 잃을 위기에 처했다. 촉각 신경을 다친 워터먼은 그저 피부의 느낌만 잃은 것이 아니라 몸의 움직임 자체를 잃었었다. 촉각을 잃은 몸이 어떤 상태일지 무지했던 것처럼 터치와 촉각을 잃은 사회가 어떤 모습이 될지는 감히 짐작조차 할 수 없다. 그래서 이 책은 포스트코로나 시대에 더 중요하다. 기억할 과거조차 없이 처음부터 신체접촉이 부재한 세상에서 사회생활을 시작한 아이들이 더 늦기 전에 경험하게 해야 한다. 건전한 신체접촉을 회복할 사회적 차원의 프로젝트는 물론이고 개인도 제 몸의 목소리에 귀를 기울여야 한다. 나도 학교 가는 아이들을 한 번씩 꼭 안아주었다.

2022년 4월
조은영

주

1장 우리 문화는 어떻게 촉각을 잃었는가

1. Rachel Holmes, *Eleanor Marx: A Life* (New York: Bloomsbury, 2015).

2. Sam Shuster, "The Nature and Consequence of Karl Marx's Skin Disease", *British Journal of Dermatology* 158, no. 1 (January 2008): 1–3, https://doi.org/10.1111/j.1365-2133.2007.08282.x.

3. Louis Menand, "Karl Marx, Yesterday and Today", *New Yorker*. October 3, 2016, https://www.newyorker.com/magazine/2016/10/10/karl-marx-yesterday-and-today.

4. Otto Ruhle, *Karl Marx: His Life and Works* (New York: Viking, 1943).

5. Shuster, "Nature and Consequence"; and Philip Jackman, "Marx's Skin Problem", *Globe and Mail*, October 31, 2007, https://www.theglobeandmail.com/news/world/marxs-skin-problems/article696821/.

6. David Howes, *Sensual Relations: Engaging the Senses in Culture and Social Theory* (Ann Arbor: University of Michigan Press, 2010), 230.

7. 같은 책, 206.

8. Robert Jütte, *A History of the Senses: From Antiquity to Cyberspace* (Cambridge: Polity, 2005), 10.

9. David Howes, "The Skinscape", *Body & Society* 24, no. 1–2 (2018): 225–39, https://doi.org/10.1177/1357034x18766285.

10. David Howes, "Multisensory Anthropology", *Annual Review of Anthropology* 48 (2019): 17–28, https://www.annualreviews.org/doi/abs/10.1146/annurev-anthro-102218-011324.

11. Howes, *Sensual Relations*, 230.

12. Ian Ritchie, "Fusion of the Faculties: A Study of the Language of the Senses in Hausaland", in *The Varieties of Sensory Experience: A Sourcebook in the Anthropology of the Senses*, ed. David Howes, 192–202 (Toronto: University of Toronto Press, 1991).

13. Sarah Pink, *Doing Sensory Ethnography* (London: Sage, 2009).

14. Peter A. Andersen, "Tactile Traditions: Cultural Differences and Similarities in Haptic Communication", in *The Handbook of Touch: Neuroscience, Behavioral, and Health Perspectives*, ed. Matthew J. Hertenstein and Sandra Jean Weiss, 351–71 (New York: Springer, 2011), 359.

15. Constance Classen, *The Deepest Sense: A Cultural History of Touch* (Urbana: University of Illinois Press, 2012), xii–xiii.

16. 같은 책.

17. Quoted in Sara Danius, "Modernist Fictions of Speed", in *The Book of Touch*, ed. Constance Classen, 412–19 (Oxford: Berg, 2005), 414.

18. Erin Lynch, David Howes, and Martin French, "A Touch of Luck and a 'Real Taste of Vegas': A Sensory Ethnography of the Montreal Casino", *Senses and Society* 15, no. 2 (2020): 192–215, https://www.tandfonline.com/doi/full/10.1080/17458927.2020.1773641.

2장 촉각이 없는 삶

1. Jonathan Cole, *Pride and a Daily Marathon* (Cambridge, Mass.: MIT Press, 1995).

2. L. A. Goldsmith, "My Organ Is Bigger than Your Organ", *Archives of Dermatology* 126, no. 3 (January 1990): 301–2, https://doi.org/0.1001/archderm.1990.01670270033005.

3. Bruce Goldstein, *Sensation and Perception*, 10th ed. (Boston: Cengage Learning, 2014).

4. Frank R. Wilson, *The Hand: How Its Use Shapes the Brain, Language, and Human Culture* (New York: Vintage, 1999).

5. Jonathan Cole, *Losing Touch: A Man Without His Body* (Oxford: Oxford University Press, 2016).

6. 같은 책.

7. Sabrina Richards, "Pleasant to the Touch", *Scientist*, September 2012.

8. 인디아 모리슨이 수시마 수브라마니안에게 보낸 이메일, 2018년 3월 14일.

9. David J. Linden, *Touch: The Science of Hand, Heart, and Mind* (New York: Penguin, 2016).

3장 감각이 감정과 교차할 때

1. V. S. Ramachandran and David Brang, "Tactile-Emotion Synesthesia", *Neurocase* 14, no. 5 (December 2008): 390-99, https://doi.org/10.1080/13554790802363746.

2. Pascal Massie, "Touching, Thinking, Being: The Sense of Touch in Aristotle's De Anima and Its Implications". *Minerva: An Internet — Journal of Philosophy* 17 (January 2013): 74-101.

3. Quoted in Massie, "Touching, Thinking, Being", 84.

4. Duncan B. Leitch and Kenneth C. Catania, "Structure, Innervation and Response Properties of Integumentary Sensory Organs in Crocodilians", *Journal of Experimental Biology* 215, no. 23 (July 2012): 4217-30, https://doi.org/10.1242/jeb.076836.

5. Naomi I. Eisenberger, "The Pain of Social Disconnection: Examining the Shared Neural Underpinnings of Physical and Social Pain", *Nature Reviews Neuroscience* 13, no. 6 (March 2012): 421-34, https://doi.org/10.1038/nrn3231.

6. Tristen K. Inagaki, and Naomi I. Eisenberger, "Shared Neural Mechanisms Underlying Social Warmth and Physical Warmth". *Psychological Science* 24, no. 11 (2013): 2272-80. https://doi.org/10.1177/0956797613492773.

7. Joshua M. Ackerman, Christopher C. Nocera, and John A. Bargh, "Incidental Haptic Sensations Influence Social Judgments and Decisions", *Science* 328, no. 5986 (2010): 1712-15, https://doi.org/10.1126/science.1189993.

8. Robert M. Sapolsky, *Behave: The Biology of Humans at Our Best and Worst* (London: Vintage, 2018).

9. Susan Cain, *Quiet: The Power of Introverts in a World That Can't Stop Talking* (New York: Broadway, 2013).

10. Michael J. Banissy and Jamie Ward, "Mirror-Touch Synesthesia Is Linked with Empathy", *Nature Neuroscience* 10, no. 7 (2007): 815-16, https://doi.org/10.1038/nn1926.

11. Nicolas Rothen, and Beat Meier, "Higher Prevalence of Synaesthesia in Art Students", *Perception* 39, no. 5 (2010): 718-20, https://doi.org/10.1068/p6680.

12. Ashley Montagu, *Touching: The Human Significance of the Skin* (New York: Columbia University Press, 1971), 128.

13. 같은 책, 5, 6.

14. George Lakoff and Mark Johnson, *Metaphors We Live By* (Chicago: University of Chicago Press, 2017).

15. 케이티 왈드먼Katy Waldman은 《슬레이트Slate》 2014년 11월 24일 자 기사 〈은유적 말하기: 인간의 가장 지적인 생각은 몸의 경험에서 나온다Metaphorically Speaking: Our Most Sophisticated Thinking Relies on Bodily Experience〉에서 인용의 출처를 조지 레이코프와 M. 존슨의 책, 『삶으로서의 은유Metaphors We Live By』(노양진·양익주 옮김, 박이정, 2006)라고 밝혔으나 사실 이 내용은 두 사람의 다른 책, 『몸의 철학Philosophy in the Flesh』(임지룡 옮김, 박이정, 2002)에 있다.

16. Pablo Maurette, *The Forgotten Sense* (Chicago: University of Chicago Press, 2018).

4장 우리 몸이 쓸모를 잃을 것인가

1. Diane Gromala, Xin Tong, Chris Shaw, Ashfaq Amin, Servet Ulas, and Gillian Ramsay, "*Mobius Floe*: An Immersive Virtual Reality Game for Pain Distraction", *Electronic Imaging*, no. 4 (2016): 1–5, https://doi.org/10.2352/issn.2470-1173.2016.4.ervr-413.

2. Diane Gromala, Xin Tong, Chris Shaw, and Weina Jin, "Immersive Virtual Reality as a Non-Pharmacological Analgesic for Pain Management", in *Virtual and Augmented Reality: Concepts, Methodologies, Tools, and Applications*, ed. Information Resources Management Association, 1176–99 (Hershey, Pa.: IGI Global, 2018). https://doi.org/10.4018/978-1-5225-5469-1.ch056.

3. Bernhard Spanlang, Jean-Marie Normand, David Borland, Konstantina Kilteni, Elias Giannopoulos, Ausiàs Pomés, Mar González-Franco, Daniel Perez-Marcos, Jorge Arroyo-Palacios, Xavi Navarro Muncunill, and Mel Slater, "How to Build an Embodiment Lab: Achieving Body Representation Illusions in Virtual Reality", *Frontiers in Robotics and AI* 1 (November 27, 2014), https://doi.org/10.3389/frobt.2014.00009.

4. J. M. S. Pearce, "The Law of Specific Nerve Energies and Sensory Spots", *European Neurology* 54, no. 2 (2005): 115–17, https://doi.org/10.1159/000088647.

5. M. D'Alonzo, A. Mioli, D. Formica, L. Vollero, and G. Di Pino, "Different

Level of Virtualization of Sight and Touch Produces the Uncanny Valley of Avatar's Hand Embodiment", *Scientific Reports* 9, no. 1 (2019). https://doi.org/10.1038/s41598-019-55478-z.

6. John Schwenkler, "Do Things Look the Way They Feel?" *Analysis* 73, no. 1 (2012): 86–96, https://doi.org/10.1093/analys/ans137.

7. Nicholas J. Wade, *A Natural History of Vision* (Cambridge, Mass.: MIT Press, 1999), 345.

8. Richard Held, Yuri Ostrovsky, Beatrice de Gelder, Tapan Gandhi, Suma Ganesh, Umang Mathur, and Pawan Sinha, "The Newly Sighted Fail to Match Seen with Felt", *Nature Neuroscience* 14 (2011): 551–553, https://doi.org/10.1038/nn.2795.

9. Denise Grady, "The Vision Thing: Mainly in the Brain", *Discover*, June 1, 1993, https://www.discovermagazine.com/mind/the-vision-thing-mainly-in-the-brain.

10. Quoted in Constance Classen, *The Deepest Sense: A Cultural History of Touch* (Urbana: University of Illinois Press, 2012), 54.

11. 같은 책.

12. Alberto Gallace, Giovanna Soravia, Zaira Cattaneo, Lorimer Moseley, and Giuseppe Vallar, "Temporary Interference over the Posterior Parietal Cortices Disrupts Thermoregulatory Control in Humans", *PLoS ONE* 9, no. 3 (December 2014), https://doi.org/10.1371/journal.pone.0088209.

13. Laura Crucianelli, Nicola K. Metcalf, Katerina Fotopoulou, and Paul M. Jenkinson, "Bodily Pleasure Matters: Velocity of Touch Modulates Body Ownership During the Rubber Hand Illusion", *Frontiers in Psychology* 4 (2013), https://doi.org/10.3389/fpsyg.2013.00703.

14. Laura Crucianelli, Valentina Cardi, Janet Treasure, Paul M. Jenkinson, and Katerina Fotopoulou, "The Perception of Affective Touch in Anorexia Nervosa", *Psychiatry Research* 239 (2016): 72–78, https://doi.org/10.1016/j.psychres.2016.01.078.

15. Rachel Richards, *Hungry for Life: A Memoir Unlocking the Truth Inside an Anorexic Mind* (self-pub., 2016).

16. G. Lorimer Moseley, Timothy J. Parsons, and Charles Spence, "Visual Distortion of a Limb Modulates the Pain and Swelling Evoked by

Movement", *Current Biology* 18, no. 22 (2008), https://doi.org/10.1016/
j.cub.2008.09.031.

17. Matt Haber, "A Trip to Camp to Break an Addiction", *New York Times*, July
5, 2013, https://www.nytimes.com/2013/07/07/fashion/a-trip-to-camp-to-
break-a-tech-addiction.html.

18. Andrew Sullivan, "I Used to Be a Human Being", *New York Magazine*,
September 19, 2016, https://nymag.com/intelligencer/2016/09/andrew-
sullivan-my-distraction-sickness-and-yours.html.

19. Richard Kearney, "Losing Our Touch", *New York Times*, August 30, 2014,
https://opinionator.blogs.nytimes.com/2014/08/30/losing-our-touch/.

20. Richard Kearney and Brian Treanor, *Carnal Hermeneutics* (New York:
Fordham University Press, 2015).

5장 신체접촉 혐오를 극복하려면

1. Stanley E. Jones and Brandi C. Brown, "Touch Attitudes and Behaviors,
Recollections of Early Childhood Touch, and Social Self-Confidence",
Journal of Nonverbal Behavior 20, no. 3 (1996): 147–63, https://doi.
org/10.1007/bf02281953.

2. Peter A. Andersen and Karen Kuish Sull, "Out of Touch, Out of Reach:
Tactile Predispositions as Predictors of Interpersonal Distance", *Western
Journal of Speech Communication* 49, no. 1 (1985): 57–72, https://doi.
org/10.1080/10570318509374181.

3. William J. Chopik, Robin S. Edelstein, Sari M. van Anders, Britney M.
Wardecker, Emily L. Shipman, and Chelsea R. Samples-Steele, "Too Close
for Comfort? Adult Attachment and Cuddling in Romantic and Parent–
Child Relationships", *Personality and Individual Differences* 69 (2014):
212–16, https://doi.org/10.1016/j.paid.2014.05.035.

4. Deborah Blum, *Love at Goon Park: Harry Harlow and the Science of
Affection* (New York: Basic Books, 2011).

5. Jean O'Malley Halley, *Boundaries of Touch: Parenting and Adult–Child
Intimacy* (Urbana: University of Illinois Press, 2009).

6. Blum, *Love at Goon Park*, 37.

7. Maria Konnikova, "The Power of Touch", *New Yorker,* March 4, 2015, https://www.newyorker.com/science/maria-konnikova/power-touch.

8. Tiffany Field, *Touch* (Cambridge, Mass.: MIT Press, 2001).

9. Kory Floyd, "Relational and Health Correlates of Affection Deprivation", *Western Journal of Communication* 78, no. 4 (2014): 383–403, https://doi.or g/10.1080/10570314.2014.927071.

10. Lana Bestbier and Tim I. Williams, "The Immediate Effects of Deep Pressure on Young People with Autism and Severe Intellectual Difficulties: Demonstrating Individual Differences", *Occupational Therapy International* 2017 (2017): 1–7, https://doi.org/10.1155/2017/7534972.

11. Susan Bauer, *The Embodied Teen: A Somatic Curriculum for Teaching Body-Mind Awareness, Kinesthetic Intelligence, and Social and Emotional Skills* (Berkeley, Calif.: North Atlantic, 2018).

12. Lorraine Green, "The Trouble with Touch? New Insights and Observations on Touch for Social Work and Social Care". *British Journal of Social Work* 47, no. 3 (April 2017): 773–92, https://doi.org/10.1093/bjsw/bcw071.

13. Bessel Van der Kolk, *The Body Keeps the Score: Brain, Mind and Body in the Healing of Trauma* (New York: Penguin, 2015).

14. Michael W. Kraus, Casey Huang, and Dacher Keltner, "Tactile Communication, Cooperation, and Performance: An Ethological Study of the NBA", *Emotion* 10, no. 5 (2010): 745–49, https://doi.org/10.1037/a0019382.

15. Tiffany Field, "American Adolescents Touch Each Other Less and Are More Aggressive Toward Their Peers as Compared with French Adolescents", *Adolescence* 34, no. 136 (Winter 1999): 752–58.

16. James W. Prescott, "Body Pleasure and the Origins of Violence", *Bulletin of the Atomic Scientists* 31, no. 9 (1975): 10–20, https://doi.org/10.1080/0096 3402.1975.11458292.

6장 서로의 경계를 존중하기

1. Jean O'Malley Halley, *Boundaries of Touch: Parenting & Adult-Child Intimacy* (Chicago: University of Illinois, 2009).

2. Russell Clark and Elaine Hatfield, "Gender Differences in Receptivity to

Sexual Offers", *Journal of Psychology & Human Sexuality* 2, no. 1 (July 1989): 39–55, https://doi.org/10.1300/j056v02n01_04.

3. Halley, Boundaries of Touch.

4. Reva B. Siegel, "Introduction: A Short History of Sexual Harassment", in *Directions in Sexual Harassment Law*, ed. Catharine A. MacKinnon and Reva B. Siegel, 1–28 (New Haven, Conn.: Yale University Press, October 2003). https://doi.org/10.12987/yale/9780300098006.003.0001.

5. Ofer Zur, "Touch in Therapy", in *Boundaries in Psychotherapy: Ethical and Clinical Explorations*, 167–85 (Washington, D.C.: American Psychological Association, 2007), https://doi.org/10.1037/11563-010.

6. Joseph L. Daly, "'Gray Touch': Professional Issues in the Uncertain Zone Between 'Good Touch' and 'Bad Touch.'" *Marquette Elder's Advisor* 11, no. 2: 223–79.

7. Michelle Obama, *Becoming* (New York: Crown, 2018), 318.

8. Dan Pens, "Skin Blind", in *Prison Masculinities*, ed. Donald F. Sabo, Terry Allen Kupers, and Willie James London, 150–52 (Philadelphia: Temple University Press, 2001).

9. Pens, "Skin Blind", 150, 151, 152.

10. Joanna Bourke, *Dismembering the Male: Men's Bodies, Britain and the Great War* (London: Reaktion, 2009).

11. Eric Anderson, *21st Century Jocks: Sporting Men and Contemporary Heterosexuality* (Basingstoke, Hampshire: Palgrave Macmillan, 2015).

12. Jean M. Twenge, Ryne A. Sherman, and Brooke E. Wells, "Sexual Inactivity During Young Adulthood Is More Common Among U.S. Millennials and IGen: Age, Period, and Cohort Effects on Having No Sexual Partners After Age 18", *Archives of Sexual Behavior* 46, no. 2 (January 2016): 433–40, https://doi.org/10.1007/s10508-016-0798-z.

13. Kate Julian, "Why Are Young People Having So Little Sex?" *Atlantic*, December 2018, https://www.theatlantic.com/magazine/archive/2018/12/the-sex-recession/573949/.

14. Hope Reese, "Americans Are Having Less Sex, but Is That a Problem?" *Greater Good Magazine*, February 18, 2019, https://greatergood.berkeley.edu/article/item/americans_are_having_less_sex_but_is_that_a_problem.

15. William J. Chopik, Robin S. Edelstein, Sari M. van Anders, Britney M. Wardecker, Emily L. Shipman, and Chelsea R. Samples-Steele, "Too Close for Comfort? Adult Attachment and Cuddling in Romantic and Parent–Child Relationships", *Personality and Individual Differences* 69 (2014): 212–16, https://doi.org/10.1016/j.paid.2014.05.035.

16. Jill Lepore, "The History of Loneliness", *New Yorker*, April 6, 2020, https://www.newyorker.com/magazine/2020/04/06/the-history-of-loneliness.

17. Jena McGregor, "This Former Surgeon General Says There's a 'Loneliness Epidemic' and Work Is Partly to Blame", *Washington Post*, October 4, 2017.

18. J. Richard Udry, "The Effect of the Great Blackout of 1965 on Births in New York City", *Demography* 7, no. 3 (1970): 325, https://doi.org/10.2307/2060151.

19. Joseph Lee Rodgers, Craig A. St. John, and Ronnie Coleman, "Did Fertility Go Up After the Oklahoma City Bombing? An Analysis of Births in Metropolitan Counties in Oklahoma, 1990–1999", *Demography* 42, no. 4 (2005): 675–92, https://doi.org/10.1353/dem.2005.0034.

20. Nellie Bowles, "Human Contact Is Now a Luxury Good", *New York Times*, March 23, 2019, https://www.nytimes.com/2019/03/23/sunday-review/human-contact-luxury-screens.html.

21. Courtney Maum, *Touch* (New York: G. P. Putnam's Sons, 2017).

7장 기업이 촉감을 파는 방법

1. Anne Saint-Eve, Enkelejda Paçi Kora, and Nathalie Martin, "Impact of the Olfactory Quality and Chemical Complexity of the Flavouring Agent on the Texture of Low Fat Stirred Yogurts Assessed by Three Different Sensory Methodologies", *Food Quality and Preference* 15, no. 7–8 (2004): 655–68, https://doi.org/10.1016/j.foodqual.2003.09.002.

2. Francine Lenfant, Christophe Hartmann, Brigitte Watzke, Oliver Breton, Chrystel Loret, and Nathalie Martin, "Impact of the Shape on Sensory Properties of Individual Dark Chocolate Pieces", *LWT—Food Science and Technology* 51, no. 2 (2013): 545–52, https://doi.org/10.1016/j.lwt.2012.11.001.

3. Ingemar Pettersson, "Mechanical Tasting: Sensory Science and the

Flavorization of Food Production", *The Senses and Society* 12, no. 3 (February 2017): 301–16, https://doi.org/10.1080/17458927.2017.1376440.

4. Lorraine Daston and Peter Galison, *Objectivity* (New York: Zone Books, 2007).

5. David Howes and Constance Classen, *Ways of Sensing: Understanding the Senses in Society* (London: Routledge, 2014).

6. Dominik Wujastyk, *The Roots of Ayurveda: Selections from Sanskrit Medical Writings* (London: Penguin, 1998), 268.

7. Axel Munthe, *The Story of San Michele* (Hamburg: Albatross, 1935), 49.

8. Chia Longman, "Women's Circles and the Rise of the New Feminine: Reclaiming Sisterhood, Spirituality, and Wellbeing", *Religions* 9, no. 1 (January 2018): 9, https://doi.org/10.3390/rel9010009.

9. Joseph E. Davis, "The Commodification of Self", *Hedgehog Review: Critical Reflections on Contemporary Culture*, Summer 2003, https://hedgehogreview.com/issues/the-commodification-of-everything/articles/the-commodification-of-self.

10. Julia Emberley, *Venus and Furs: Cultural Politics of Fur* (London: Cornell University, 1998).

8장 기술에 촉각을 입히다

1. David Parisi, *Archaeologies of Touch: Interfacing with Haptics from Electricity to Computing* (Minneapolis: University of Minnesota, 2018).

2. Molly McHugh, "Yes, There Is a Difference Between 3D Touch and Force Touch", *Wired*, September 9, 2015, https://www.wired.com/2015/09/what-is-the-difference-between-apple-iphone-3d-touch-and-force-touch/.

3. Joe Mullenbach, Craig Shultz, Anne Marie Piper, Michael Peshkin, and J. Edward Colgate, "Surface Haptic Interactions with a TPad Tablet", in *UIST 13 Adjunct: Proceedings of the Adjunct Publication of the 26th Annual ACM Symposium on User Interface Software and Technology* (New York: Association for Computing Machinery, 2013), https://doi.org/10.1145/2508468.2514929.

4. David J. Linden, *Touch: The Science of Hand, Heart, and Mind* (New York:

Penguin, 2016).

5. Amy M. Green, *Storytelling in Video Games: The Art of the Digital Narrative* (Jefferson, N.C.: McFarland, 2018); and Kazu Masudul Alam, Abu Saleh Md Mahfujur Rahman, and Abdulmotaleb El Saddik, "HE-Book: A Prototype Haptic Interface for Immersive e-Book Reading Experience", in *2011 IEEE World Haptics Conference*, Istanbul (2011), 367–71, https://doi.org/10.1109/whc.2011.5945514.

6. Ferris Jabr, "The Reading Brain in the Digital Age: The Science of Paper Versus Screens". *Scientific American*, April 11, 2013, https://www.scientificamerican.com/article/reading-paper-screens/.

7. Maryanne Wolf, *Proust and the Squid: The Story and Science of the Reading Brain* (New York: Harper, 2007).

8. Anne Mangen, Bentie R. Walgermo, and Kolbjørn Brønnick, "Reading Linear Texts on Paper Versus Computer Screen: Effects on Reading Comprehension", *International Journal of Educational Research* 58 (2013): 61–68, https://doi.org/10.1016/j.ijer.2012.12.002.

9. Pam A. Mueller and Daniel M Oppenheimer, "The Pen Is Mightier Than the Keyboard", *Psychological Science* 25, no. 6 (2014): 1159–68, https://doi.org/10.1177/0956797614524581.

10. Jane Austen, *Persuasion* (London: Penguin, 1991), 56, 57.

11. Patricia Highsmith, *The Price of Salt* (Mineola: Dover Publications, 2017), 38.

12. Quoted in Joanna Briscoe, "Look, Don't Touch: What Great Literature Can Teach Us About Love with No Contact", *Guardian*, May 22, 2020.

13. Alberto Gallace and Charles Spence, *In Touch with the Future: The Sense of Touch from Cognitive Neuroscience to Virtual Reality* (Oxford: Oxford University Press, 2014).

9장 손길이 느껴지는 의수

1. MIT Technology Review, "Restoring a Sense of Touch in Amputees", Youtube video, 2:54, March 21, 2014, https://www.youtube.com/watch?v=075lJjJDonA.

2. Charles Darwin, *Descent of Man and Selection in Relation to Sex* (New York: D. Appleton and Co., 1989), 135.

3. Frank R. Wilson, *The Hand: How Its Use Shapes the Brain, Language, and Human Culture* (New York: Vintage, 1999).

4. Michael Wong, Vishi Gnanakumaran, and Daniel Goldreich, "Tactile Spatial Acuity Enhancement in Blindness: Evidence for Experience-Dependent Mechanisms", *Journal of Neuroscience* 31, no. 19 (November 2011): 7028–37, https://doi.org/10.1523/jneurosci.6461-10.2011.

5. Robin Dunbar, *Grooming, Gossip and the Evolution of Language* (London: Faber and Faber, 2004).

6. 같은 책, 147, 148.

7. Frank R. Wilson, *The Hand: How Its Use Shapes the Brain, Language, and Human Culture* (New York: Vintage, 1999).

8. 같은 책, 219.

참고문헌

Acciavatti, Anthony. "Ingestion: The Psychorheology of Everyday Life". *Cabinet* 48 (2012–13): 12–16.

Ackerman, Diane. *A Natural History of the Senses*. New York: Random House, 1991.

Ackerman, Joshua M., Christopher C. Nocera, and John A. Bargh. "Incidental Haptic Sensations Influence Social Judgments and Decisions". Science 328, no. 5986 (2010): 1712–15. https://doi.org/10.1126/science.1189993.

Alam, Kazi Masudul, Abu Saleh Md Mahfujur Rahman, and Abdulmotaleb El Saddik. "HE-Book: A Prototype Haptic Interface for Immersive e-Book Reading Experience". *In 2011 IEEE World Haptics Conference*, Istanbul (2011), 367–71. https://doi.org/10.1109/whc.2011.5945514.

Andersen, Peter *A. Nonverbal Communication: Forms and Functions*. Long Grove, Ill.: Waveland, 2008.

———. "Tactile Traditions: Cultural Differences and Similarities in Haptic Communication". In *The Handbook of Touch: Neuroscience, Behavioral, and Health Perspectives*, ed. Matthew J. Hertenstein and Sandra Jean Weiss, 351–71. New York: Springer, 2011.

Andersen, Peter A., and Karen Kuish Sull. "Out of Touch, Out of Reach: Tactile Predispositions as Predictors of Interpersonal Distance". *Western Journal of Speech Communication* 49, no. 1 (1985): 57–72. https://doi.org/10.1080/10570318509374181.

Andersen, Ross. "A Journey into the Animal Mind". *Atlantic*, March 2019. https://www.theatlantic.com/magazine/archive/2019/03/what-the-crow-knows/580726/.

Anderson, Eric. *21st Century Jocks: Sporting Men and Contemporary Heterosexuality*. Basingstoke, Hampshire: Palgrave Macmillan, 2015.

Antony, Mary Grace. "Thats a Stretch: Reconstructing, Rearticulating, and Commodifying Yoga". *Frontiers in Communication* 3 (2018). https://doi.

org/10.3389/fcomm.2018.00047.

Austen, Jane. *Persuasion*. London: Penguin, 1991.

Banissy, Michael J., and Jamie Ward. "Mirror-Touch Synesthesia Is Linked with Empathy". *Nature Neuroscience* 10, no. 7 (2007): 815–16. https://doi.org/10.1038/nn1926.

Bargh, John A., and Erin L. Williams. "The Automaticity of Social Life". Current Directions in *Psychological Science* 15, no. 1 (2006): 1–4. https://doi.org/10.1111/j.0963-7214.2006.00395.x.

Bauer, Susan. *The Embodied Teen: A Somatic Curriculum for Teaching Body-Mind Awareness, Kinesthetic Intelligence, and Social and Emotional Skills*. Berkeley, Calif.: North Atlantic, 2018.

Berila, Beth, Melanie Klein, and Chelsea Jackson Roberts. *Yoga, the Body, and Embodied Social Change: An Intersectional Feminist Analysis*. Lanham, Md.: Lexington, 2016.

Bestbier, Lana, and Tim I. Williams. "The Immediate Effects of Deep Pressure on Young People with Autism and Severe Intellectual Difficulties: Demonstrating Individual Differences". *Occupational Therapy International*, January 9, 2017, pp. 1–7. https://doi.org/10.1155/2017/7534972.

Blum, Deborah. *Love at Goon Park: Harry Harlow and the Science of Affection*. New York: Basic Books, 2011.

Bourke, Joanna. *Dismembering the Male: Men's Bodies, Britain and the Great War*. London: Reaktion, 2009.

Cain, Susan. *Quiet: The Power of Introverts in a World That Can't Stop Talking*. New York: Broadway, 2013.

Chopik, William J., Robin S. Edelstein, Sari M. van Anders, Britney M. Wardecker, Emily L. Shipman, and Chelsea R. Samples-Steele. "Too Close for Comfort? Adult Attachment and Cuddling in Romantic and Parent–Child Relationships". *Personality and Individual Differences* 69 (2014): 212–16. https://doi.org/10.1016/j.paid.2014.05.035.

Clark, Russell, and Elaine Hatfield. "Gender Differences in Receptivity to Sexual Offers". *Journal of Psychology & Human Sexuality* 2, no. 1 (July 1989): 39–55. https://doi.org/10.1300/j056v02n01_04.

Classen, Constance, ed. *The Book of Touch*. Oxford: Berg, 2005.

———. *The Deepest Sense: A Cultural History of Touch*. Urbana: University of Illinois Press, 2012.

Cole, Jonathan. *Losing Touch: A Man Without His Body*. Oxford: Oxford University Press, 2016.

———. *Pride and a Daily Marathon*. Cambridge, Mass.: MIT Press, 1995.

Craig, A. D. "How Do You Feel? Interoception: The Sense of the Physiological Condition of the Body". *Nature Reviews Neuroscience* 3, no. 8 (2002): 655–66. https://doi.org/10.1038/nrn894.

Craig, A. D., and L. S. Sorkin. "Pain and Analgesia". *Encyclopedia of Life Sciences*, 2005. https://doi.org/10.1038/npg.els.0004062.

Crucianelli, Laura, Valentina Cardi, Janet Treasure, Paul M. Jenkinson, and Katerina Fotopoulou. "The Perception of Affective Touch in Anorexia Nervosa". *Psychiatry Research* 239 (2016): 72–78. https://doi.org/10.1016/j.psychres.2016.01.078.

Crucianelli, Laura, Nicola K. Metcalf, Katerina Fotopoulou, and Paul M Jenkinson. "Bodily Pleasure Matters: Velocity of Touch Modulates Body Ownership During the Rubber Hand Illusion". *Frontiers in Psychology* 4 (2013). https://doi.org/10.3389/fpsyg.2013.00703.

D'Alonzo, M., A. Mioli, D. Formica, L. Vollero, and G. Di Pino. "Different Level of Virtualization of Sight and Touch Produces the Uncanny Valley of Avatar's Hand Embodiment". *Scientific Reports* 9, no. 1 (2019). https://doi.org/10.1038/s41598-019-55478-z.

Dacher, Keltner. "Hands on Research: The Science of Touch". *Greater Good Magazine*, September 29, 2010. https://greatergood.berkeley.edu/article/item/hands_on_research.

Daly, Joseph L. "'Gray Touch': Professional Issues in the Uncertain Zone Between 'Good Touch' and 'Bad Touch.'" *Marquette Elder's Advisor* 11, no. 2: 223–79.

Danielsson, Louise, and Susanne Rosberg. "Opening Toward Life: Experiences of Basic Body Awareness Therapy in Persons with Major Depression". *International Journal of Qualitative Studies on Health and Well-Being* 10, no. 1 (2015): 27069. https://doi.org/10.3402/qhw.v10.27069.

Danius, Sara. "Modernist Fictions of Speed". *In The Book of Touch*, ed.

Constance Classen, 412–19. Oxford: Berg, 2005.

Darwin, Charles. *Descent of Man and Selection in Relation to Sex*. New York: D. Appleton, 1989.

Daston, Lorraine, and Peter Galison. *Objectivity*. New York: Zone Books, 2007.

Davis, Joseph E. "The Commodification of Self". *Hedgehog Review: Critical Reflections on Contemporary Culture*, Summer 2003. https://hedgehogreview.com/issues/the-commodification-of-everything/articles/the-commodification-of-self.

Drazin, Adam, and Susanne Kueüchler. *The Social Life of Materials: Studies in Materials and Society*. London: Bloomsbury Academic, 2015.

Dunbar, Robin. *Grooming, Gossip and the Evolution of Language*. London: Faber and Faber, 2004.

Eisenberger, Naomi I. "The Pain of Social Disconnection: Examining the Shared Neural Underpinnings of Physical and Social Pain". *Nature Reviews Neuroscience* 13, no. 6 (March 2012): 421–34. https://doi.org/10.1038/nrn3231.

Eisenberger, Naomi I., Johanna M. Jarcho, Matthew D. Lieberman, and Bruce D. Naliboff. "An Experimental Study of Shared Sensitivity to Physical Pain and Social Rejection". *Pain* 126, no. 1 (2006): 132–38. https://doi.org/10.1016/j.pain.2006.06.024.

Emberley, Julia. *Venus and Furs: Cultural Politics of Fur*. Ithaca, N.Y.: Cornell University Press, 1998.

Field, Tiffany. "American Adolescents Touch Each Other Less and Are More Aggressive Toward Their Peers as Compared with French Adolescents". *Adolescence* 34, no. 136 (Winter 1999): 752–58.

———. Touch. Cambridge, Mass.: MIT Press, 2001.

———. "Touch Deprivation and Aggression Against Self Among Adolescents". *Developmental Psychobiology of Aggression*, June 2005, 117–40. https://doi.org/10.1017/cbo9780511499883.007.

Floyd, Kory. "Relational and Health Correlates of Affection Deprivation". *Western Journal of Communication* 78, no. 4 (2014): 383–403. https://doi.org/10.1080/10570314.2014.927071.

Fulkerson, Matthew. *The First Sense: A Philosophical Study of Human Touch*.

Cambridge, Mass.: MIT Press, 2014.

Gallace, Alberto, and Charles Spence. *In Touch with the Future: The Sense of Touch from Cognitive Neuroscience to Virtual Reality*. Oxford: Oxford University Press, 2014.

Gallace, Alberto, Giovanna Soravia, Zaira Cattaneo, Lorimer Moseley, and Giuseppe Vallar. "Temporary Interference over the Posterior Parietal Cortices Disrupts Thermoregulatory Control in Humans". *PLoS ONE* 9, no. 3 (December 2014). https://doi.org/10.1371/journal.pone.0088209.

Goldin-Meadow, Susan. "Talking and Thinking with Our Hands". *Current Directions in Psychological Science* 15, no. 1 (2006): 34–39. https://doi.org/10.1111/j.0963-7214.2006.00402.x.

Goldsmith, L. A. "My Organ Is Bigger than Your Organ". *Archives of Dermatology* 126, no. 3 (January 1990): 301–2. https://doi.org/10.1001/archderm.1990.01670270033005.

Goldstein, Bruce. *Sensation and Perception*. 10th ed. Boston: Cengage Learning, 2014.

Grady, Denise. "The Vision Thing: Mainly in the Brain". *Discover*, June 1, 1993. https://www.discovermagazine.com/mind/the-vision-thing-mainly-in-the-brain.

Green, Amy M. *Storytelling in Video Games: The Art of the Digital Narrative*. Jefferson, NC: McFarland, 2018.

Green, Lorraine. "The Trouble with Touch? New Insights and Observations on Touch for Social Work and Social Care". *British Journal of Social Work*, 2016. https://doi.org/10.1093/bjsw/bcw071.

Gromala, Diane, Xin Tong, Chris Shaw, Ashfaq Amin, Servet Ulas, and Gillian Ramsay. "Mobius Floe: An Immersive Virtual Reality Game for Pain Distraction". *Electronic Imaging*, no. 4 (2016): 1–5. https://doi.org/10.2352/issn.2470-1173.2016.4.ervr-413.

Gromala, Diane, Xin Tong, Chris Shaw, and Weina Jin. "Immersive Virtual Reality as a Non-Pharmacological Analgesic for Pain Management". In *Virtual and Augmented Reality: Concepts, Methodologies, Tools, and Applications*, ed. Information Resources Management Association, 1176–99. Hershey, Pa.: IGI Global, 2018. https://doi.org/10.4018/978-1-5225-5469-1.ch056.

Halley, Jean. *Boundaries of Touch: Parenting and Adult-Child Intimacy*. Urbana: University of Illinois, 2009.

Hamblin, James. "Can We Touch?" *Atlantic*, April 10, 2019. https://www. theatlantic.com/health/archive/2019/04/on-touch/586588/.

Hayward, Vincent. "A Brief Taxonomy of Tactile Illusions and Demonstrations That Can Be Done in a Hardware Store". *Brain Research Bulletin* 75, no. 6 (2008): 742-52. https://doi.org/10.1016/j.brainresbull.2008.01.008.

Held, Richard, Yuri Ostrovsky, Beatrice de Gelder, Tapan Gandhi, Suma Ganesh, Umang Mathur, and Pawan Sinha. "The Newly Sighted Fail to Match Seen with Felt". *Nature Neuroscience* 14 (2011): 551-53. https://doi. org/10.1038/nn.2795.

Hertenstein, Matthew J., and Sandra Jean Weiss. *The Handbook of Touch: Neuroscience, Behavioral, and Health Perspectives*. New York: Springer, 2011.

Hess, Samantha. *Touch: The Power of Human Connection*. Portland, Ore.: Fulcrum Solutions LLC, 2014.

Highsmith, Patricia. *The Price of Salt*. Mineola, N.Y.: Dover, 2017.

Holmes, Rachel. *Eleanor Marx: A Life*. New York: Bloomsbury, 2015.

Howes, David. *A Cultural History of the Senses in the Modern Age*. London: Bloomsbury Academic, 2019.

———. "Multisensory Anthropology". *Annual Review of Anthropology* 48 (2019): 17-28. https://www.annualreviews.org/doi/abs/10.1146/annurev-anthro-102218-011324.

———. *Senses and Sensation: Critical and Primary Sources*. London: Bloomsbury, 2018.

———. *Sensual Relations: Engaging the Senses in Culture and Social Theory*. Ann Arbor: University of Michigan Press, 2010.

———. "The Skinscape". *Body & Society* 24, no. 1-2 (2018): 225-39. https://doi. org/10.1177/1357034x18766285.

———. *The Varieties of Sensory Experience: A Sourcebook in the Anthropology of the Senses*. Toronto: University of Toronto Press, 1991.

Howes, David, and Classen, Constance. *Ways of Sensing: Understanding the Senses in Society*. London: Routledge, 2014.

Hutson, Matthew. "Here's What the Future of Haptic Technology Looks (Or

Rather, Feels) Like". *Smithsonian Magazine*, December 28, 2018. https://www.smithsonianmag.com/innovation/heres-what-future-haptic-technology-looks-or-rather-feels-180971097/.

Ibson, John. *Picturing Men: A Century of Male Relationships in Everyday American Photography*. Chicago: University of Chicago Press, 2006.

Inagaki, Tristen K., and Naomi I. Eisenberger. "Shared Neural Mechanisms Underlying Social Warmth and Physical Warmth". *Psychological Science* 24, no. 11 (2013): 2272–80. https://doi.org/10.1177/0956797 613492773.

Jablonski, Nina G. *Skin: A Natural History*. Berkeley: University of California Press, 2013.

Jabr, Ferris. "The Reading Brain in the Digital Age: The Science of Paper Versus Screens". *Scientific American*, April 11, 2013. https://www.scientificamerican.com/article/reading-paper-screens/.

Jenkinson, Paul. "Self-Reported Interoceptive Deficits in Eating Disorders: A Meta-Analysis of Studies Using the Eating Disorder Inventory". *Journal of Psychosomatic Research* 110 (July 2018): 38–45.

Jones, Stanley E., and Brandi C. Brown. "Touch Attitudes and Behaviors, Recollections of Early Childhood Touch, and Social Self-Confidence". *Journal of Nonverbal Behavior* 20, no. 3 (1996): 147–63. https://doi.org/10.1007/bf02281953.

Julian, Kate. "Why Are Young People Having So Little Sex?" *Atlantic*, December 2018. https://www.theatlantic.com/magazine/archive/2018/12/the-sex-recession/573949/.

Jütte Robert. *A History of the Senses: from Antiquity to Cyberspace*. Cambridge: Polity, 2005.

Kearney, Richard, and Briand Treanor. *Carnal Hermeneutics*. New York: Fordham University Press, 2015.

Konnikova, Maria. "The Power of Touch". *New Yorker*, March 4, 2015. https://www.newyorker.com/science/maria-konnikova/power-touch.

Kraus, Michael W., Casey Huang, and Dacher Keltner. "Tactile Communication, Cooperation, and Performance: An Ethological Study of the NBA". *Emotion* 10, no. 5 (2010): 745–49. https://doi.org/10.1037/a0019382.

Kuhtz-Buschbeck, Johann P., Jochen Schaefer, and Nicolaus Wilder.

"Mechanosensitivity: From Aristotle's Sense of Touch to Cardiac Mechano-Electric Coupling". *Progress in Biophysics and Molecular Biology* 130 (2017): 126–31. https://doi.org/10.1016/j.pbiomolbio.2017.05.001.

Lakoff, George, and Mark Johnson. *Metaphors We Live By*. Chicago: University of Chicago Press, 2017.

———. *Philosophy in the Flesh: The Embodied Mind and Its Challenge to Western Thought*. New York: Basic Books, 1999.

Leitch, Duncan B., and Kenneth C. Catania. "Structure, Innervation and Response Properties of Integumentary Sensory Organs in Crocodilians". *Journal of Experimental Biology* 215, no. 23 (July 2012): 4217–30. https://doi.org/10.1242/jeb.076836.

Lenfant, Francine, Christophe Hartmann, Brigitte Watzke, Olivier Breton, Chrystel Loret, and Nathalie Martin. "Impact of the Shape on Sensory Properties of Individual Dark Chocolate Pieces". *LWT—Food Science and Technology* 51, no. 2 (2013): 545–52. https://doi.org/10.1016/j.lwt.2012.11.001.

Lepore, Jill. "The History of Loneliness". *New Yorker*, April 6, 2020. https://www.newyorker.com/magazine/2020/04/06/the-history-of-loneliness.

Linden, David J. *Touch: The Science of Hand, Heart, and Mind*. New York: Penguin, 2016.

Longman, Chia. "Women's Circles and the Rise of the New Feminine: Reclaiming Sisterhood, Spirituality, and Wellbeing". *Religions* 9, no. 1 (January 2018): 9. https://doi.org/10.3390/rel9010009.

Lundborg, Göran. *The Hand and the Brain: from Lucy's Thumb to the Thought-Controlled Robotic Hand*. London: Springer, 2014.

Lynch, Erin, David Howes, and Martin French. "A Touch of Luck and a 'Real Taste of Vegas': A Sensory Ethnography of the Montreal Casino". *Senses and Society* 15, no. 2 (2020): 192–215. https://www.tandfonline.com/doi/full/10.1080/17458927.2020.1773641.

Mangen, Anne, Bente R. Walgermo, and Kolbjørn Brønnick. "Reading Linear Texts on Paper versus Computer Screen: Effects on Reading Comprehension". *International Journal of Educational Research* 58 (2013): 61–68. https://doi.org/10.1016/j.ijer.2012.12.002.

Marx, Karl, and Eugene Kamenka. *The Portable Karl Marx*. New York: Viking,

1983.

Massie, Pascal. "Touching, Thinking, Being: The Sense of Touch in Aristotle's De Anima and Its Implications". *Minerva: An Internet Journal of Philosophy* 17 (January 2013): 74–101.

Maum, Courtney. *Touch*. New York: G. P. Putnam's Sons, 2017.

Maurette, Pablo. *The Forgotten Sense*. Chicago: University of Chicago Press, 2018.

———. *Meditations on Touch*. Chicago: University of Chicago Press, 2018.

Menand, Louis. "Karl Marx, Yesterday and Today". *New Yorker*, October 3, 2016. https://www.newyorker.com/magazine/2016/10/10/karl-marx-yesterday-and-today.

MIT Technology Review. "Restoring a Sense of Touch in Amputees". Youtube video, 2:54. March 21, 2014. https://www.youtube.com/watch?v=075lJjJDonA.

Montagu, Ashley. *Touching: The Human Significance of the Skin*. New York: Columbia University Press, 1971.

Moseley, G. Lorimer, Timothy J. Parsons, and Charles Spence. "Visual Distortion of a Limb Modulates the Pain and Swelling Evoked by Movement". *Current Biology* 18, no. 22 (2008). https://doi.org/10.1016/j.cub.2008.09.031.

Mueller, Pam A., and Daniel M. Oppenheimer. "The Pen Is Mightier Than the Keyboard". *Psychological Science* 25, no. 6 (2014): 1159–68. https://doi.org/10.1177/0956797614524581.

Mullenbach, Joe, Craig Shultz, Anne Marie Piper, Michael Peshkin, and J. Edward Colgate. "Surface Haptic Interactions with a TPad Tablet". *UIST '13 Adjunct: Proceedings of the Adjunct Publication of the 26th Annual ACM Symposium on User Interface Software and Technology*. New York: Association for Computing Machinery, 2013. https://doi.org/10.1145/2508468.2514929.

Munthe, Axel. *The Story of San Michele*. Hamburg: Albatross, 1935.

Obama, Michelle. *Becoming*. New York: Crown, 2018.

Parisi, David. *Archaeologies of Touch: Interfacing with Haptics from Electricity to Computing*. Minneapolis: University of Minnesota, 2018.

Paterson, Mark. *The Senses of Touch: Haptics, Affects and Technologies*. Oxford: Berg. 2007.

Paterson, Mark, and Martin Dodge. *Touching Space, Placing Touch*. New York: Routledge, 2016.

Pearce, J. M. S. "The Law of Specific Nerve Energies and Sensory Spots". *European Neurology* 54, no. 2 (2005): 115–17. https://doi.org/10.1159/000088647.

Pens, Dan. "Skin Blind". In *Prison Masculinities*, ed. Donald F. Sabo, Terry A. Kupers, and Willie James London, 150–52. Philadelphia: Temple University Press, 2001.

Pettersson, Ingemar. "Mechanical Tasting: Sensory Science and the Flavorization of Food Production". *Senses and Society* 12, no. 3 (February 2017): 301–16. https://doi.org/10.1080/17458927.2017.1376440.

Pink, Sarah. *Doing Sensory Ethnography*. London: Sage, 2009.

Prescott, James W. "Body Pleasure and the Origins of Violence". *Bulletin of the Atomic Scientists* 31, no. 9 (1975): 10–20. https://doi.org/10.1080/00963402.1975.11458292.

Ramachandran, V. S., and David Brang. "Tactile-Emotion Synesthesia". *Neurocase* 14, no. 5 (December 2008): 390–99. https://doi.org/10.1080/13554790802363746.

Reese, Hope. "Americans Are Having Less Sex, but Is That a Problem?" *Greater Good Magazine*, February 18, 2019. https://greatergood.berkeley.edu/article/item/americans_are_ having_less sex_ but_is_ that a problem.

Richards, Rachel. *Hungry for Life: A Memoir Unlocking the Truth Inside an Anorexic Mind*. Self-published, 2016.

Richards, Sabrina. "Pleasant to the Touch". *Scientist*, September 2012.

Ritchie, Ian. "Fusion of the Faculties: A Study of the Language of the Senses in Hausaland". In *The Varieties of Sensory Experience: A Sourcebook in the Anthropology of the Senses*, ed. David Howes, 192–202. Toronto: University of Toronto Press, 1991.

Rigelsford, Jon. "Haptic Human-Computer Interaction: First International Workshop". *Sensor Review* 24, no. 1 (2004). https://doi.org/10.1108/sr.2004.08724aae.003.

Rodgers, Joseph Lee, Craig A. St. John, and Ronnie Coleman. "Did Fertility Go Up After the Oklahoma City Bombing? An Analysis of Births in Metropolitan Counties in Oklahoma, 1990–1999". *Demography* 42, no. 4 (2005): 675–92. https://doi.org/10.1353/dem.2005.0034.

Rothen, Nicolas, and Beat Meier. "Higher Prevalence of Synaesthesia in Art Students". *Perception* 39, no. 5 (2010): 718–20. https://doi.org/10.1068/p6680.

Ruhle, Otto. *Karl Marx: His Life and Works*. New York: Viking, 1943.

Saint-Eve, Anne, Enkelejda Paçi Kora, and Nathalie Martin. "Impact of the Olfactory Quality and Chemical Complexity of the Flavouring Agent on the Texture of Low Fat Stirred Yogurts Assessed by Three Different Sensory Methodologies". *Food Quality and Preference* 15, no. 7–8 (2004): 655–68. https://doi.org/10.1016/j.foodqual.2003.09.002.

Sapolsky, Robert M. *Behave: The Biology of Humans at Our Best and Worst*. London: Vintage, 2018.

Schwenkler, John. "Do Things Look the Way They Feel?" *Analysis* 73, no. 1 (2012): 86–96. https://doi.org/10.1093/analys/ans137.

Shuster, Sam. "The Nature and Consequence of Karl Marx's Skin Disease". *British Journal of Dermatology* 158, no. 1 (January 2008): 1–3. https://doi.org/10.1111/j.1365-2133.2007.08282.x.

Siegel, Reva B. "Introduction: A Short History of Sexual Harassment". In *Directions in Sexual Harassment Law*, ed. Catharine A. MacKinnon and Reva B. Siegel, 1–28. New Haven, Conn.: Yale University Press, October 2003. https://doi.org/10.12987/yale/9780300098006.003.0001.

Simpson, Jeffrey A., and W. Steven Rholes. *Attachment Theory and Close Relationships*. New York: Guilford, 1998.

Smith, Chuck, and Sono Kuwayama. "On Handwork". YouTube video, 4:29. June 26, 2010. https://www.youtube.com/watch?time_continue=2&v=bfoByYLSBY8&feature=emb_logo.

Spanlang, Bernhard, Jean-Marie Normand, David Borland, Konstantina Kilteni, Elias Giannopoulos, Ausiàs Pomés, Mar González-Franco, Daniel Perez-Marcos, Jorge Arroyo-Palacios, Xavi Navarro Muncunill, and Mel Slater. "How to Build an Embodiment Lab: Achieving Body Representation Illusions in Virtual Reality". *Frontiers in Robotics and AI* 1 (November 27, 2014). https://doi.org/10.3389/frobt.2014.00009.

Steiner-Adair, Catherine. *The Big Disconnect: Protecting Childhood and Family Relationships in the Digital Age*. New York: Harper, 2014.

Sullivan, Andrew. "I Used to Be a Human Being". *New York Magazine*, September 19, 2016, https://nymag.com/intelligencer/2016/09/andrew-sullivan-my-distraction-sickness-and-yours.html.

Twenge, Jean M., Ryne A. Sherman, and Brooke E. Wells. "Sexual Inactivity During Young Adulthood Is More Common Among U.S. Millennials and IGen: Age, Period, and Cohort Effects on Having No Sexual Partners After Age 18". *Archives of Sexual Behavior* 46, no. 2

(January 2016): 433–40. https://doi.org/10.1007/s10508-016-0798-z.

Udry, J. Richard. "The Effect of the Great Blackout of 1965 on Births in New York City". *Demography* 7, no. 3 (1970): 325. https://doi.org/10.2307/2060151.

Van der Kolk, Bessel, *The Body Keeps the Score: Brain, Mind and Body in the Healing of Trauma*. New York: Penguin, 2015.

Vignemont, Frederique De. "Pain and Bodily Care: Whose Body Matters?" *Australasian Journal of Philosophy* 93, no. 3 (2014): 542–60. https://doi.org/1 0.1080/00048402.2014.991745.

Wade, Nicholas J. *A Natural History of Vision*. Cambridge, Mass.: MIT Press, 1999.

Willis, Ellen. "Toward a Feminist Sexual Revolution". *Social Text*, no. 6 (1982): 3. https://doi.org/10.2307/466614.

Wilson, Frank R. *The Hand: How Its Use Shapes the Brain, Language, and Human Culture*. New York: Vintage, 1999.

Wolf, Maryanne. *Proust and the Squid: The Story and Science of the Reading Brain*. New York: Harper, 2007.

Wong, Michael, Vishi Gnanakumaran, and Daniel Goldreich. "Tactile Spatial Acuity Enhancement in Blindness: Evidence for Experience-Dependent Mechanisms". *Journal of Neuroscience* 31, no. 19 (November 2011): 7028–37. https://doi.org/10.1523/jneurosci.6461-10.2011.

Wujastyk, Dominik. *The Roots of Ayurveda: Selections from Sanskrit Medical Writings*. London: Penguin, 1998.

Zarra, Ernest. *Teacher-Student Relationships: Crossing into the Emotional, Physical, and Sexual Realms*. Plymouth, U.K.: R & L Education, 2013.

Zimmer, Carl. *Smithsonian Intimate Guide to Human Origins*. New York: Harper Perennial, 2007.

Zur, Ofer. "Touch in Therapy". In *Boundaries in Psychotherapy: Ethical and Clinical Explorations*, 167–85. Washington, D.C.: American Psychological Association, 2007. https://doi.org/10.1037/11563-010.

한없이 가까운 세계와의 포옹

몸과 마음, 사람과 사람을 연결하는 터치의 과학

초판 1쇄 찍은날	2022년 4월 11일
초판 1쇄 펴낸날	2022년 4월 20일
지은이	수시마 수브라마니안
옮긴이	조은영
펴낸이	한성봉
편집	최창문·이종석·강지유·조연주·조상희·오시경·이동현
콘텐츠제작	안상준
디자인	정명희
마케팅	박신용·오주형·강은혜·박민지
경영지원	국지연·강지선
펴낸곳	도서출판 동아시아
등록	1998년 3월 5일 제1998-000243호
주소	서울시 중구 퇴계로30길 15-8 [필동1가] 무석빌딩 2층
페이스북	www.facebook.com/dongasiabooks
전자우편	dongasiabook@naver.com
블로그	blog.naver.com/dongasiabook
인스타그램	www.instargram.com/dongasiabook
전화	02) 757-9724, 5
팩스	02) 757-9726
ISBN	978-89-6262-423-6 03400

※ 잘못된 책은 구입하신 서점에서 바꿔드립니다.

만든 사람들

책임편집	오시경
크로스교열	안상준
디자인	최세정